工程应用型院校计算机系列教材

安徽省高等学校"十三五"省级规划教材

胡学钢◎总主编

Visual Basic 6.0 程序设计

VISUAL BASIC 6.0 CHENGXU SHEJI

第**2**版

主　编　张德成　魏　星
副主编　谢　静　蒋秀林
编　委　（按姓氏笔画排序）
　　　　叶　枫　张久彪　张德成　陈友春
　　　　蒋秀林　谢　静　魏　星

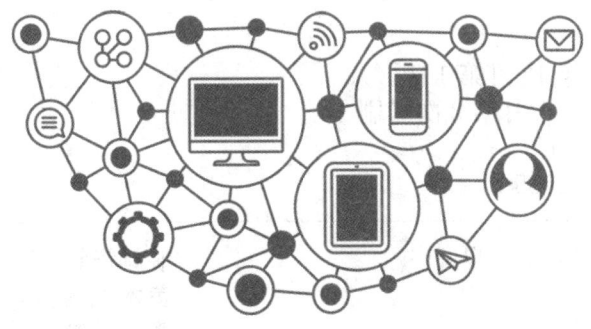

北京师范大学出版集团
BEIJING NORMAL UNIVERSITY PUBLISHING GROUP
安徽大学出版社

图书在版编目(CIP)数据

Visual Basic 6.0 程序设计/张德成,魏星主编.—2 版.—合肥:安徽大学出版社,
2022.12(2024.7 重印)
 工程应用型院校计算机系列教材/胡学钢总主编
 ISBN 978-7-5664-2535-5

Ⅰ.①V… Ⅱ.①张… ②魏… Ⅲ.①BASIC 语言—程序设计—高等学校—教材
Ⅳ.①TP312.8

中国版本图书馆 CIP 数据核字(2022)第 220078 号

Visual Basic 6.0 程序设计(第 2 版)

胡学钢 总主编
张德成 魏 星 主 编

出版发行:	北京师范大学出版集团	
	安 徽 大 学 出 版 社	
	(安徽省合肥市肥西路 3 号 邮编 230039)	
	www.bnupg.com	
	www.ahupress.com.cn	
印 刷:	安徽利民印务有限公司	
经 销:	全国新华书店	
开 本:	787mm×1092mm 1/16	
印 张:	17.75	
字 数:	432 千字	
版 次:	2022 年 12 月第 1 版	
印 次:	2024 年 7 月第 2 次印刷	
定 价:	55.00 元	

ISBN 978-7-5664-2535-5

策划编辑:刘中飞 宋 夏	装帧设计:李 军
责任编辑:宋 夏	美术编辑:李 军
责任校对:陈玉婷	责任印制:赵明炎

版权所有　侵权必究

反盗版、侵权举报电话:0551-65106311
外埠邮购电话:0551-65107716
本书如有印装质量问题,请与印制管理部联系调换。
印制管理部电话:0551-65106311

前　言

随着信息技术的发展和计算机教育的普及,编程技术渗透到大学的所有专业,国内普通本科高校的计算机教育踏上了新的台阶,步入了新的发展阶段。为了适应大学计算机基础教学新形势的需求,2019 年,安徽省教育厅组织专家对《全国高等学校(安徽考区)计算机水平教学(考试)大纲》进行了修订。根据教育部高等学校计算机基础课程教学指导委员会《关于进一步加强高等学校计算机基础教学的意见》和安徽省教育厅《全国高等学校(安徽考区)计算机水平教学(考试)大纲》文件精神,并根据近年来课程思政要求逐渐加强的趋势,对原版内容进行修订。

"Visual Basic 程序设计"是高等学校非计算机类专业的公共必修课程,旨在使学生全面、系统地了解 Visual Basic 程序设计基础知识,具备编程应用能力,并能在专业领域自觉地应用程序设计思想学习与研究。

本书包括 Visual Basic 程序设计概述、VB 语言基础、可视化编程基础、VB 程序控制结构、用户界面设计、数组和自定义类型、过程、菜单设计、文件和数据库编程等内容,具有如下特点。

(1)按照面向应用技能培养的理念,涵盖了高等学校计算机基础教育"Visual Basic 程序设计"的全部内容。

(2)对程序设计的基础知识、基本语法、编程方法和常用算法的介绍系统且全面,让学生学会分析问题,掌握简单问题编程和可视化界面设计的方法,提高学生的学习积极性和编程效率。

(3)强调实践操作,每章均配置有针对性的习题,采用任务驱动的方式精心设计上机实验,培养学生的实际操作技能,巩固和改善教学效果。

本书可作为高等学校非计算机专业计算机基础课程教材,也可作为高等学校成人教育的培训教材和自学参考书。

本书编者从事计算机基础课程教学多年,具有丰富的教学实践经验,在编写过程中注重将原理与实践、知识性与可操作性紧密结合,几易其稿,充分体现了教材编写的严谨性和编者精益求精的精神。由于时间紧迫,作者水平有限,不足之处在所难免,恳请专家、读者批评指正。

编　者
2022 年 8 月

目　　录

第1章　Visual Basic 程序设计概述 …………………………………………………… 1

  1.1　VB 发展历程 ……………………………………………………………………… 2
      1.1.1　VB 的发展过程 ……………………………………………………………… 2
      1.1.2　VB 的特点 …………………………………………………………………… 3
      1.1.3　VB 6.0 的版本 ………………………………………………………………… 4
  1.2　VB 6.0 的安装、启动与退出 …………………………………………………… 4
      1.2.1　VB 6.0 的安装 ………………………………………………………………… 4
      1.2.2　VB 6.0 的启动与退出 ………………………………………………………… 9
  1.3　VB 6.0 集成开发环境 …………………………………………………………… 10
      1.3.1　主窗口 ………………………………………………………………………… 11
      1.3.2　窗体设计器窗口 ……………………………………………………………… 13
      1.3.3　属性窗口 ……………………………………………………………………… 13
      1.3.4　工程资源管理器窗口 ………………………………………………………… 14
      1.3.5　代码窗口 ……………………………………………………………………… 15
      1.3.6　工具箱窗口 …………………………………………………………………… 16
      1.3.7　开发 VB 应用程序的步骤 …………………………………………………… 17
  习题 1 ………………………………………………………………………………… 21

第2章　VB 语言基础 ……………………………………………………………………… 23

  2.1　数据类型 …………………………………………………………………………… 24
      2.1.1　数值型 ………………………………………………………………………… 24
      2.1.2　字符型 ………………………………………………………………………… 25
      2.1.3　逻辑型 ………………………………………………………………………… 26
      2.1.4　日期型 ………………………………………………………………………… 26
      2.1.5　变体型 ………………………………………………………………………… 26
      2.1.6　对象型 ………………………………………………………………………… 26
  2.2　常量与变量 ………………………………………………………………………… 27
      2.2.1　常量 …………………………………………………………………………… 27
      2.2.2　变量 …………………………………………………………………………… 29
  2.3　运算符和表达式 …………………………………………………………………… 31
      2.3.1　算术运算符与算术表达式 …………………………………………………… 31

2.3.2　字符串运算符与字符串表达式 ⋯⋯⋯⋯⋯⋯⋯⋯⋯⋯⋯⋯⋯⋯⋯⋯⋯⋯⋯ 32
　　2.3.3　关系运算符与关系表达式 ⋯⋯⋯⋯⋯⋯⋯⋯⋯⋯⋯⋯⋯⋯⋯⋯⋯⋯⋯⋯⋯ 33
　　2.3.4　逻辑运算符与逻辑表达式 ⋯⋯⋯⋯⋯⋯⋯⋯⋯⋯⋯⋯⋯⋯⋯⋯⋯⋯⋯⋯⋯ 34
　　2.3.5　日期表达式 ⋯⋯⋯⋯⋯⋯⋯⋯⋯⋯⋯⋯⋯⋯⋯⋯⋯⋯⋯⋯⋯⋯⋯⋯⋯⋯⋯ 35
　　2.3.6　表达式的类型转换与执行顺序 ⋯⋯⋯⋯⋯⋯⋯⋯⋯⋯⋯⋯⋯⋯⋯⋯⋯⋯ 35
　2.4　VB程序书写规则 ⋯⋯⋯⋯⋯⋯⋯⋯⋯⋯⋯⋯⋯⋯⋯⋯⋯⋯⋯⋯⋯⋯⋯⋯⋯⋯⋯⋯ 35
　2.5　VB常用内部函数 ⋯⋯⋯⋯⋯⋯⋯⋯⋯⋯⋯⋯⋯⋯⋯⋯⋯⋯⋯⋯⋯⋯⋯⋯⋯⋯⋯⋯ 36
　　2.5.1　数学函数 ⋯⋯⋯⋯⋯⋯⋯⋯⋯⋯⋯⋯⋯⋯⋯⋯⋯⋯⋯⋯⋯⋯⋯⋯⋯⋯⋯⋯ 36
　　2.5.2　字符串函数 ⋯⋯⋯⋯⋯⋯⋯⋯⋯⋯⋯⋯⋯⋯⋯⋯⋯⋯⋯⋯⋯⋯⋯⋯⋯⋯⋯ 38
　　2.5.3　日期和时间函数 ⋯⋯⋯⋯⋯⋯⋯⋯⋯⋯⋯⋯⋯⋯⋯⋯⋯⋯⋯⋯⋯⋯⋯⋯⋯ 39
　　2.5.4　数据类型转换函数 ⋯⋯⋯⋯⋯⋯⋯⋯⋯⋯⋯⋯⋯⋯⋯⋯⋯⋯⋯⋯⋯⋯⋯⋯ 40
　　2.5.5　格式输出函数 ⋯⋯⋯⋯⋯⋯⋯⋯⋯⋯⋯⋯⋯⋯⋯⋯⋯⋯⋯⋯⋯⋯⋯⋯⋯⋯ 41
　　2.5.6　颜色函数 ⋯⋯⋯⋯⋯⋯⋯⋯⋯⋯⋯⋯⋯⋯⋯⋯⋯⋯⋯⋯⋯⋯⋯⋯⋯⋯⋯⋯ 43
　　2.5.7　其他函数 ⋯⋯⋯⋯⋯⋯⋯⋯⋯⋯⋯⋯⋯⋯⋯⋯⋯⋯⋯⋯⋯⋯⋯⋯⋯⋯⋯⋯ 44
　2.6　程序设计中的基本语句 ⋯⋯⋯⋯⋯⋯⋯⋯⋯⋯⋯⋯⋯⋯⋯⋯⋯⋯⋯⋯⋯⋯⋯⋯⋯ 45
　　2.6.1　赋值语句 ⋯⋯⋯⋯⋯⋯⋯⋯⋯⋯⋯⋯⋯⋯⋯⋯⋯⋯⋯⋯⋯⋯⋯⋯⋯⋯⋯⋯ 45
　　2.6.2　数据的输入和输出 ⋯⋯⋯⋯⋯⋯⋯⋯⋯⋯⋯⋯⋯⋯⋯⋯⋯⋯⋯⋯⋯⋯⋯⋯ 46
习题2 ⋯⋯⋯⋯⋯⋯⋯⋯⋯⋯⋯⋯⋯⋯⋯⋯⋯⋯⋯⋯⋯⋯⋯⋯⋯⋯⋯⋯⋯⋯⋯⋯⋯⋯⋯⋯ 52

第3章　可视化编程基础 ⋯⋯⋯⋯⋯⋯⋯⋯⋯⋯⋯⋯⋯⋯⋯⋯⋯⋯⋯⋯⋯⋯⋯⋯⋯⋯⋯⋯ 55
　3.1　可视化编程的基本概念 ⋯⋯⋯⋯⋯⋯⋯⋯⋯⋯⋯⋯⋯⋯⋯⋯⋯⋯⋯⋯⋯⋯⋯⋯⋯ 56
　　3.1.1　对象 ⋯⋯⋯⋯⋯⋯⋯⋯⋯⋯⋯⋯⋯⋯⋯⋯⋯⋯⋯⋯⋯⋯⋯⋯⋯⋯⋯⋯⋯⋯ 56
　　3.1.2　对象的属性 ⋯⋯⋯⋯⋯⋯⋯⋯⋯⋯⋯⋯⋯⋯⋯⋯⋯⋯⋯⋯⋯⋯⋯⋯⋯⋯⋯ 56
　　3.1.3　对象的事件 ⋯⋯⋯⋯⋯⋯⋯⋯⋯⋯⋯⋯⋯⋯⋯⋯⋯⋯⋯⋯⋯⋯⋯⋯⋯⋯⋯ 56
　　3.1.4　对象的方法 ⋯⋯⋯⋯⋯⋯⋯⋯⋯⋯⋯⋯⋯⋯⋯⋯⋯⋯⋯⋯⋯⋯⋯⋯⋯⋯⋯ 57
　3.2　窗体 ⋯⋯⋯⋯⋯⋯⋯⋯⋯⋯⋯⋯⋯⋯⋯⋯⋯⋯⋯⋯⋯⋯⋯⋯⋯⋯⋯⋯⋯⋯⋯⋯⋯ 57
　　3.2.1　窗体的属性 ⋯⋯⋯⋯⋯⋯⋯⋯⋯⋯⋯⋯⋯⋯⋯⋯⋯⋯⋯⋯⋯⋯⋯⋯⋯⋯⋯ 58
　　3.2.2　窗体的事件 ⋯⋯⋯⋯⋯⋯⋯⋯⋯⋯⋯⋯⋯⋯⋯⋯⋯⋯⋯⋯⋯⋯⋯⋯⋯⋯⋯ 61
　　3.2.3　窗体的方法 ⋯⋯⋯⋯⋯⋯⋯⋯⋯⋯⋯⋯⋯⋯⋯⋯⋯⋯⋯⋯⋯⋯⋯⋯⋯⋯⋯ 62
　3.3　命令按钮 ⋯⋯⋯⋯⋯⋯⋯⋯⋯⋯⋯⋯⋯⋯⋯⋯⋯⋯⋯⋯⋯⋯⋯⋯⋯⋯⋯⋯⋯⋯⋯ 65
　　3.3.1　命令按钮的常用属性 ⋯⋯⋯⋯⋯⋯⋯⋯⋯⋯⋯⋯⋯⋯⋯⋯⋯⋯⋯⋯⋯⋯⋯ 65
　　3.3.2　命令按钮的方法 ⋯⋯⋯⋯⋯⋯⋯⋯⋯⋯⋯⋯⋯⋯⋯⋯⋯⋯⋯⋯⋯⋯⋯⋯⋯ 66
　　3.3.3　命令按钮的事件 ⋯⋯⋯⋯⋯⋯⋯⋯⋯⋯⋯⋯⋯⋯⋯⋯⋯⋯⋯⋯⋯⋯⋯⋯⋯ 66
　3.4　标签 ⋯⋯⋯⋯⋯⋯⋯⋯⋯⋯⋯⋯⋯⋯⋯⋯⋯⋯⋯⋯⋯⋯⋯⋯⋯⋯⋯⋯⋯⋯⋯⋯⋯ 67
　　3.4.1　标签的基本属性 ⋯⋯⋯⋯⋯⋯⋯⋯⋯⋯⋯⋯⋯⋯⋯⋯⋯⋯⋯⋯⋯⋯⋯⋯⋯ 67
　　3.4.2　标签的常用方法 ⋯⋯⋯⋯⋯⋯⋯⋯⋯⋯⋯⋯⋯⋯⋯⋯⋯⋯⋯⋯⋯⋯⋯⋯⋯ 68
　　3.4.3　标签的事件 ⋯⋯⋯⋯⋯⋯⋯⋯⋯⋯⋯⋯⋯⋯⋯⋯⋯⋯⋯⋯⋯⋯⋯⋯⋯⋯⋯ 68

3.5 文本框 ·· 69
3.5.1 文本框的常用属性 ·· 69
3.5.2 文本框的常用方法 ·· 70
3.5.3 文本框的事件 ·· 70
3.6 图形控件与方法 ·· 72
3.6.1 图形控件 ·· 72
3.6.2 图形的坐标系统 ·· 74
3.6.3 常用图形方法 ·· 75
习题 3 ·· 77

第 4 章 VB 程序控制结构 ·· 80
4.1 顺序结构 ·· 81
4.2 选择结构 ·· 81
4.2.1 If 条件语句 ·· 81
4.2.2 Select Case 语句 ·· 87
4.3 循环结构 ·· 89
4.3.1 For…Next 循环 ·· 89
4.3.2 Do…Loop 循环 ·· 92
4.3.3 While…Wend 循环 ·· 94
4.3.4 多重循环 ·· 95
4.4 其他控制语句 ·· 96
4.4.1 GoTo 语句 ·· 96
4.4.2 Exit 退出语句 ·· 97
4.4.3 End 结束语句 ·· 97
4.5 调试程序 ·· 97
4.5.1 错误种类 ·· 97
4.5.2 调试和排错 ·· 99
4.6 综合例题 ·· 102
习题 4 ·· 105

第 5 章 用户界面设计 ·· 108
5.1 单选按钮、复选框和框架 ···································· 109
5.1.1 单选按钮 ·· 109
5.1.2 复选框 ·· 111
5.1.3 框架 ·· 113
5.2 计时器和滚动条 ·· 114
5.2.1 计时器 ·· 114

5.2.2 滚动条 …… 116
5.3 图片框和图像控件 …… 118
  5.3.1 图片框 …… 118
  5.3.2 图像控件 …… 119
5.4 ActiveX 控件 …… 121
  5.4.1 进度条控件 …… 121
  5.4.2 选项卡控件 …… 122
5.5 通用对话框 …… 125
  5.5.1 通用对话框简介 …… 125
  5.5.2 打开和另存为对话框 …… 126
  5.5.3 颜色和字体对话框 …… 128
5.6 多重窗体 …… 130
  5.6.1 添加窗体 …… 130
  5.6.2 设置启动对象 …… 132
  5.6.3 窗体相关语句和方法 …… 133
  5.6.4 多重窗体间的数据访问 …… 133
5.7 鼠标和键盘事件 …… 134
  5.7.1 鼠标事件 …… 134
  5.7.2 键盘事件 …… 136
习题 5 …… 138

第 6 章 数组和自定义类型 …… 140

6.1 数组及其基本操作 …… 141
  6.1.1 数组的概念 …… 141
  6.1.2 定长数组及声明 …… 142
  6.1.3 动态数组及声明 …… 144
  6.1.4 数组的基本操作 …… 146
6.2 列表框控件和组合框控件 …… 154
  6.2.1 列表框控件 …… 154
  6.2.2 组合框控件 …… 157
  6.2.3 列表框和组合框的应用 …… 158
6.3 控件数组 …… 161
  6.3.1 控件数组的概念 …… 161
  6.3.2 控件数组的创建 …… 162
6.4 自定义类型及其数组 …… 164
  6.4.1 自定义类型的概念 …… 164
  6.4.2 自定义类型变量的声明和使用 …… 165

6.5　综合应用 …… 166

习题 6 …… 170

第 7 章　过程 …… 172

7.1　函数过程和子程序过程 …… 173
 7.1.1　函数过程 …… 173
 7.1.2　子程序过程 …… 178
 7.1.3　函数过程与子程序过程的区别 …… 182

7.2　参数传递 …… 182
 7.2.1　形式参数和实际参数 …… 182
 7.2.2　参数传递 …… 183
 7.2.3　变量的作用域 …… 185

7.3　过程的递归调用 …… 191

7.4　标准模块 …… 195

习题 7 …… 198

第 8 章　菜单设计 …… 208

8.1　菜单编辑器 …… 209
 8.1.1　数据区 …… 210
 8.1.2　编辑区 …… 211
 8.1.3　菜单项显示区 …… 212

8.2　下拉式菜单和弹出式菜单 …… 212
 8.2.1　下拉式菜单 …… 212
 8.2.2　弹出式菜单 …… 215

习题 8 …… 219

第 9 章　文件 …… 221

9.1　常用文件分类 …… 222
 9.1.1　文件结构 …… 222
 9.1.2　文件分类 …… 222
 9.1.3　文件的打开与关闭 …… 223
 9.1.4　常用函数 …… 226

9.2　顺序文件 …… 227
 9.2.1　顺序文件的写操作 …… 227
 9.2.2　顺序文件的读操作 …… 229

9.3　随机文件 …… 233
 9.3.1　随机文件的写操作 …… 233

9.3.2　随机文件的读操作 …………………………………… 234
　　9.3.3　随机文件举例 …………………………………………… 234
9.4　文件系统控制 …………………………………………………… 239
　　9.4.1　驱动器列表框 …………………………………………… 239
　　9.4.2　目录列表框 ……………………………………………… 240
　　9.4.3　文件列表框 ……………………………………………… 241
　　9.4.4　应用程序举例 …………………………………………… 243
习题 9 ………………………………………………………………… 245

第 10 章　数据库编程 …………………………………………… 247

10.1　关系数据库 …………………………………………………… 248
　　10.1.1　关系数据库的基本概念 ………………………………… 248
　　10.1.2　数据库和表的建立 ……………………………………… 248
10.2　使用 ADO 控件访问数据库 …………………………………… 250
　　10.2.1　VB 访问数据库模式 …………………………………… 250
　　10.2.2　用 ADO 访问数据库 …………………………………… 251
10.3　使用 DAO 控件访问数据库 …………………………………… 257
　　10.3.1　Data 控件常用属性 ……………………………………… 258
　　10.3.2　Data 控件中 Recordset 对象的常用属性 ……………… 259
　　10.3.3　Data 控件中 Recordset 对象的常用方法 ……………… 260
　　10.3.4　Data 控件的事件 ………………………………………… 261
10.4　结构化查询语言 SQL ………………………………………… 261
习题 10 ……………………………………………………………… 264

附录 ………………………………………………………………… 265

附录 A　常用字符与 ASCII 代码对照表 …………………………… 266
附录 B　全国高等学校(安徽考区)计算机水平考试《Visual Basic 程序设计》考
　　　　试设置、题型和样题 ………………………………………… 267

第 1 章　Visual Basic 程序设计概述

考核目标

- 了解：Visual Basic 的特点。
- 掌握：Visual Basic 集成开发环境，对象以及对象的属性、事件和方法，开发 Visual Basic 应用程序的基本步骤，生成可执行文件的方法。
- 应用：使用 Visual Basic 集成开发环境创建简单工程和窗体文件，调试并生成可执行文件。

Visual 意为"可视化的",指的是一种开发图形用户界面(GUI)的方法,所以 Visual Basic(简称 VB)是基于 BASIC 的可视化的程序设计语言,可用于开发 Windows 环境的各类应用程序。本章是学习 VB 程序设计的入门内容,主要介绍 VB 的发展历程、主要特点、集成开发环境,并通过创建一个简单的 Windows 应用程序,让读者对 VB 有一个总体的认识。

1.1 VB 发展历程

1.1.1 VB 的发展过程

20 世纪 60 年代中期,美国达特茅斯学院约翰·凯梅尼(J. Kemeny)和托马斯·卡茨(Thomas E. Kurtz)认为,像 FORTRAN(世界上最早出现的计算机高级程序设计语言)那样的语言是为专业人员设计的,不容易普及。于是,他们在简化 FORTRAN 语言的基础上,于 1964 年研制出"初学者通用符号指令代码"(Beginner's All-purpose Symbolic Instruction Code,BASIC)。这个时期的 BASIC 主要在小型机上使用,以编译方式执行。1975 年,比尔·盖茨把它移植到 PC 上。

20 世纪 80 年代中期,美国国家标准化协会(ANSI)根据结构化程序设计的思想,提出了一个新的 BASIC 标准草案。结构化程序设计方法是按照模块划分原则,以提高程序可读性、易维护性、可调性和可扩充性为目标的一种程序设计方法。结构化程序设计只允许三种基本的程序结构,分别是顺序结构、分支结构和循环结构。这三种基本结构的共同特点是只允许有一个入口和一个出口。仅由这三种基本结构组成的程序称为结构化程序。

1985 年,BASIC 的两位创始人推出 True BASIC,对 BASIC 语言进行了重大改进和发展。True BASIC 严格遵循 ANSI BASIC,不仅完全适应结构化和模块化程序设计的要求,而且保留了 BASIC 语言的优点——易学易懂,程序易编、易调试。

1987 年,Microsoft 公司推出 Quick BASIC,它提供了一个开发程序的集成环境。用户在编程序、修改、编译、调试、运行时均可通过菜单进行操作,十分方便。

1991 年 4 月,Visual Basic 1.0 for Windows 版本发布,在当时引起了很大的轰动,许多专家把 VB 的出现视为软件开发史上一个具有划时代意义的事件。Visual Basic 意为"可视化的 Basic",即图形界面的 Basic,它是用于 Windows 系统开发的应用软件,可以设计出具有良好用户界面的应用程序。

1998 年 6 月 15 日,Microsoft 公司推出 Visual Basic 第 6 版(VB 6.0),之后又推出 Visual Basic 6.0 中文版。VB 6.0 作为 Microsoft Visual Studio 6.0 工具套件之一,提供图形化、ODBC 实现整合资料浏览工具平台,以及与 Oracle 和 SQL Server 数据库的链接工具。

2001 年,VB.NET 发布。VB.NET 不是 VB 的简单升级,而是能适应网络技术发展需要的新一代 VB,它已演化为完全的面向对象的程序设计语言。2005 年 11 月 7 日,

VB.NET 2005(v8.0)发布。它可以直接设计出 Windows XP 风格的界面,但是其编写的程序占用内存较多。2010 年 4 月,VB.NET 2010(v10.0)发布。本书以 Visual Basic 6.0 为蓝本进行讲解。

1.1.2 VB 的特点

VB 是一种可视化的、面向对象和事件驱动的高级程序设计语言,可用于开发 Windows 环境下的各类应用程序,简单易学、功能强大,主要有以下特点。

1. 易学易用、功能强大的集成开发环境

传统高级语言编程一般要经过 3 个步骤,即写程序、编译程序和测试程序,其中每一步往往还需要调用专门的处理程序,而 VB 的集成开发环境集用户界面设计、代码编写、调试运行和编译打包等多种功能于一体,使用灵活方便,且 VB 支持自动语法检查和代码分色显示,支持对象方法及属性的在线提示帮助,提供多种调试窗口(如监视窗口、立即窗口、对象浏览窗口等),更是为设计人员调试和检测程序带来极大方便。

2. 面向对象的可视化设计工具

在 VB 中,应用面向对象的程序设计方法(Object Oriented Programming,OOP),把程序和数据封装起来,视为一个对象,每个对象都是可视的。对象来源于经过调试可以直接使用的对象模板。这些对象存放在集成环境左侧的工具箱中,以图标的形式提供给编程人员。程序员在设计时只需用现有工具根据界面设计要求,直接在屏幕上"画"出窗口、菜单、按钮、滚动条等不同类型的对象,并为每个对象设置属性。这种能够轻易实现的"所见即所得"的设计模式极大地方便了编程人员,提高了设计效率。

3. 事件驱动的编程机制

传统的面向过程的应用程序是按事先设计的流程运行的。VB 采用事件驱动的编程机制,代码不是按照预定的路径执行,而是在响应不同的事件时执行不同的代码。例如,命令按钮是编程过程中常用的对象,用鼠标单击命令按钮时,产生一个鼠标单击事件(Click),同时系统会自动调用执行 Click 事件过程,从而实现事件驱动的功能。可以说,整个 VB 应用程序是由许多彼此相互独立的事件过程构成的,这些事件过程的执行与否及执行顺序都取决于用户的操作。

4. 结构化的程序设计语言

VB 继承了 Basic 语言的所有优点:具有丰富的数据类型,众多的内部函数;语句简单易懂,具有较强的数值运算和字符串处理能力;具有结构化的控制语句和模块化的程序设计机制;程序结构清晰,易于调试和维护。

5. 强大的数据库功能

VB 具有强大的数据库管理功能:可以访问和使用多种数据库系统,如 Access、FoxPro 等;提供了开放式数据连接(ODBC),可以通过直接访问或建立连接的方式使用并操作后台大型数据库,如 SQL Server、Oracle 等。另外,VB 的 ADO(Active Database

Object)数据库访问技术,不仅易于使用,而且占用内存少,访问速度更快。

除了上述 5 大功能特点外,VB 6.0 还具有动态数据交换(DDE)、对象连接与嵌入(OLE)、Internet 组件和向导、Web 类库、远程数据对象(RDO)、远程数据控件(RDC)和联机帮助等功能。使用 VB 6.0 可以轻松开发集多媒体、数据库、网络等多种应用为一体的 Windows 应用程序。

1.1.3　VB 6.0 的版本

Visual Basic 6.0 包括 3 种版本,分别为学习版、专业版和企业版。这 3 种版本是在相同的基础上建立起来的,以满足不同层次的用户需要。

1. 学习版

学习版(Learning Edition)是 Visual Basic 6.0 的基础版本,可使用一组工具来创建功能完备的 Windows 应用程序,它包括所有的内部控件、网格控件及数据绑定控件。

2. 专业版

专业版(Professional Edition)除了具有学习版的全部功能外,还包括 ActiveX 和 Internet 控件开发工具之类的高级特性,适用于计算机专业开发人员。

3. 企业版

企业版(Enterprise Edition)除了具有专业版的全部功能外,还具有自动化管理、数据库、管理工具和 Microsoft Visual Source soft 面向工程版的控制系统等,适用于企业用户开发分布式应用程序。

本书以 Visual Basic 6.0 中文企业版为例进行阐述。

1.2　VB 6.0 的安装、启动与退出

1.2.1　VB 6.0 的安装

VB 的安装与其他大多数 Windows 应用程序的安装类似,将带有 VB 6.0 的 CD 盘片放入光驱,执行该盘片中的 SETUP.EXE,然后按照屏幕提示操作即可,具体步骤如下。

①将 Visual Basic 6.0 的安装光盘放入光驱,在"资源管理器"或"我的电脑"中执行安装光盘上的 SETUP.EXE 程序,运行后显示出"Visual Basic 6.0 中文企业版 安装向导"对话框,如图 1-1 所示。

第 1 章 Visual Basic 程序设计概述

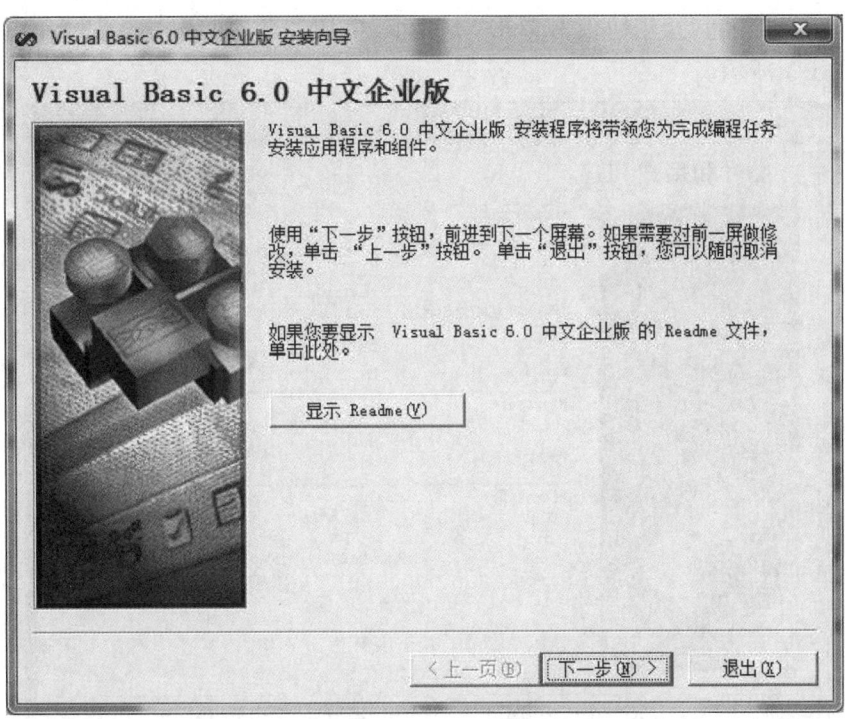

图 1-1 "Visual Basic 6.0 中文企业版 安装向导"对话框

②在图 1-1 所示的对话框中,单击"下一步"按钮,打开"最终用户许可协议"对话框,如图 1-2 所示。

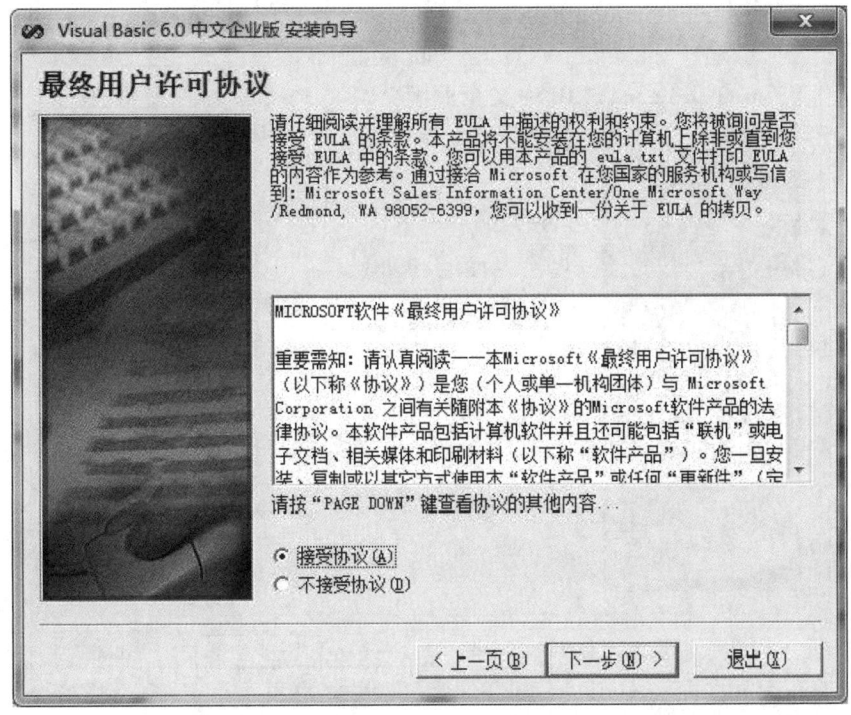

图 1-2 "最终用户许可协议"对话框

③选定单选按钮"接受协议",单击"下一步"按钮。此时打开"产品号和用户 ID"对话框,如图 1-3 所示。

图 1-3 "产品号和用户 ID"对话框

④输入完上述内容后单击"下一步"按钮,打开选择安装程序对话框,如图 1-4 所示。

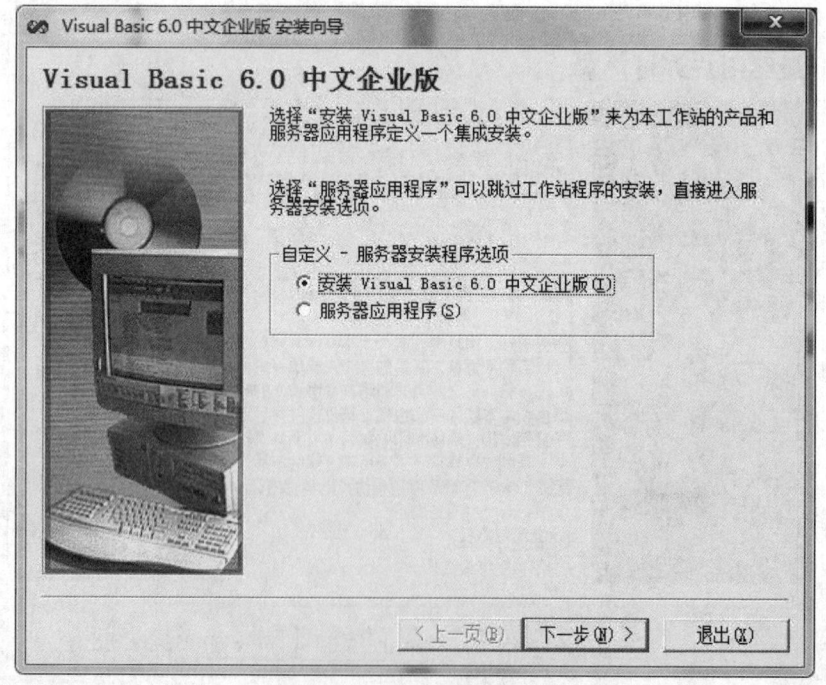

图 1-4 选择安装程序对话框

⑤在图 1-4 中选择"安装 Visual Basic 6.0 中文企业版"后,单击"下一步"按钮,打开"选择公用安装文件夹"对话框,如图 1-5 所示。

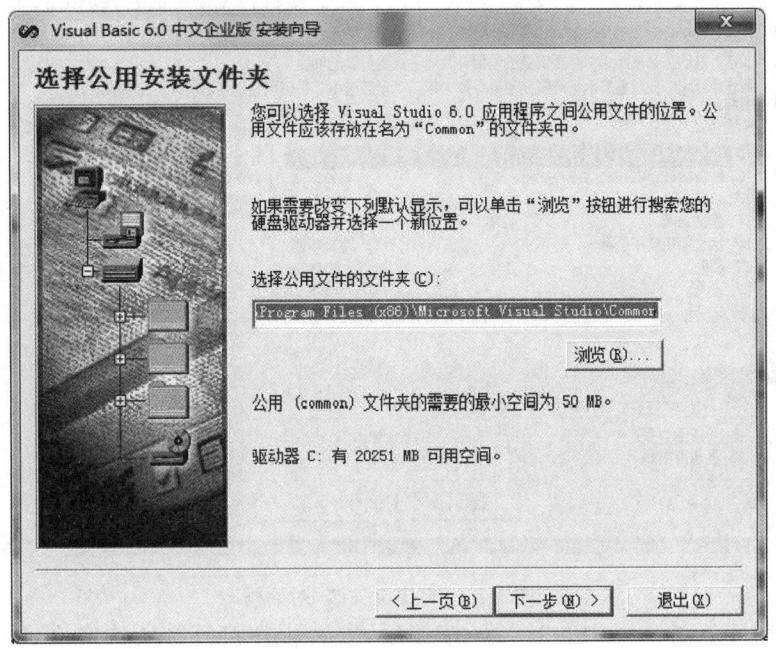

图 1-5 "选择公用安装文件夹"对话框

⑥在完成安装路径选择后,安装程序将打开选择安装类型对话框,如图 1-6 所示。

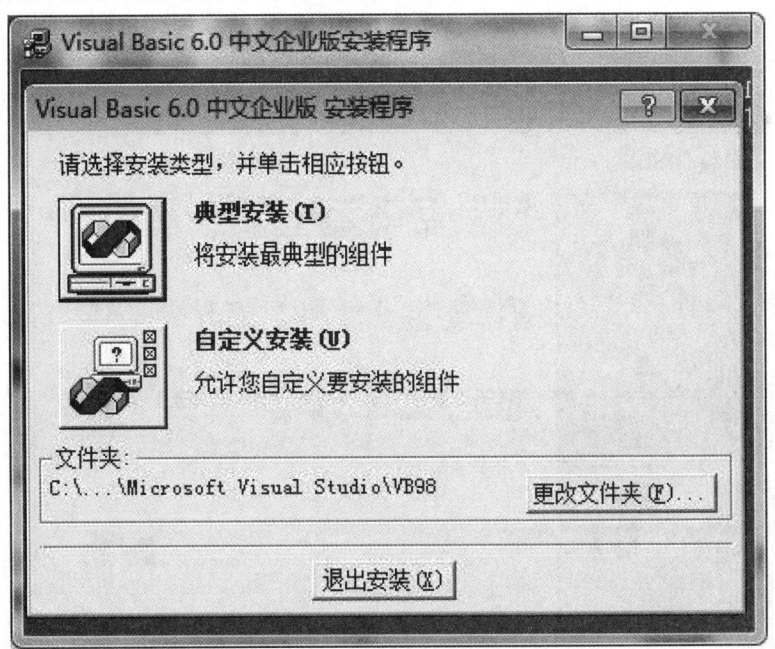

图 1-6 选择安装类型对话框

⑦在选择安装类型对话框中,安装程序为用户提供了两个选择:"典型安装"和"自定义安装"。前者将安装最典型的组件,安装过程无需用户干预。若用户选择后者,则将打

开"自定义安装"对话框,如图 1-7 所示。在这里用户可以有选择地安装需要的组件。

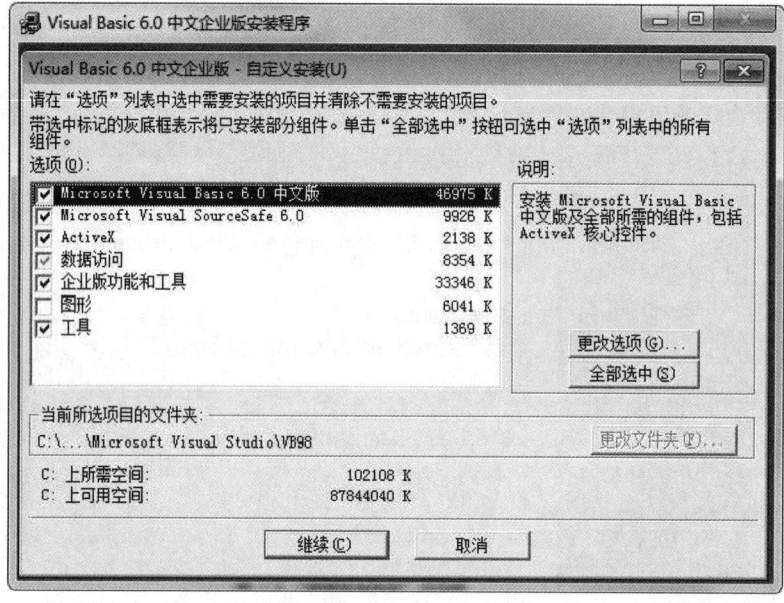

图 1-7 "自定义安装"对话框

⑧单击图 1-7 对话框中的"继续"按钮后,安装程序将复制所选文件到硬盘中,复制结束后将重新启动计算机完成 VB 6.0 的安装。

⑨计算机重新启动后,安装程序将自动打开"安装 MSDN"对话框,如图 1-8 所示。MSDN Library 是开发人员的重要参考资料,包含了容量约 1 GB 的编程技术资料信息,包括示例代码、文档、技术文章、Microsoft 开发人员知识库及开发程序时需要的其他资料。

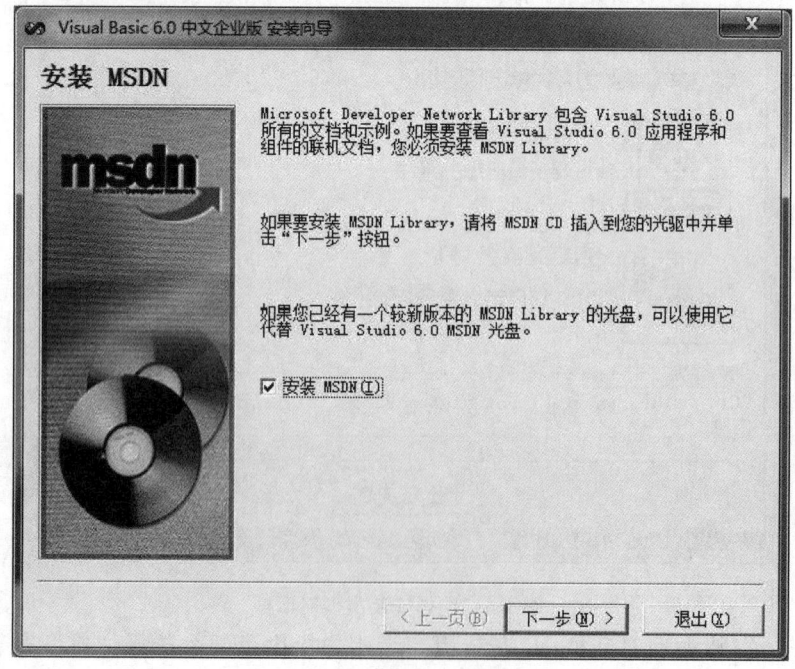

图 1-8 "安装 MSDN"对话框

1.2.2　VB 6.0 的启动与退出

1. VB 6.0 的启动

VB 6.0 的启动方式主要有两种,一是使用"开始"菜单,二是使用桌面快捷方式。

(1) 使用"开始"菜单

依次选择"开始"→"所有程序"→"Microsoft Visual Basic 6.0 中文版"命令,即可进入 VB 6.0 编程环境。

(2) 使用桌面快捷方式

如果没有建立桌面快捷方式,可进入 VB 6.0 安装目录,右击可执行程序 VB6.exe,从弹出的快捷菜单中选择"发送到"→"桌面快捷方式"命令,则桌面上会出现相应的快捷方式图标,以后只需双击该快捷方式图标即可启动 VB 6.0。

在成功启动 VB 6.0 之后,屏幕上会显示一个"新建工程"对话框,如图 1-9 所示。

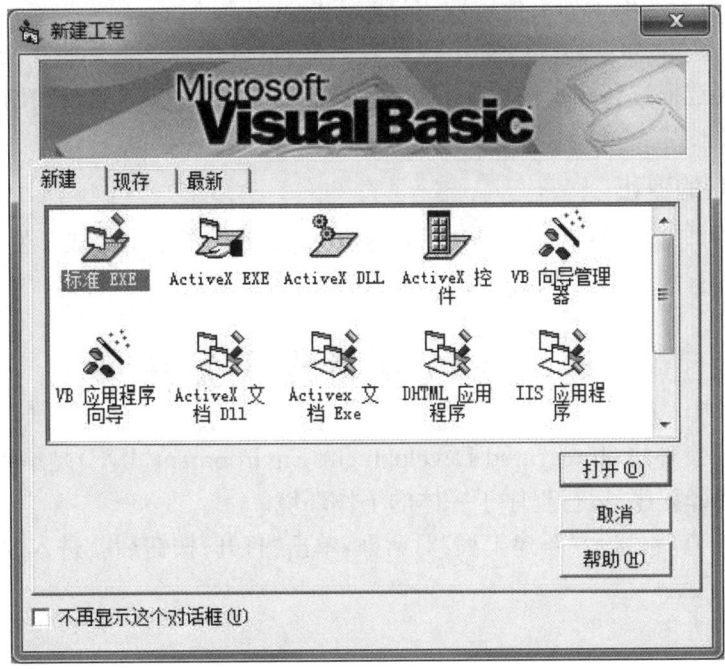

图 1-9　"新建工程"对话框

"新建工程"对话框中有 3 个标签,单击它们可打开相应的选项卡。

① 新建。新建选项卡用于创建新的 VB 6.0 应用程序工程,主要包含如下工程类型。

- 标准 EXE:用来创建一个标准的 EXE 文件。
- ActiveX EXE:用来创建一个 ActiveX 可执行文件。
- ActiveX DLL:用于创建一个与 ActiveX EXE 功能相同的 DLL 文件。
- ActiveX 控件:用来创建一个 ActiveX 控件。
- VB 应用程序向导:用于帮助用户建立应用程序框架,使用户可以快速建立一个具有基本功能的应用程序。

• ActiveX 文档 EXE 和 ActiveX 文档 DLL：ActiveX 文档相当于可以在支持超链接的环境下运行的 Visual Basic 程序。

• DHTML 应用程序：与 IIS 应用程序相似，只是在客户端的浏览器上，解释与响应浏览器上终端的用户操作。

• 数据工程：用于建立一个数据工程。

• IIS 应用程序：IIS 应用程序位于 Web 服务器上，从浏览器接收请求，并运行与请求相关的代码，然后向浏览器发出相应请求。

• 外接程序：用于建立自定义的 Visual Basic-IDE 外接程序。

• Visual Basic 企业版控件：该选择不是用来建立应用程序，而是用来在工具箱中加入企业版控件图标。

②现存。现存选项卡用于选择和打开现有的工程。

③最新。最新选项卡列出最近使用过的工程。

如果不希望 VB 每次启动时都出现该对话框，可以选择该对话框下方的"不再显示这个对话框"复选框。在这种情况下，集成开发环境每次启动时，会自动创建一个类型为"标准 EXE"的工程。

2. VB 6.0 的退出

打开 VB 的"文件"菜单，选择其中的"退出"菜单项或者单击集成开发环境标题栏右侧的"关闭"按钮，即可退出 VB。

1.3 VB 6.0 集成开发环境

VB 集成开发环境(Integrated Development Environment，IDE)是集界面设计、代码编写和调试、编译程序、运行程序于一体的工作环境。

启动 VB 6.0 后，显示"新建工程"对话框，单击"打开"按钮后就进入 VB 集成开发环境，如图 1-10 所示。

第1章 Visual Basic 程序设计概述

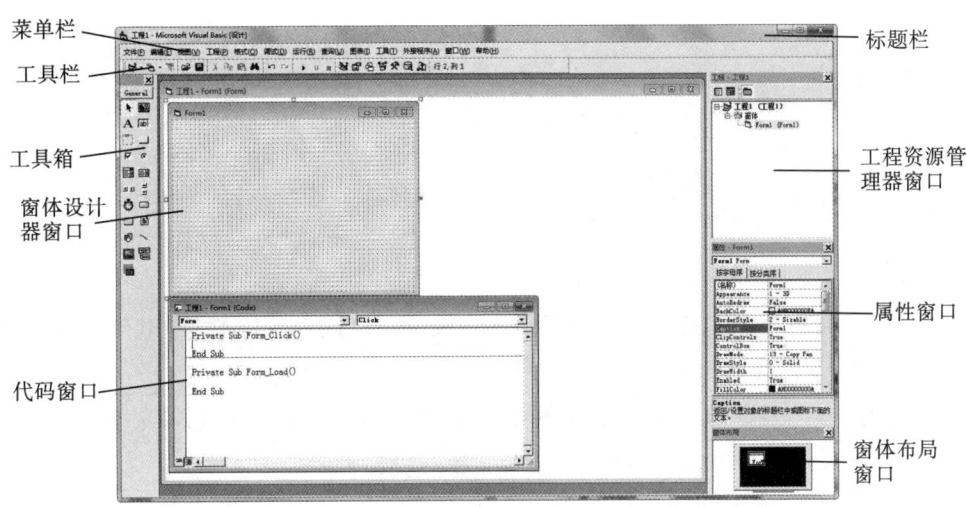

图 1-10　VB 6.0 集成开发环境

1.3.1　主窗口

主窗口位于整个开发环境的顶部，由标题栏、菜单栏和工具栏组成。

1. 标题栏

标题栏是 VB 集成环境窗口顶部的水平条，显示了当前操作的工程名称和 VB 的工作模式，有 3 种工作模式。

①设计模式。在该模式下，用户可进行界面设计和代码编写。进入设计模式时，标题栏显示"设计"字样。

②运行模式。在该模式下用户可运行 VB 应用程序，但不可编辑代码，也不可编辑界面。进入运行模式时，标题栏显示"运行"字样。

③中断模式。在该模式下可暂时中断应用程序的执行，而且可编辑代码，但不可编辑用户界面。进入中断模式时，标题栏显示"break"字样。

2. 菜单栏

VB 6.0 在菜单栏上共有 13 个菜单（即文件、编辑、视图、工程、格式、调试、运行、查询、图表、工具、外接程序、窗口和帮助），各个菜单的功能如表 1-1 所示。

表 1-1　VB 菜单栏功能

菜单名称	功　　能
文件	包括文件的打开、删除、保存和加入窗体以及生成执行文件等功能
编辑	提供剪切、复制、粘贴、撤销和删除等功能
视图	提供显示或隐藏各种视图功能
工程	包括将窗体、模块加入当前工程等功能
格式	对界面设计进行辅助控制，如控件对齐方式、间距的设置等

续表

菜单名称	功　　能
调试	提供对程序代码进行调试的各种方法
运行	执行、中断和停止程序
查询	实现与数据库有关的查询
图表	实现与图表有关的操作
工具	主要包括三个方面的功能：对集成开发环境进行定制，向程序代码中添加过程，激活应用程序的菜单编辑器
外接程序	主要包括两个方面的功能：VB环境下的数据库管理器，外部程序管理器窗口
窗口	设置VB子窗口在主窗口中的排列方式
帮助	提供VB的联机帮助

3. 工具栏

工具栏以图标形式提供了部分常用菜单项的功能。如果想运行某一命令，只需要单击相应的按钮即可。当鼠标移动到某个按钮时，系统会自动显示该按钮的名称和功能。如果要显示或隐藏工具栏，可以选择"视图"菜单的"工具栏"命令，或用鼠标在标准工具栏处单击右键，选取所需的工具栏。

表1-2列出了"标准"工具栏中除常用编辑工具之外的一些图标的作用。

表1-2　"标准"工具栏

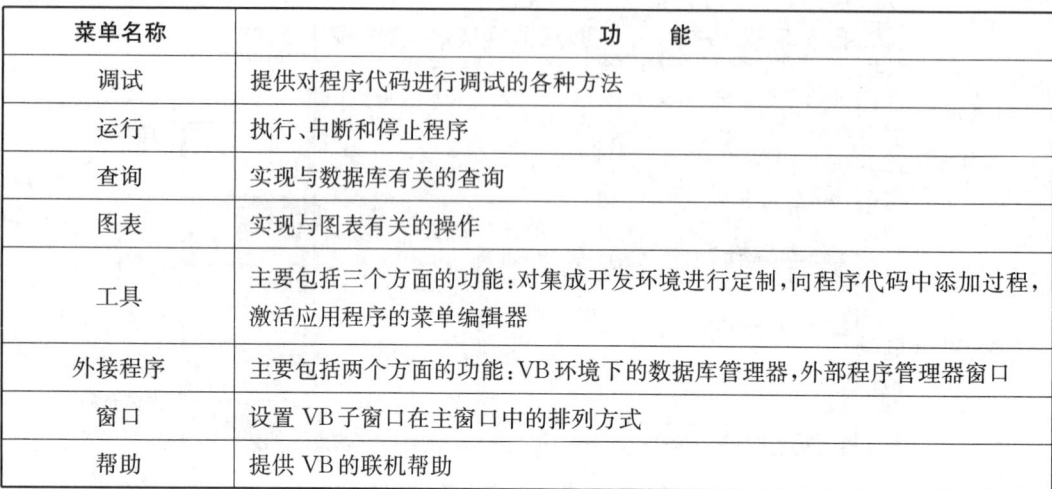

图标	名　　称	功　　能
	添加工程	用来添加一个新的工程到工程组中，单击其右侧下拉箭头将弹出一个下拉菜单，可以从中选择想添加的工程类型
	添加窗体	向当前工程添加一个新的窗体、模块或自定义的ActiveX控件
	菜单编辑器	启动菜单编辑器进行菜单编辑
	启动	开始运行程序
	中断	中断当前运行的工程，进入中断模式
	结束	结束运行当前工程，返回设计模式
	工程资源管理器	打开"工程资源管理器"窗口
	属性窗口	打开"属性"窗口
	窗体布局窗口	打开"窗体布局"窗口

续表

图标	名 称	功 能
	对象浏览器	打开"对象浏览器"窗口
	工具箱	打开"工具箱"窗口
	数据视图窗口	打开"数据视图"窗口
	可视化部件管理器	打开"可视化部件管理器"窗口

1.3.2 窗体设计器窗口

窗体设计器窗口简称窗体(Form),是设计应用程序时放置其他控件的容器,是显示图形、图像和文本等数据的载体。一个程序可以拥有多个窗体窗口,每个窗体窗口必须有一个唯一的窗体名字。建立窗体时默认其名字为 Form1、Form2……

处于设计状态的窗体由网格点构成,网格点方便用户对控件进行定位,网格点间距可以通过在"工具"菜单栏"选项"命令"通用"标签的"窗体设置网格"中输入"高度"和"宽度"来改变。运行时,窗体的网格不显示。

1.3.3 属性窗口

属性(Property)是用来描述 VB 窗体和控件特征的,如标题、大小、位置、颜色等。属性窗口如图 1-11 所示,主要由以下几个部分组成。

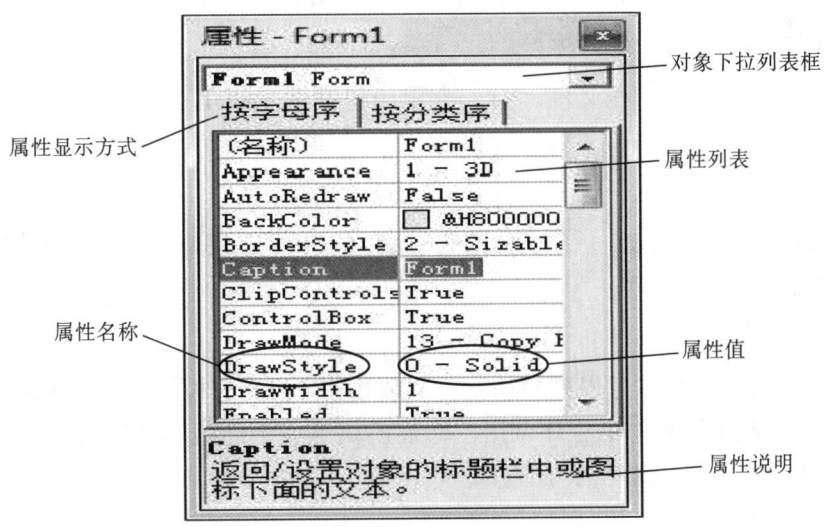

图 1-11 属性窗口

- 对象下拉列表框:显示当前窗体及窗体中全部对象的名称。
- 属性显示方式:按照字母顺序或者分类顺序。

- 属性列表框:分为两栏,左边栏显示属性名称,右边栏显示对应属性的当前值。
- 属性说明框:当在属性列表框选取某属性时,该区显示所选属性的名称和功能。

1.3.4 工程资源管理器窗口

VB把一个应用程序视为一项工程,用创建工程的方法来创建应用程序,用工程资源管理器来管理工程。

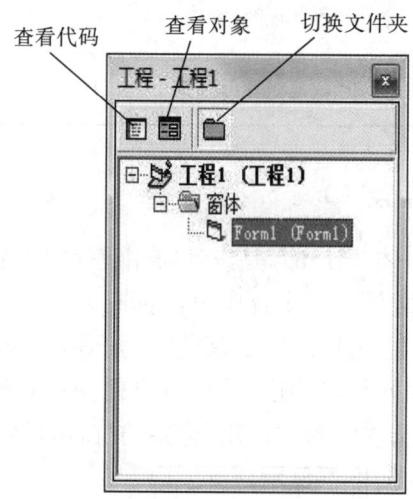

图 1-12 工程资源管理器窗口

工程资源管理器窗口显示了组成这个工程的所有文件,如图 1-12 所示。工程资源管理器中的文件可以分为 6 类,即工程文件(.vbp)、工程组文件(.vbg)、窗体文件(.frm)、标准模块文件(.bas)、类模块文件(.cls)和资源文件(.res)。

1. 工程文件和工程组文件

每个工程对应一个工程文件。当一个程序包括两个以上工程时,这些工程构成一个工程组。

2. 窗体文件

一个应用程序至少包含一个窗体文件。窗体文件存储用户界面、各控件的属性及程序代码等。

3. 标准模块文件

标准模块文件也被称为程序模块文件,该文件存储所有模块级变量和用户自定义通用过程,可以被不同窗体的程序调用。标准模块是一个纯代码性质的文件,它不属于任何窗体,主要在大型应用程序中使用。

4. 类模块文件

VB 提供了大量预定义的类,同时也允许用户根据需要定义自己的类。用户可以通过类模块来定义自己的类,每个类都用一个文件来保存。

5. 资源文件

资源文件中存放的是各种"资源",是一种可以同时存放文本、图片、声音等多种资源的文件。资源文件由一系列独立的字符串、位图及声音文件组成。

除了上面几种文件外,在工程资源管理器窗口的顶部还有 3 个按钮,分别为"查看代码"按钮、"查看对象"按钮和"切换文件夹"按钮。"查看代码"按钮可以查看选中对象的代码;"查看对象"按钮用来查看选中对象的界面;"切换文件夹"按钮决定工程中的列表项是否以树形目录的形式显示。

注意:在工程资源管理器窗口中,括号内是工程、窗体、标准模块的存盘文件名,括号左边表示此工程、窗体、标准模块的名称(即 Name 属性,在程序的代码中使用)。有扩展名的表示已保存过,无扩展名的表示当前文件还未保存。

1.3.5 代码窗口

用户图形界面设计完毕后的工作是针对要响应用户操作的对象编写程序代码。在 VB 中,专门为程序代码的书写提供了一个代码窗口,如图 1-13 所示。代码窗口一般是隐藏的,通过选择"视图"→"代码窗口"命令激活,也可以通过单击"工程资源管理器"窗口中的"查看代码"按钮激活,或者直接双击"窗体设计器"窗口中任意对象激活代码窗口。

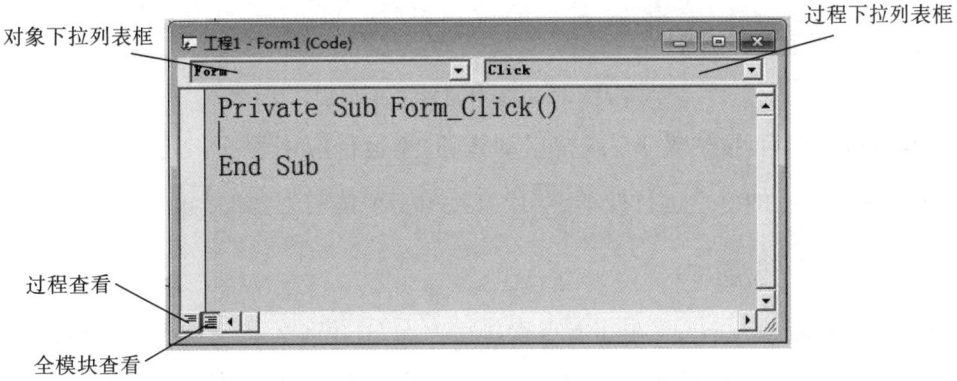

图 1-13 代码窗口

代码窗口最上面一行为标题栏。下面有两个下拉列表框,左边的列表框列出了该窗体及窗体上所有对象的名称,右边的列表框列出了当前选中对象可以响应的所有事件。当选定了一个对象和对应的事件后,会自动产生事件过程框架,接下来就可在事件过程框架中编写实现具体功能的程序代码。

【例 1-1】 设计一个 VB 应用程序,单击窗体后显示蓝色"Visual Basic 欢迎您"。其步骤如下。

①双击窗体打开代码窗口,在窗体的载入(Load)事件中编写代码,设置窗体文字的颜色,如图 1-14 所示。

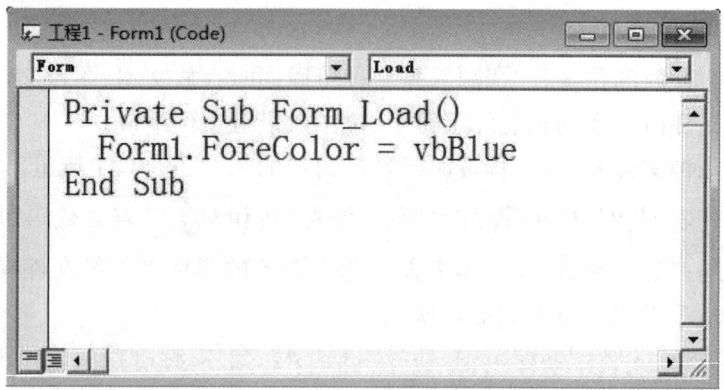

图 1-14 Load 事件过程代码的编写

②单击右边的事件列表框,选择 Click 事件,在过程中编写代码输出文字,如图 1-15 所示。

图 1-15 Click 事件过程代码的编写

代码编写完毕后,按热键 F5 或按启动按钮 ▶ 运行应用程序。若要结束程序的运行,可单击工具栏上的终止运行按钮 ■ 或直接单击窗体右上角的 ✕ 按钮。

1.3.6 工具箱窗口

工具箱窗口通常位于 VB 集成开发环境的左侧,其中含有许多可视化的控件。用户可以从工具箱中选取所需的控件,并将他们添加到窗体中,以绘制所需的图形用户界面。

标准工具箱窗口由 21 个被绘制成按钮形状的图标构成,窗口中有 20 个标准控件,如图 1-16 所示。需要注意,指针不是控件,它仅用于移动窗体和控件,或调整它们的大小。用户也可以通过"工程"菜单的"部件"命令将 Windows 中注册过的其他控件装入工具箱。

第 1 章 Visual Basic 程序设计概述

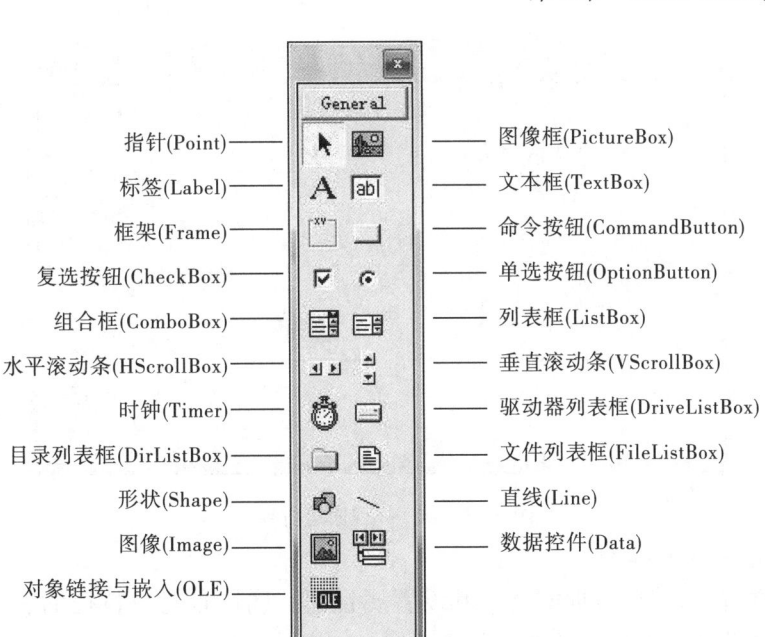

图 1-16 标准工具箱窗口

注意：VB 6.0 集成开发环境用户界面中的所有窗口都是浮动的,可以移动位置、改变大小等。若浮动窗口被关闭了,可从"视图"菜单中执行相应命令,再次打开窗口。

1.3.7 开发 VB 应用程序的步骤

用 VB 开发应用程序一般需要如下几个步骤。

步骤 1：建立用户界面；
步骤 2：设置对象属性；
步骤 3：编写程序代码；
步骤 4：运行和调试程序；
步骤 5：保存文件；
步骤 6：生成可执行程序。

【例 1-2】 设计一个 VB 应用程序,在用户界面上单击"显示"按钮后,窗体上显示"VB 欢迎您",单击"隐藏"按钮时,将显示的文字隐藏。结果如图 1-17 所示。

步骤 1：建立用户界面

用户界面是 VB 应用程序的一个重要组成部分。用户界面的作用主要是为用户提供一个输入/输出数据的界面。

在设计用户界面前需要新建一个工程,这是创建应用程序必须进行的步骤。通过选择"文件"菜单中的"新建工程"命令来建立一个工程,然后在窗体上设计用户界面。

例 1-2 需要在窗体添加 3 个控件对象：1 个标签、2 个命令按钮。标签用来显示信息,不能进行数据的输入；命令按钮用来执行相关操作。

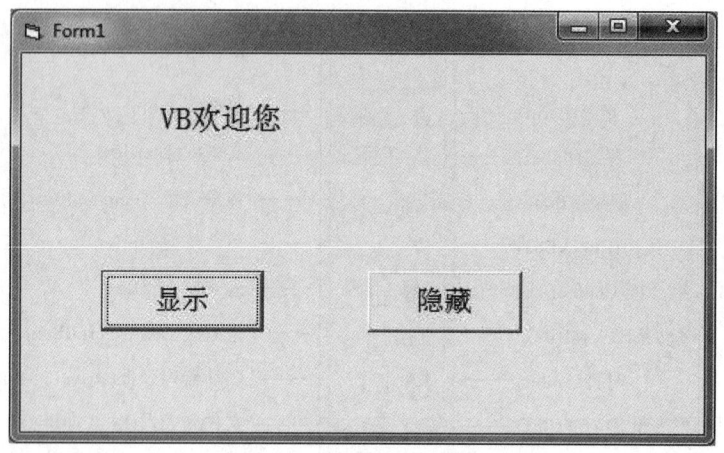

图 1-17　例 1-2 程序运行界面

步骤 2：设置对象属性

对象建立好后，就要根据需要为其设置属性值。属性是对象特征的表示，各类对象都有默认属性值。设置属性的方法如下。

用鼠标选中一个对象，此时属性窗口中显示该对象的所有属性。在属性窗口的左列选定属性名即可在右列修改属性值。

本例中各控件对象的有关属性设置如表 1-3 所示。

表 1-3　对象属性设置

控件名(Name)	相关属性设置示例
Label1	Caption:VB 欢迎您
Label1	Visible:False
Command1	Caption:显示
Command2	Caption:隐藏

注意：要建立多个相同性质的控件，不能通过复制的方式，应逐一建立。

步骤 3：编写程序代码

界面设计完就要考虑用什么事件来激活对象所需的操作。这就涉及对象事件的选择和事件过程代码的编写。VB 在代码窗口中编写代码。

VB 的编程机制是事件驱动，所以在编写代码前必须选择好对象和事件。代码窗口上部有两个下拉列表，左边列出了该窗体的所有对象(包括窗体)，右边列出了与左边选中对象相关的所有事件。当分别选中对象及事件后，系统自动将选定的事件过程框架显示到代码窗口中。本例的事件代码如图 1-18 所示。

步骤 4：运行和调试程序

应用程序创建完成后，单击工具栏上的启动按钮或按 F5 键运行程序。

第1章　Visual Basic 程序设计概述

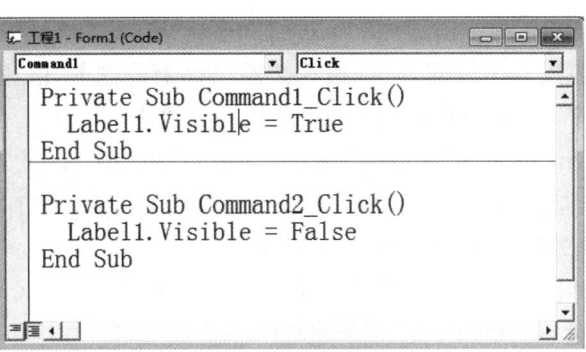

图 1-18　代码窗口和输入的程序代码

VB 程序通常会先编译，检查是否存在语法错误。当存在语法错误时，显示错误提示信息，提示用户进行修改。如图 1-19 所示，将代码中的对象名"Label1"错写为"Lable1"时，VB 弹出的错误提示窗口给出了错误类型并提示用户进行调试。操作时单击"调试"按钮，系统会自动将光标定位到出错的语句行。

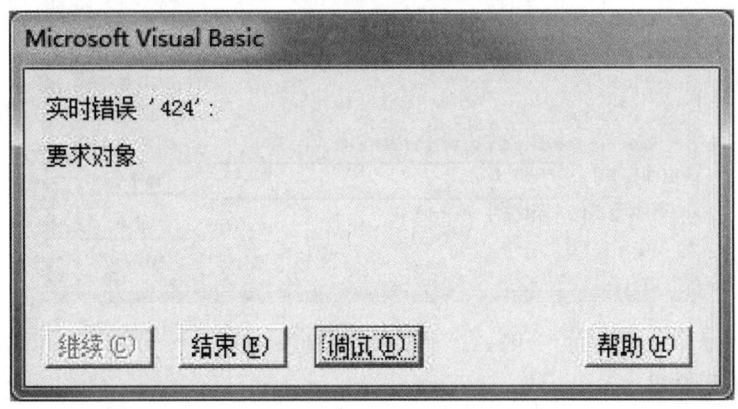

图 1-19　系统报错

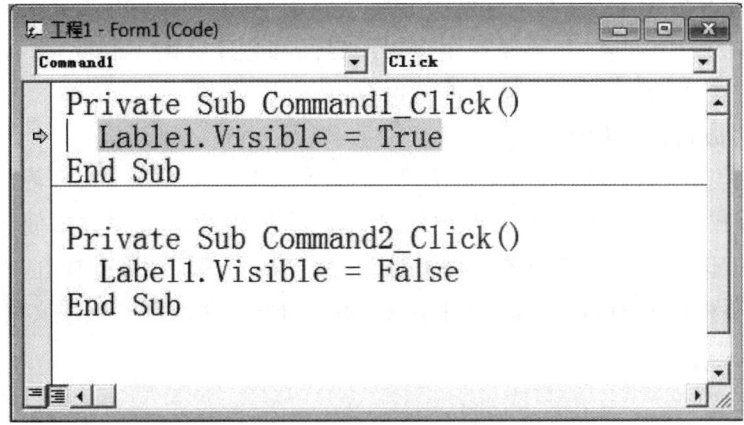

图 1-20　按"调试"后，系统定位在出错位置

对于初学者，程序很少能一次运行通过，难免会出现这样或那样的错误，因此初学者应学会如何发现并改正错误。

步骤 5：保存文件

在程序创建完成投入运行前，应将相关文件保存到磁盘上，以免因意外造成丢失。

在 VB 中，应用程序以工程文件的形式保存在磁盘上。一个工程文件涉及多种文件类型，如窗体文件.frm、标准模块文件.bas、类模块文件.cls、工程文件.vbp。在这四种文件中，窗体文件和工程文件是必不可少的两种文件。保存文件有先后次序，应先保存窗体文件、标准模块文件等，最后再保存工程文件。

这里只介绍窗体文件和工程文件的保存。

(1) 保存窗体文件

执行"文件"→"保存 Form1"命令，或直接单击工具栏上的"保存"按钮，会自动打开"文件另存为"对话框，输入保存的文件名，选择保存路径，如图 1-21 所示。

图 1-21 "文件另存为"对话框

(2) 保存工程文件

与保存窗体文件类似，执行"文件"→"工程另存为"命令，在打开的"工程另存为"对话框中，选择保存的位置、输入文件名。需要注意的是，工程文件保存的仅仅是该工程所需的所有文件的一个列表，并不保存用户图形界面和程序代码。因此，保存工程时，不能只保存工程文件，而忽略了对窗体文件的保存。

步骤 6：生成可执行程序

VB 程序的执行方式有两种：解释方式和编译方式。在 VB 集成开发环境中运行程序是以解释方式运行的，即对源文件逐句进行翻译和执行。这种方式便于程序的调试和修改，但运行速度慢。如果要使程序脱离 VB 集成开发环境，直接在 Windows 下运行，就必须将源程序编译为二进制的可执行文件。通过"文件"→"生成文件名.exe"命令即可实现。

习 题 1

一、选择题

1. 在下列选择项中，_____不是VB可能的状态。
   A. 设计状态　　　B. 运行状态　　　C. 工程状态　　　D. 中断状态

2. 以下关于保存工程说法正确的是_____。
   A. 保存工程时只保存工程文件即可　　B. 保存工程时只保存窗体文件即可
   C. 先保存工程文件，再保存窗体文件　　D. 先保存窗体文件，再保存工程文件

3. 窗体Form1的名称属性值为Myform，它的Load事件过程名是_____。
   A. Form1_Load　　B. Form_Load　　C. Me_Load　　D. Myform_Load

4. 以下叙述中正确的是_____。
   A. 窗体的Name属性用来指定窗体的名称，标识一个窗体
   B. 窗体的Name属性的值是显示在窗体标题栏中的文本
   C. 可以在运行期间改变对象的Name属性的值
   D. 对象的Name属性值可以为空

5. VB中最基本的对象是_____。它既是应用程序的基石，也是其他控件的容器。
   A. 文本框　　　B. 命令按钮　　　C. 窗体　　　D. 标签

6. 以下叙述错误的是_____。
   A. 一个工程可以包括多种类型的文件
   B. VB应用程序既能以编译方式执行，也能以解释方式执行
   C. 程序运行后，在内存中只能驻留一个窗体
   D. 对于事件驱动型应用程序，每次运行时的执行顺序可以不一样

二、填空题

1. Visual Basic 6.0用于开发_____环境下的应用程序。

2. Visual Basic采用的是_____驱动的编程机制。

3. 在VB集成开发环境中，选择"运行"→"启动"命令或按下_____功能键，都可以运行工程。

4. 在VB的工程中，工程文件的扩展名是_____，窗体文件的扩展名是_____，标准模块文件的扩展名是_____。

5. VB对象的Name属性是字符串类型，它是对象的_____。

6. 在VB集成开发环境中，建立的第一个窗体的默认名称是_____。

7. VB程序执行时等待事件的发生，当对象上发生事件后，执行相应的事件过程，这便是采用_____的方法。

8. MSDN是Visual Basic 6.0的_____系统。

9. 在VB集成开发环境中，要修改窗体的标题，需设置对象的_____属性。

10. 用VB设计的应用程序，保存后窗体文件的扩展名是_____。

三、简答题

1. Visual Basic 6.0 有什么特点？

2. Visual Basic 6.0 有哪几个版本？

3. Visual Basic 6.0 集成开发环境由哪些部分组成？每个部分的主要功能是什么？

4. Visual Basic 6.0 的"工具箱"窗口中的常用控件有哪些？

5. Visual Basic 开发应用程序的方法和步骤是什么？

四、基本操作题

1. 设计一个窗体，窗体的标题为"VB 程序设计"，运行程序时，单击窗体，使窗体的标题变为"学习 VB 程序设计"。

2. 设计一个窗体并编程实现：程序开始运行时，窗体的文本框显示："欢迎使用 VB 程序"；当用户单击窗体时，文本框显示"你单击了窗体"；当用户双击窗体时，文本框显示"你双击了窗体"；单击"退出"按钮，终止程序运行。

第 2 章　VB 语言基础

考核目标

- 了解：基本数据类型。
- 理解：运算符、运算表达式、常用内部函数。
- 掌握：表达式的类型转换及执行顺序，常量与变量，程序书写规则，基本输入输出（输入框 InputBox、消息框 MsgBox、Print 方法）。

要熟练使用程序设计语言,必须先学会如何运用该程序设计语言表示数据及进行运算。掌握基本的语法规则,有助于在后续学习中使用该语言进行编程,减少编程错误的发生。本章主要介绍构成 Visual Basic 应用程序的基本元素,包括数据类型、常量、变量、内部函数、运算符和表达式等。

2.1 数据类型

描述客观事物的数、字符以及所有能被输入到计算机中并被计算机程序加工处理的符号集合称为数据。数据是程序的必要组成部分,既是程序输入的基本对象,又是程序运算所产生的结果。

数据类型是指数据在计算机内部的表述和存储形式。根据性质和用途不同,数据被划分为多种不同的类型。不同的数据类型具有不同的存储长度、取值范围和允许的操作。编写代码时,选择合适的数据类型,可以优化程序代码的运行速度并节省存储空间。另外,只有相同或相容的数据类型之间才能进行操作,否则会出现错误。

VB 提供了丰富的数据类型,如图 2-1 所示。

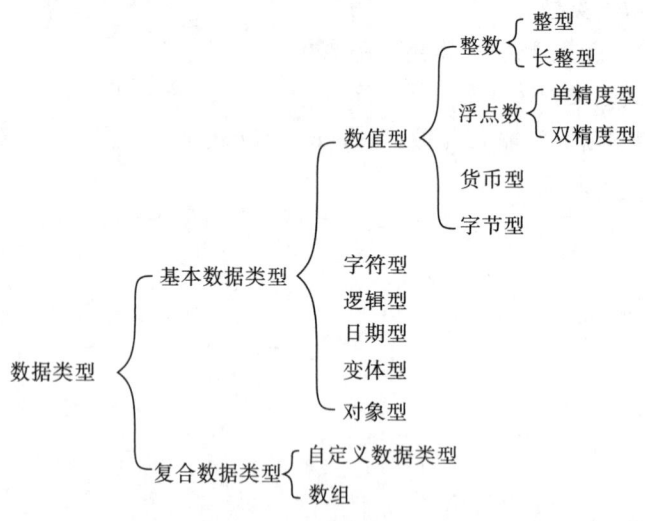

图 2-1 VB 的数据类型

复合数据类型由基本数据类型组成,详见第 5 章。本章仅介绍基本数据类型。

2.1.1 数值型

数值型(Numeric)数据指可以进行数学运算的数据,Visual Basic 用于保存数值的数据类型有 6 种,分别是整型、长整型、单精度型、双精度型、货币型和字节型。

1. 整数

整数包括整型(Integer)和长整型(Long),用于保存没有小数点和指数符号的整数。整型数据运算速度快、占用内存少,但数据的取值范围较小。

在 VB 中,整型数据占两个字节,取值范围为 $-32768 \sim 32767$。当超出这个取值范围时,程序运行时就会因产生"溢出"而中断,这时可以采用长整型 Long 来表示。长整型数据的存储长度为四个字节,取值范围为 $-2^{31} \sim 2^{31}-1$。

VB 中整型数据的表示形式为:±n[%],其中,n 是由 0～9 组成的数字,%是整型类型符,可省略。当要表示长整型数据时,只需在数字后加长整型符号 &,即表示形式为±n&。例如,240%、240、-125、+32、32%均是整型数;而 240&、-125&、-2347890均是长整型数。

2. 浮点数

浮点数包括单精度型(Single)和双精度型(Double),用于保存带小数点的实数。与整型数据相比,浮点型数据的表示范围比较大,但运算速度比较慢。单精度浮点型数据和双精度浮点型数据的类型符分别是! 和 #,指数分别用 E 和 D 来表示。单精度浮点型数据的有效数字可精确到 7 位,双精度浮点型数据的有效数字可精确到 16 位。

单精度浮点型数据有多种表现形式,如±n.n、±n!、±nE±m、±n.nE±m 等。它们依次表示小数形式、整数和单精度类型符、指数形式 1、指数形式 2 等,其中,n、m 均是由 0～9 组成的数字。例如,数字 34.323、-230!、-230E3、0.343E-3 都是单精度浮点型数据;数字 2.343#、-234#、-234D3、0.234E-3# 都是双精度浮点型数据。

注意:数 100 与数 100.00 对计算机而言是截然不同的两个数,前者为整数(占两个字节),而后者为浮点数(占四个字节)。

3. 货币型

货币型(Currency)数据是定点数或整数,用于计算货币的数量,最多保留小数点右边 4 位和小数点左边 15 位,其表示形式是在数字后加"@"符号,例如 230.45@。浮点数的小数点是"浮动"的,即小数点可以出现在数的任何位置。而货币型数据的小数点是固定的,因此又被称为定点数据类型。

4. 字节型

字节型(Byte)用于存储一个字节的无符号整数,其取值范围为 0～255。

在 VB 中,数值型数据都有一个取值范围。程序中的数如果超出规定的范围,系统就会产生"溢出"错误,并显示出错信息。

2.1.2 字符型

字符型(String),又称字符串型,用于表示连续的字符序列,存放文字信息,长度为 0～65535,包含 ASCII 字符、汉字和各种可显示字符。字符型数据前后必须要加双引号,如,"Visual Basic 6.0"、"230"、"11/11/2011"、"我喜欢使用 VB"等都是字符型数据。

VB 中的字符型分为定长(String * n)字符串型和变长(String)字符串型两种。前者用于存放固定长度的字符,后者用于存放长度可变的字符。

使用字符型数据时,需要注意以下几点。

①在 VB 中,把汉字作为一个字符处理。

②不含任何字符的字符串称为空串,用""(连续的两个双引号)表示。而" "表示有

一个空格字符的字符串。

③当字符串内部需要用到双引号时,须用两个连续的双引号来表示,即""""表示含有一个双引号的字符串。

④字符型数据也有大小之分,其中,英文和各种符号通过其 ASCII 码进行比较,简体汉字则按照 GB 2312 中的编码进行排列比较。

2.1.3 逻辑型

逻辑型(Boolean)又称布尔型,用于表示逻辑量,其取值只有 True(真)和 False(假)两个值。在计算机内存中占两个字节,即 16 位二进制位,True 对应 16 位 1,False 对应 16 位 0。当逻辑型数据转换成整型数据时,由于整数以补码形式存放,因此 True 转换为 -1,False 转换为 0;当将其他类型的数据转换成逻辑型数据时,非 0 数转换为 True,0 转换为 False。

2.1.4 日期型

日期型(Date)按 8 字节的浮点数来存储,表示的日期范围从公元 100 年 1 月 1 日到 9999 年 12 月 31 日,而时间范围是 00:00:00～23:59:59。日期数据前后必须用 # 号括起来,如 #1 Jan 12#、#January 1,2012#、#2011-11-11 13:30:30PM# 都是合法的日期型数据。

任何可辨别的文本日期都可以赋值给日期型变量。

2.1.5 变体型

变体型(Variant)是 VB 提供的一种特殊数据类型,是所有未声明变量的默认数据类型。变体型数据的类型是可变的,它对数据的处理完全取决于程序的上下文需要。除了定长字符串数据和用户自定义数据外,它可以保存任何种类的数据,是一种万能的数据类型。对变体变量赋值时不需要进行数据类型间的任何转换,VB 会自动进行必要的转换处理。

应该注意到,虽然变体型数据提高了程序的适应性,但是也占用额外的系统资源,降低程序的运行速度。因此,当数据类型能够具体定义时,最好不要把它们定义为变体型。

2.1.6 对象型

对象型(Object)用来引用应用程序所能识别的任何实际对象,占用 4 个字节。有关对象型数据的使用,我们将在后面的章节中介绍。

表 2-1 列出了基本数据类型及其占用空间和表示范围等。

表 2-1 Visual Basic 的基本数据类型

数据类型	类型名	类型标示符	占用字节数	范围
整型	Integer	%	2	$-2^{15} \sim 2^{15}-1(-32\ 768 \sim 32\ 767)$
长整型	Long	&	4	$-2^{31} \sim 2^{31}-1$
单精度型	Single	!	4	$\pm 1.401\ 298E-45 \sim \pm 3.402\ 823E38$
双精度型	Double	#	8	$\pm 4.941D-324 \sim 1.79D308$
货币类型	Currency	@	8	小数点左边 15 位,右边 4 位
字节型	Byte	无	1	$0 \sim 2^{8}-1(0 \sim 255)$
字符型	String	$	根据字符串长度	$0 \sim 65\ 535$ 个字符
逻辑型	Boolean	无	2	True 与 False
日期型	Date(time)	无	8	1/1/100～12/31/9999
变体型	Variant	无	根据实际类型	根据实际类型
对象型	Object	无	4	可被任何对象引用

2.2 常量与变量

在程序运行过程中,常量和变量都可以用来存储数据,它们都有自己的名字和数据类型。常量是在程序运行过程中,值不发生改变的量,变量的值在程序运行过程中可以发生改变。

2.2.1 常量

常量是指在程序运行过程中其值始终保持不变的量。VB 中的常量分为三种:直接常量、符号常量和系统常量。

1. 直接常量

直接常量的值直接反映了它的数据类型,简称为常量。根据数据类型不同,常量分为字符串常量、数值常量、日期常量和逻辑型常量(又称"布尔常量")。

数值常量是由数值、小数点和正负号构成的数值,如 221、230&、230.33、2.33E2、230D3 分别为整型、长整型、单精度型浮点数(小数形式)、单精度型浮点数(指数形式)、双精度型浮点数。在 VB 中,除了十进制数值常量外,还有八进制、十六进制数值常量。八进制常量前加 &O,例如 &O230、&O456。十六进制常量前加 &H,如 &HAF2、&H569。

字符串常量必须由一对英文双引号括起来,可以是任何能被计算机处理的字符。如:"computer"、"学生"、"a%*&#+"等。如果一个字符串常量只有双引号,中间没有任何字符(包括空格),则该字符串为空串。

日期常量用来表示某天或某一天的具体时间。在 VB 中,日期常量的前后均要加上 # 号。如 #11/11/2011#、#11/11/2011 16:08:12PM#、#16:08:12PM#。

逻辑型常量只有 True 和 False 两个值,分别表示"真"和"假"。一定要注意,逻辑型常量不需要用双引号括起来。如果带了双引号,计算机就将其作为字符串常量处理。

2. 符号常量

如果在程序中多次用到某一常量,用户就可以把该常量定义为符号常量,以后用到该值时就用符号常量名代替。符号常量的(声明)语句格式为:

　　　　Const 符号常量名[As 数据类型]=表达式

符号常量名:其命名规则与变量名的命名规则相同,为了与一般变量名区别,符号常量名通常用大写字母表示。

As 数据类型:说明常量的数据类型。若省略该项,则数据类型由表达式决定。用户也可在常量后加类型符。

表达式:由数值常量、字符串常量及运算符组成的表达式。

例如:

　　Const PI=3.1415926　　　　　'声明数值常量 PI,代表 3.1415926,单精度型
　　Const USER= "Zhang San "　　'声明字符串常量 USER,代表"Zhang San ",字符串型
　　Const NUM1#=457.83　　　　　'声明数值常量 NUM1,代表 457.83,双精度型

3. 系统常量

系统常量是由 VB 提供的具有专门名称和作用的常量。VB 提供的系统常量有:颜色常量、窗体常量、绘图常量等 32 类近千个常量。这些系统常量位于 VB 的对象库中。为了避免不同对象中同名常量之间混淆,在引用时可使用两个小写字母前缀,表示限定在哪个对象库中使用。

选择"视图"→"对象浏览器",打开"对象浏览器"窗口。在"工程/库"下拉列表框中选择对象库,在"类"列表框中选择需要查询的类,右侧列出该类包含的所有系统常量。如图 2-2 所示。

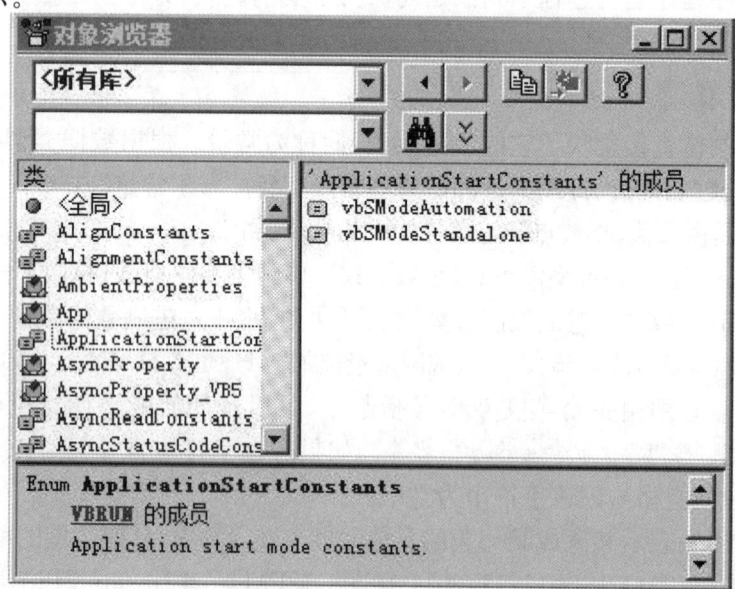

图 2-2 "对象浏览器"窗口

2.2.2 变量

在解决实际问题时有些量事先不能确定,只有在程序运行过程中才能确定。如,求圆的面积,如果事先确定半径,则程序只能求固定半径的圆的面积,程序就不够灵活。此外,程序运行过程中总会产生中间结果和最终结果,这些数据也需要用变量存储。变量就是在内存中划出一个内存单元,用来存储临时数据。给这个空间起一个名字,即变量名。可以用变量名代替其存储的值参与运算。如图 2-3 所示。每个变量对应一个变量名,在内存中占据一定的内存单元。变量一般需要先声明后使用。

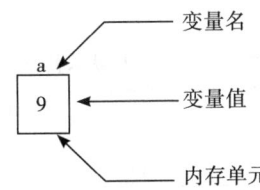

图 2-3　变量名和变量值示意图

1. 变量的命名规则

变量的命名规则为:

- 变量名必须以字母或汉字开头,其后可以是字母、汉字、数字或下划线。
- 变量名不得大于 255 个字符。
- 不允许使用关键字作变量名。
- 变量名不区分大小写,即 STR、str 与 Str 被视为同一个变量名。

如 2a、Date、dim、%a12、Y,2 等变量名都是无效或非法的。

2. 变量的声明

在使用变量之前一般先声明变量名,指定其类型,以决定系统为它分配的存储单元和运算规则。在 VB 中,可以用以下方式来声明变量及其类型。

(1)变量的显式声明

变量的显示声明就是用一条语句来说明变量的类型。声明变量的语句并不把具体的数值分配给变量,而是告知变量将会包含的数据类型。声明形式如下。

　　Dim 变量名 [As 类型]

其中,类型可以使用表 2-1 中列出的关键字。

说明:

① 为了方便定义,可在变量名后加类型符来代替"As 类型"。此时变量名与类型符之间不能有空格。类型符如表 2-1 所示。如,Dim x as integer 可以改写为 Dim x%。

② 一条 Dim 语句可以同时定义多个变量,但每个变量必须有自己的类型声明,类型声明不能共用。如,Dim r%, s!, max, str As String,一条 Dim 语句同时定义了 4 个变量,r 为整型,s 为单精度型,str 是字符串型,而 max 因没有声明类型,所以为变体型。

③ 定义字符串类型变量时可以指定存放的字符个数,如:

　　Dim str1 $　　　　　　　'申明可变长字符串变量 str1

```
Dim str2 As string              '申明可变长字符串变量 str2
Dim str3 As string * 10         '申明定长字符串变量 str3,最多可存放 10 个字符
```

对定长字符变量,字符数多时,超过数量的字符会丢失,字符数少时,系统会自动在字符串末尾添加空格。

注意:在 VB 中,一个汉字或一个西文字符均算作一个字符,占两个字节。因此,上述定义的 str3 变量,可存放 10 个西文字符或 10 个汉字。

④在 VB 中,变量根据不同的类型有不同的默认初值,如表 2-2 所示。其中,变体型变量的初值为 Empty,表示未确定数据,变量将根据参与的运算不同,自动取相应类型的默认初值进行运算。

表 2-2 变量的默认初值

变量类型	默认初值
数值型	0
String	" "(空)
Boolean	False
Date	0/0/0
Variant	Empty

(2) 变量的隐式声明

所谓隐式声明是指一个变量未声明而直接使用。所有隐式声明的变量都是 Variant 类型的。这在 VB 中是允许的,但不提倡使用。

例如,

```
Dim number As Integer, sum As Single
number=1
sum=sum+numbe        'numbe 是未声明的变量,默认初值为 0
```

该例中变量名拼写错误,运行时不会产生错误提示信息。当程序运行到"sum=sum+numbe"语句时,遇到新变量 numbe,系统认为它是隐式声明,初始化为 0,运行结束 sum 的值是 0。

(3) 强制显式声明

为避免出现类似错误,建议初学者编程时遵循变量先定义后使用的原则,可通过相关设置,使未定义的变量不能使用,强制显式声明所有变量。具体方法为:

① 选择菜单"工具"→"选项",然后在"编辑器"选项卡中选择"代码设置"→"要求变量声明"选项;

② 直接在代码窗的通用声明段录入"Option Explicit"语句。

如此一来,如果遇到未声明便使用的变量,VB 就会发出报告"Variable not define"。

【例 2-1】 常量和变量的使用。

```
Private Sub Command1_Click()
    Const PI = 3.14
```

```
Dim a As Integer, b As Integer, s As Single
b = 4.5
s = PI * b * b
Print "a=", a
Print "b=", b
Print "s=", s
End Sub
```
该程序的输出结果是：

a=0

b=4.5

s=63.585

a 和 b 是整型变量，s 是单精度型变量，PI 是符号常量，变量和常量可以通过运算符组合为一个表达式，来对一个变量赋值。根据表 2-2，a 取值为整型默认值 0。

2.3 运算符和表达式

运算是对数据进行加工处理的过程，描述各种不同运算的符号称为运算符，而参与运算的数据称为操作数。用运算符将操作数连接起来就构成了表达式。表达式用来表示某个求值规则，必须符合 VB 的语法规则。

2.3.1 算术运算符与算术表达式

算术运算符是常用的运算符，用来执行算术运算，VB 提供了 8 种基本的算术运算符。把常量、变量等用算术运算符连接起来的式子称为"算术表达式"。优先级表示当表达式中含有多个运算符时的执行顺序。表 2-3 按优先级从高到低列出了常用算术运算符。

表 2-3　VB 的算术运算符

运算符	功能	优先级	表达式实例	实例说明
^	乘方	1	a^n	表示 a 的 n 次方，例如 3^2=9
—	取负	2	—a	表示将 a 的值取负
*	乘法	3	a*b	表示 a 和 b 相乘，例如 3*2=6
/	除	3	a/b	表示浮点除法，例如 3/2=1.5
\	整除	4	a\b	表示 b 整除 a，例如 3\2=1
Mod	取模	5	a Mod b	表示取除法的余数，例如 6 Mod 4 结果为 2
+	加	6	a+b	表示 a 加 b，例如 3+2=5
—	减	6	a—b	表示 a 减 b，例如 3—2=1

说明:

①表 2-3 的 8 种运算符中,只有取负"一"是单目运算符,其余都是双目运算符。取负运算符的功能是:使正数变为负数,使负数变为正数。取负运算符必须放在操作数的左边。

②取模运算符 Mod 用来求整数除法的余数,其结果是被除数与除数相除所得的余数。例如 9 Mod 5 等于 4,7 Mod 10 等于 7。若表达式为 13.5 Mod 2.6,则首先取整得到 13 和 2 再取模,结果为 1。

③算术运算符要求的操作对象是数值型数据,若遇到逻辑型值或数字字符,则自动转换成数值类型后再运算。例如:

　　9＋False＋"21"　　'结果是 30,逻辑型常量 False 转换为数值 0

2.3.2　字符串运算符与字符串表达式

字符串表达式是由字符串常量、字符串变量、字符串函数和字符串运算符按语法规则组合而成的。VB 中的字符串运算符有两个:"&"和"＋",其功能都是将两个字符串连接起来生成一个新的字符串,但两者的使用是有区别的。

①"&"是正规的字符串运算符,不论"&"两边的运算对象是否是字符型数据,系统都会先将运算对象转变为字符型数据,然后再进行连接运算。

使用"&"时,注意要在"&"和操作数之间加入一个空格。否则,系统会将"&"看作长整型数据的类型符。

②"＋"号两边的运算对象均是字符型数据时才把"＋"号作为字符串连接运算符;如果两边都是数值型数据则按算术加法运算;若一个为数字型字符,另一个是数值型,则自动将数字型字符转换为数值,再进行算术运算;若有一个是非数字字符型,而另一个是数值型则会出错。

【例 2-2】　验证字符串连接符"&"和"＋"的区别。

```
Private Sub Form_Click()
    Print "计算机" ＋ "程序设计"
    Print "计算机" & "程序设计"
    Print 125.25 ＋ 0.25
    Print "125.25" ＋ 0.25
    Print 125.25 & 0.25
    Print "ABC" ＋ 100          '"类型不匹配"错误
    Print "ABC" & 100
End Sub
```

运行上述程序,结果如图 2-4 所示。

图 2-4 字符串运算符演示

2.3.3 关系运算符与关系表达式

关系运算符通常又称为比较运算符,即比较两个表达式的大小关系,其结果一般为逻辑值 True 或 False。关系运算符是双目运算符,功能是将两个运算对象进行关系比较,使用频率很高。VB 中提供了 8 种关系运算符,必须熟练掌握。如:

及格的条件是成绩大于等于 60 分,若用变量 mark 存放成绩,则及格的条件可用关系运算符描述为:mark>=60。

常用的关系运算符见表 2-4。

表 2-4 关系运算符

运算符	功 能	表达式实例	结 果	说 明
>	大于	"abc">"c"	False	"a"的 ASCII 值为 97,而"c"为 99
>=	大于等于	9>=(4+7)	False	9<11
<	小于	9<(4+7)	True	9<11
<=	小于等于	"15"<="3"	True	"1"的 ASCII 值为 49,,而"3"为 51
=	等于	15=3	False	15 不等于 3
<>	不等于	"abc"<>"Abc"	True	"a"的 ASCII 值为 97,而"A"为 65
Like	字符串匹配	"abcd123ef" Like "*cd*"	True	使用通配符匹配比较
Is	对象引用比较	object1 Is object2		由对象引用的当前值决定

在关系表达式中,操作数可以是数值型和字符型。关系运算规则如下。

①如果两个操作数是数值型,则按其大小进行比较。

②如果两个操作数是字符型,则按字符的 ASCII 码值从左到右逐一进行比较,即首先比较两个字符串中的第 1 个字符,ASCII 码值大的字符串为大;如果第 1 个字符相同,则比较第 2 个字符,以此类推,直到出现不同的字符时为止。若两串的前面一部分相等,则串长的大,如"abcd">"ab"。

③汉字字符大于西文字符。汉字之间的比较根据其拼音序比较,码值大的汉字大,如"男">"女"、"李">"张"。

④关系运算符的优先级相同,运算时从左到右依次进行。

⑤在 VB 6.0 中,所增加的"Like"运算符与通配符"?"、"＊"、"♯"、[字符列表]、[!字符列表]结合使用,在数据的 SQL 语句中经常使用,用于模糊查询。其中"?"表示任何单一字符;"＊"表示零个或多个字符;"♯"表示任何一个数字(0~9);[字符列表]表示字符列表中的任何单一字符;[! 字符列表]表示不在字符列表中的任何单一字符。

⑥"Is"关系运算符用于对两个对象引用进行比较,判断两个对象引用是否相同。

2.3.4 逻辑运算符与逻辑表达式

逻辑运算通常也称为布尔运算,如与运算、或运算、非运算等。逻辑表达式是指用逻辑运算符连接若干个关系表达式或逻辑值而组成的式子。逻辑运算要求操作数是逻辑型数据,运算结果也是逻辑型数据,即只能是 True 或 False。表 2-5 列出常用的逻辑运算符。

表 2-5 逻辑运算符

运算符	含义	优先级	运算规则	实 例	结 果
Not	取反	1	当操作数为真时,结果为假;当操作数为假时,结果为真	Not True	False
And	与	2	当两个操作数均为真时,结果才为真,否则为假	4>3 And "女">"男"	False
Or	或	3	当两个操作数都为假时,结果才为假,否则为真	4>3 Or "女">"男"	True
Xor	异或	3	在两个操作数不相同,即一真一假时,结果才为真,否则为假	4>3 Xor "女">"男"	True
Eqv	等价	4	当两个表达式同时为真或同时为假时,值为真,否则为假	4>3 Eqv "女">"男"	False

逻辑运算在程序中主要用于连接关系表达式,对用关系运算描述的多个条件进行连接处理,实现多个条件的判断。

例如,免费乘坐公交车的条件是 70 岁以上的老人和 10 岁以下的儿童。

　　年龄>=70 Or 年龄<=10　　　　'两个条件满足一个即可,故用 Or 连接

又如,某单位招聘程序员的条件是:年龄小于 35、学历本科、男性。

　　年龄<35 And 性别="男" And 学历="本科"　　'三个条件需同时满足,故用 And 连接

注意:逻辑运算两端的操作数也可以是非 Boolean 类型。系统会自动按非 0 为真,0 为假的规则,将非 Boolean 型转化成 Boolean 型。如:

　　"a" And "b"　　'结果为 True,因为字符 a 和 b 的 ASCII 码都是非 0 值

　　0 And 9　　'结果为 False,因为 0 会自动转换成 False,9 会转换成 True

关系运算符的优先级低于算术运算符,高于赋值运算符(=)。

2.3.5 日期表达式

日期表达式由算术运算符"+、-"、算术表达式、日期型数据和日期型函数组成。日期型数据是一种特殊的数值型数据,它们之间只能进行加、减运算。

① 两个日期型数据相减,结果是一个数值型数据,得到的是两个日期相差的天数。例如:

  #12/7/2011# - #12/5/2011#　　　'结果为2
  #12/31/2011# - #1/1/2012#　　　'结果为-1

② 日期型数据加上(或减去)一个数值,结果为日期型。例如:

  #12/7/2011# +2　　　'结果为#12/9/2011#,即2011年12月9日
  #12/7/2011# -2　　　'结果为#12/5/2011#

2.3.6 表达式的类型转换与执行顺序

1. 不同数据类型的转换

在算术运算中,如果参与运算的数据具有不同的数据类型,为防止数据丢失,VB规定其运算结果的数据类型以精度较高的数据类型为准(即占字节多的数据类型),即

Integer<Long<Single<Double<Currency

但当Long型数据与Single型数据运算时,计算结果为Double型数据。

2. 执行顺序

在VB中,当一个表达式中包含多种不同类型的运算符时,不同类型的运算符之间的优先级为:

算术运算符>字符运算符>关系运算符>逻辑运算符

优先级相同的,计算顺序为从左到右。括号内的运算优先进行,嵌在最里层括号内的计算最先进行,然后依次由里向外执行。

2.4 VB程序书写规则

任何程序设计语言都有自己的语法格式和编码规则。VB和其他程序设计语言一样,编写代码也有一定的书写规则,其主要规则如下。

1. 将多条语句写在同一行上

一般情况下,书写程序时最好一行写一条语句。但有时也可以使用复合语句行,就是把几条语句写在同一行中,语句之间用冒号":"隔开。例如:

  a=2:b=3:c=a+b

2. 语句续行

当一条语句太长时,可用续行符"_"(一个空格紧跟一条下划线,注意空格不能省

略)将长语句分成多行书写。

3. 语句注释

通过注释解释程序语句能提高程序的可读性。注释可以 Rem 开头,但一般用撇号"'"引导注释内容。用撇号引导的注释可以直接出现在语句后面。

程序运行时,注释内容不被执行,故单撇号"'"或 Rem 关键字的另一个用途是能将有问题的语句从程序中隔离出来,便于进行调试。也可以使用"编辑"工具栏的"设置注释块"(解除注释块)按钮,使选中的若干行语句(或文字)成为注释(取消注释)。

4. 不区分字母大小写

程序中不区分字母的大小写。例如,Ab 与 AB 等效。

5. 代码自动转换

为了提高程序的可读性,VB 对用户程序代码进行自动转换。

①对于程序中的关键字,首字母总被转换成大写。若关键字由多个英文单词组成,则它会将每个单词的首字母转换成大写。

②对于用户自定义的变量、过程名,VB 以第一次定义的为准,以后输入的自动向首次定义的转换。

6. 输入时使用属性、方法提示

若对象名拼写正确,则在其后输入"."时会出现属性及方法列表提示,用户可以根据提示从中选择。这样一方面可以避免输入错误,另一方面可以加快代码输入的速度。

2.5 VB 常用内部函数

函数是完成某些特定运算的程序模块,在程序中要使用一个函数时,只要给出函数名和相应的参数,就能得到它的函数值。VB 中有两类函数:内部函数和用户定义函数。内部函数也称为标准函数,按其功能分为数学函数、转换函数、字符串函数、日期函数和格式输出函数等。用户定义函数是由用户自己根据需要定义的,具体内容将在后面的章节中详细介绍。本节主要介绍一些常用的内部函数。

以下叙述中,将用 N 表示数值型数据、用 C 表示字符型数据、用 D 表示日期型数据。

2.5.1 数学函数

数学函数主要用于各种数学运算,函数返回值的数据类型为数值型,参数的数据类型也为数值型。

表 2-6　VB 常用数学函数

函数名	功　能	实　例	返回值
Rnd	产生[0～1)的随机数	Rnd	[0～1)的随机数
Sin(N)	求 N 的正弦值	Sin(0)	0
Cos(N)	求 N 的余弦值	Cos(0)	1
Tan(N)	求 N 的正切值	Tan(45 * 3.14/180)	1
Atn(N)	求 N 的反正切值	Atn(1)	0.785398
Sqr(N)	求 N 的平方根	Sqr(2)	1.414214
Abs(N)	求 N 的绝对值	Abs(−100)	100
Sgn(N)	求 N 的符号	Sgn(−100)	−1
Exp(N)	求 e^N 的值	Exp(2)	7.389056
Log(N)	求 N 的自然对数值	Log(7.389056)	2
Fix(N)	固定取整(去掉小数部分)	Fix(−8.96)	−8
Int(N)	最大的不超过 N 的整数	Int(10.8) Int(−10.8)	10 −11
Round(N)	四舍五入取整	Round(10.8) Round(−10.8)	11 −11

说明：

①随机函数 Rnd 的功能是返回一个 0～1(不包括 1)的单精度随机数。每调用一次就产生一个[0～1)的单精度随机数。默认情况下，每运行一次程序，Rnd 都会产生相同序列的随机数。若要产生不同序列的随机数，可以在调用 Rnd 之前，先使用无参数的 Randomize 语句初始化随机数生成器，形式为：

　　Randomize

随机函数的使用技巧：

• 用 Rnd 函数产生随机整数：可以通过由 Rnd 函数产生的随机小数乘以一个整数，然后再对结果进行取整获得。例如，要产生一个 0～25 的随机数，可以由以下语句实现。

　　x=Int(Rnd * 26)

产生 1～5 的随机数(包括 1 和 5)的语句如下：

　　n=Int(Rnd * 5)+1

• 产生一个 *n*～*m* 的随机整数(*m*>*n*，包括 *m* 和 *n*)的语句如下：

　　Int(Rnd * (m−n+1))+n

如，要产生 100～350 的任一整数的表达式如下：

　　Round(Rnd * (350−100)+100)　　　　　　Int(Rnd * (350−100+1)+100)

• 产生随机英文字符：英文字符 A 的 ASCII 码为 65。26 个大写字母的 ASCII 码值范围是 65～90，因此可以先用 Rnd 函数产生一个 65～90 的随机整数，然后将该随机整数视为 ASCII 码,通过 Chr 函数将其转换成对应的字符,其实现语句为：

　　N=Int(Rnd*26)+65

　　L=Chr(N)

以上语句一次可以产生一个随机英文字母,借助循环控制语句,就可以产生随机英文字母序列了。

②三角函数 Sin、Cos、Tan 的参数以弧度为单位。度与弧度的换算公式为：

　　1度=3.141592/180(弧度)

③Atn 的参数是正切值,返回值是以弧度为单位的正切值。

　　Tan(45*3.141592/180)=1

　　Atn(1)=0.785398(弧度)=45(度)

④符号函数 Sgn(N)的返回值有三种。

　　N 为 0 时,返回值是 0；

　　N 为正时,返回值是 1；

　　N 为负时,返回值是-1。

2.5.2　字符串函数

字符串操作函数可以对字符串进行取子串、求串长等操作。在 VB 中,对字符串的操作和处理大多使用内部函数完成。VB 提供大量的字符串函数,给字符类型变量的处理带来了极大的方便。常用字符串函数见表 2-7。

表 2-7　字符串函数

函数名	说　明	实　例	结　果
Len(C)	求字符串 C 的长度	Len("HELLO 你好")	7
LenB(C)	求字符串 C 所占的字节数	LenB("HELLO 你好")	14
Left(C,N)	取出字符串 C 左边 N 个字符	Left("ABCDEFG",3)	"ABC"
Right(C,N)	取出字符串 C 右边 N 个字符	Right("ABCDEFG",3)	"EFG"
Mid(C,N1[,N2])	取字符串子串,在 C 中从第 N1 位开始向右取 N2 个字符,缺省 N2 时表示取到结束	Mid("ABCDEFG",2,3)	"BCD"
InStr([N1,]C1,C2[,M])	在 C1 中从 N1 开始找 C2,省略时表示 N1 从头开始找,返回值为 C1 在 C2 中的位置,若找不到,则返回值为 0	InStr(2, "EFABCDEFG", "EF")	7
Replace(C,C1,C2[,N1][,N2][,M])	在字符串 C 中从 N1 开始用 C2 替换 C1,替代 N2 次	Replace("ABCDABCD", "AB","9")	"9CD9CD"
Ltrim(C)	去掉字符串 C 左边空格	Ltrim("□□□ABCD")	"ABCD"
Rtrim(C)	去掉字符串 C 右边空格	Rtrim("ABC□□")	"ABC"

续表

函数名	说 明	实 例	结 果
Trim(C)	去掉字符串两边的空格	Trim("□□ABC□□□")	"ABC"
Join(A[,D])	将数组A各元素按D(或空格)分隔符连接成字符串变量	A＝array("123","abc","d") Join(A, "")	"123abcd"
Split(C[,D])	将字符串C按分隔符D(或空格)分隔成字符数组,与Join作用相反	S＝Split("123、你、abc", "、")	S(0)＝"123" S(1)＝"你" S(2)＝"abc"
Space(N)	产生N个空格的字符串	Space(2)	"□□"
String(N,C)	返回由C中首字符组成的长度为N的字符串	String(3, "hill")	"hhh"
StrReverse(C)	将字符串反序	StrReverse("ABCDE")	"EDCBA"

说明:

• 函数的自变量M用来表示是否要区分大小写。M＝0表示区分,M＝1表示不区分,省略M表示区分大小写。

• VB采用Unicode来存储和操作字符串,即用两个字节表示一个字符。在VB中,一个西文字母、一个汉字都是一个字。比如Len("123we喜欢VB")的值是9,而不是11。

• VB提供了另一个测试字符串所占字节的函数LenB,它的值代表字符串的字节数,如LenB("123we喜欢VB")的值是18。

2.5.3 日期和时间函数

VB的常用日期函数见表2-8。

表2-8 日期函数

函数名	说 明	实 例	结 果
Date	返回系统日期	Date()	2012/1/1
Time	返回系统时间	Time	11:26:53 AM
Now	返回系统日期和时间	Now	2012/1/1 11:26:53 AM
Day(C|D)	返回日期代号(1~31)	Day("97,05,01")	1
Hour(C|D)	返回小时(0~24)	Hour(#1:12:56PM#)	13
Minute(C|D)	返回分钟(0~59)	Minute(#1:12:56PM#)	12
Month(C|D)	返回月份代号(1~12)	Month("97,05,01")	5
MonthName(N)	返回月份名	MonthName(1)	一月
Second(C|D)	返回秒(0~59)	Second(#1:12:56PM#)	56

续表

函数名	说明	实例	结果
WeekDay(C|D)	返回星期代号(1~7),星期日为1,星期一为2……	WeekDay("2012,6,1")	6
WeekDayName(N)	将星期代号(1~7)转换为星期名称,星期日为1	WeekDayName(5)	星期四
Year(C|D)	返回年代号	Year(Now)	2012
DateAdd（日期形式,增减量,要增减的日期）	对要增减的日期变量按日期形式增减	DateAdd("ww",2,♯2/14/2000♯)	♯2/28/2000♯
DateDiff(日期形式,日期1,日期2)	返回两个指定的日期按日期形式相差的日期	DateDiff("d",Now,,♯2/14/2012♯)	44

说明：日期函数中自变量"C|D"可以是字符串表达式,也可以是日期表达式。

表 2-9 日期形式及意义

日期形式	yyyy	q	m	y	d	W	ww	H	n	s
意义	年	季	月	一年的天数	日	一周的日数	星期	时	分	秒

2.5.4 数据类型转换函数

转换函数用于进行数据的类型或表示形式的转换,以便进行数据运算或加工处理。常用转换函数见表2-10。

表 2-10 常用转换函数

函数名	功能	实例	结果
Asc(C)	字符串的首字符转换成 ASCII 码值	Asc("A")	65
Chr(N)	ASCII 码值转换成字符	Chr(65)	"A"
Lcase(C)	大写字母转换成小写字母	Lcase("ABC")	"abc"
Ucase(C)	小写字母转换为大写字母	Ucase("abc")	"ABC"
Hex(N)	十进制数转换成十六进制数	Hex(100)	64
Oct(N)	十进制数转换成八进制数	Oct(100)	144
Str(N)	数值转换为字符串	Str(123.4)	"123.4"
Val(C)	数字字符串转换为数值	Val("123ab")	123

说明：
- Chr 与 Asc 互为反函数,即 Chr(Asc(c))、Asc(Chr(n))的结果为自变量的原值。
- Str 函数将非负数值转换为字符串后,会在转换后的字符串前面添加空格,即数值的符号位。例如,str(498)的结果是" 498",而不是"498"。

- Val 函数将数字字符串转换为数值类型,若字符串中出现数值类型规定的字符外的字符,则停止转换,函数返回停止转换前的结果。例如表达式 Val("－123.4abc123")的结果是－123.4。表达式 Val("－123.4E2")的结果为－12340,其中 E 为指数符号。
- VB 中还有其他类型转换函数,如 Cint、Cdate、Cstr 等,请读者查阅相关帮助文档。

2.5.5 格式输出函数

格式输出函数 Format()可以使数值、日期或字符串按指定的格式输出,返回值是字符型。格式输出函数一般用于 Print 方法中,形式如下。

Format(表达式[,格式字符串])

其中,表达式可以是要格式化的数值、日期或字符串类型表达式。格式字符串表示按其指定的格式输出表达式的值。格式字符串有数值格式、日期格式和字符串格式三种。

注意: 格式字符串要加引号。

1. 数值格式化

数值格式化是将数值表达式的值按"格式字符串"指定的格式输出。详见表 2-11。

表 2-11 常用数值格式符及实例

符号	作　用	数值表达式	格式字符串	显示结果
♯	用♯占一个数位,小数位超出规定位数时,按四舍五入截取	123.456	"♯♯.♯" "♯♯♯♯.♯♯♯♯"	123.5 123.456
0	用0占一个位数,实际数位不足时补0,整数位超出不限,小数位超出规定时处理同♯	123.456	"00.0" "0000.0000"	123.5 0123.4560
.	加小数点	1234	"0000.00"	1234.00
,	千分位	123456.7	"♯♯,♯♯0.00"	123,456.70
%	数据乘100加%后缀	1.23456	"♯♯♯♯.00%"	123.46%
$	加美元符前缀	123.456	"$ ♯.♯♯"	$ 123.46
+	加"+"号前缀	123.456	"+ ♯.♯♯"	+123.46
－	加"－"号前缀	123.456	"－ ♯.♯♯"	－123.46
E+	用指数表示	0.1234	"0.00E+00"	1.23E－01
E－	用指数表示	1234.567	".00E－00"	.12E04

说明: 符号"0"和"♯"的相同之处是:若要显示的数值表达式的整数部分位数多于格式字符串的位数,则按实际数值显示;若小数部分的位数多于格式字符串的位数,则按四舍五入显示;不同之处是:"0"按其规定的位数显示,"♯"对于整数前的0或小数后的0不显示。

2. 日期和时间格式化

日期和时间格式化是将日期类型表达式的值或数值表达式的值按"格式字符串"指定的格式输出。详见表 2-12。

表 2-12 常用日期格式符及实例

格式符	作用	数据项	格式参数	格式化显示
d	用 1~31 显示	#9/8/2011#	"d"	8
dd	用 01~31 显示	#9/8/2011#	"dd"	08
ddd	显示星期英文缩写	#9/8/2011#	"ddd"	thur
dddd	显示星期英文全称	#9/8/2011#	"dddd"	thursday
m	用 1~12 显示	#9/8/2011#	"m"	9
mm	用 01~12 显示	#9/8/2011#	"mm"	09
mmm	显示引文缩写月份	#9/8/2011#	"mmm"	sep
mmmm	显示引文全称月份	#9/8/2011#	"mmmm"	september
yy	用 2 数据位显示	#9/8/2011#	"yy"	11
yyyy	用 4 数据位显示	#9/8/2011#	"yyyy"	2011
h	用 1~24 显示	#15:9:2#	"h"	15
hh	用 01~12 显示	#3:9:2#	"hh"	03
m	用 0~59 显示	#15:9:2#	"m"	9
mm	用 00~59 显示	#15:9:2#	"mm"	09
s	用 0~59 显示	#15:9:2#	"s"	2
ss	用 00~59 显示	#15:9:2#	"ss"	02
AM/PM(am/pm)	午前 AM(am) 午后 PM(pm)	#15:9:2#	"AM/PM" "(am/pm)"	PM pm
A/P(a/p)	午前用 A(a) 午后用 P(p)	#15:9:2#	"A/P" "(a/p)"	P p

说明：时间分钟的格式说明符 m、mm 与月份的说明符相同，区分的方法是：跟在 h、hh 后的为分钟，否则为月份。

【例 2-3】 下面是 Format 函数的示例，运行结果如图 2-5 所示。

```
Private Sub Form_Click()
    Print Format(2.71828,"#####.##")
    Print Format(2.71828,"00000.00")
    Print Format(271828,"$##,###,###.##")
    Print Format(0.18,"###.##%")
    Print Format(0.18,"0.000E+00")
    Print Format(Time,"ttttt")          '"ttttt"显示完整时间(默认格式为 hh:mm:ss)
```

Print Format(Date，"dddddd")   ' "dddddd"显示完整长日期(yyyy年m月d日)
End Sub

图 2-5　运行结果

2.5.6　颜色函数

1. RGB 函数

RGB 函数是最常用的一个颜色函数，其语法格式为：

RGB(red,green,blue)

其中，red,green,blue 分别表示颜色的红色成分、绿色成分、蓝色成分，其取值范围都是 0~255。

RGB 采用红、绿、蓝三原色原理，返回一个长型整数，用来表示一个 RGB 值。表 2-13 列出了一些常见的标准颜色，以及这些颜色的红、绿、蓝三原色成分值。

表 2-13　常见的标准颜色 RGB 值

颜色	红色值	绿色值	蓝色值	颜色	红色值	绿色值	蓝色值
黑色	0	0	0	红色	255	0	0
蓝色	0	0	255	洋红色	255	0	255
绿色	0	255	0	黄色	255	255	0
青色	0	255	255	白色	255	255	255

2. QBColor 函数

QBColor 函数返回一个用来表示所对应颜色值的 RGB 颜色码，其语法格式为：

QBColor(color)

其中 color 参数是一个介于 0~15 的整型数，见表 2-14。

表 2-14　color 参数的设置表

值	颜色	值	颜色	值	颜色	值	颜色
0	黑色	4	红色	8	灰色	12	亮红色
1	蓝色	5	洋红色	9	亮蓝色	13	亮洋红色
2	绿色	6	黄色	10	亮绿色	14	亮黄色
3	青色	7	白色	11	亮青色	15	亮白色

2.5.7 其他函数

VB 的内部函数十分丰富,常见的还有如下一些函数。

1. TypeName( )

TypeName(参数)是数据类型测试函数。其参数可以是变量、常量、表达式等,返回值是参数的数据类型名。例如,

    X="医学院"
    Print TypeName(x)   '返回值为 String

2. IsNumeric( )

IsNumeric(参数)是数字字符测试函数。

其参数通常为字符型变量,当其参数为数字字符时,返回逻辑值 True,当其参数是字母字符或其他字符时,返回逻辑值 False,常用来判断文本框从键盘接收的是否是数字字符。

3. IsEmpty( )

IsEmpty(变量)判断变量是否已被初始化。若已被初始化,则返回逻辑值 False,否则返回 True。

4. IIF( )

IIF(表达式 1,表达式 2,表达式 3)是条件测试函数。根据表达式 1 值的真(True)或假(False)确定函数返回值。若表达式 1 的值为 True,则返回表达式 2 的值;否则返回表达式 3 的值。例如,

    Grade1=IIF(mark<60,"不及格","及格")
    Grade2=IIF(mark<60,"不及格", IIF(mark<85,"良好","优秀"))

5. Shell( )

Shell(命令字符串[,窗口类型])调用能在 Windows 下运行的可执行程序。该函数是一个动作函数,可用它启动运行后缀为.exe、.com、.bat 的程序,而不论这些程序是否是用 VB 语言编写的。要求参数中给出要运行程序的全称(路径+文件名+后缀),但如果是操作系统的自带软件(安装系统时自行安装的软件,如附件中的软件),则可省略路径。常用调用形式为:

    Shell("calc.exe")   'calc.exe 附件中的计算器可省略路径

以上代码运行界面见图 2-6。

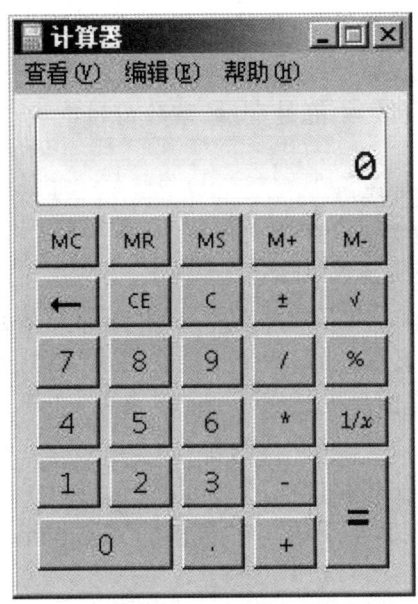

图 2-6 计算器界面

2.6 程序设计中的基本语句

一个计算机程序通常包含三个部分：输入、处理、输出。通过输入数据把要加工的数据通过某种方式输入到计算机的存储器中，经处理、运算后得出结果，再通过输出语句把结果输出到指定设备，如显示器、打印机或磁盘等。在 VB 中可以通过对文本框或标签赋值、InputBox 函数、MsgBox 函数和 Print 方法等实现数据的输入输出。在程序设计中，赋值语句、输入语句和输出语句均是最基本的语句。

2.6.1 赋值语句

赋值语句是程序设计中最基本、最常用的语句。用赋值语句可以把指定的值赋给某个变量或者带有属性的对象。例如，

```
a=2                    '把数值 2 赋值给变量 a
Label1.Caption= "VB 程序"   '把"VB 程序"字符串赋值给 Label1 的 Caption 属性
                       '即在标签上显示该字符串
```

1. 赋值语句的形式

赋值语句的一般形式为：

　　变量名＝表达式

或

　　对象名.属性＝表达式

赋值语句的作用是先计算右边表达式的值，然后将值赋给（存放到）左边的变量。
关于赋值语句，有以下几点说明。

①在赋值语句中,"="不是等号,而是一个表示"保存"的符号,含义是:将"="号右端的运算结果存放在"="左端符号代表的计算机内存单元中,所以"="也称为赋值号。

②赋值号左边只能是变量,不能是常量、常数符号或表达式。下面均为错误的赋值语句:

  9＝x＋y   '左边是常量
  x＋y＝9   '左边是表达式
  Int(x)＝9   '左边是函数,即表达式

③赋值语句中的"表达式"可以是算术表达式、字符串表达式、关系表达式。需要注意,赋值号两边的数据类型必须一致,否则可能会出现"类型不匹配"错误。

④当逻辑型值赋值给数值型变量时,True 转换为－1,False 转换为 0;反之当数值赋给逻辑型变量时,非 0 转换为 True,0 转换为 False。

⑤不能在一条赋值语句中同时给多个变量赋值。如:

对 x、y、z 三个变量赋值 1,如下语句在语法上没错,但结果不正确。

  Dim x％,y％,z％
  x＝y＝z＝1   '执行完该语句后 x、y、z 的值是 0

VB 在编译时,将右边两个"="作为关系运算符处理,将最左边的一个"="作为赋值运算处理。执行该语句时,先进行 y＝z 比较,结果为 True(－1),接着进行 True＝1 比较,结果为 False(0),最后将 False 赋值给 x。因此最后三个变量的值还是为 0。

为上述三个变量赋值的正确方法是用三条赋值语句分别完成,即:

  x＝1:y＝1:z＝1

⑥虽然赋值号与关系运算符"="所用符号相同,但 VB 系统不会产生混淆,会根据所处的位置自动判断是何种意义的符号。系统判断规则是:在条件表达式中出现的是等号,否则是赋值号。

⑦赋值语句的常用形式如 sum＝sum＋1,表示累加。取 sum 变量中的值加 1 后再赋值给 sum,如 sum 值为 2,执行 sum＝sum＋1 后,sum 的值为 3。

2. 赋值号两边类型不同时的处理方法

①当表达式为数值型,但与左边变量的精度不同时,强制转换成左边变量的精度。例如,

  n％＝2.3

n 为整型变量,转换时四舍五入,n 的结果为 2。

②当表达式是数字字符串,左边变量是数值类型时,自动转换成数值类型再赋值,但当表达式有非数字字符串或空串时,出错。例如,

  n％＝"2.3"   'n 中的结果是 2.3
  n％＝"2a3"   '出现"类型不匹配"错误
  n％＝""   '出现"类型不匹配"错误

2.6.2 数据的输入和输出

对于一个完美的计算机程序,其执行过程不能单纯地用 Print 方法输出数据,还要

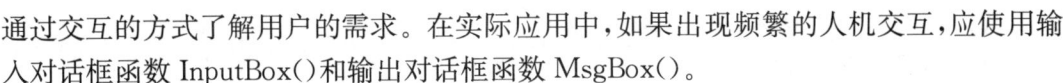

通过交互的方式了解用户的需求。在实际应用中,如果出现频繁的人机交互,应使用输入对话框函数 InputBox()和输出对话框函数 MsgBox()。

1. 输入对话框函数 InputBox( )

在 VB 中,数据输入的方式主要有两种。一种是使用文本框这样具有输入功能的控件,优点是功能较强,形式灵活;缺点是需要增加相应的控件。另一种方式是使用 InputBox 函数,只需一行代码就可实现输入功能。

执行到 InputBox()函数时,会直接弹出一个对话框,并在对话框中显示提示,等待用户输入正文或按下按钮,并返回包含文本框内容的字符串内容。使用对话框一次只能输入一个数据,函数形式如下。

InputBox(prompt[,title][,default][,xpos][,ypos])

其中参数的说明见表 2-15。

表 2-15 InputBox 函数的参数说明

参数名称	说　　明
prompt	信息内容,该项不能省略,是字符串表达式,在对话框中作为信息显示。若要在多行显示,则必须在每行行末加回车 Chr(13)和换行控制符 Chr(10),或直接使用 VB 内部常数:vbCrLf
title	标题,字符串表达式,在对话框的标题区显示。若省略,则把应用程序名放入标题栏中
default	默认值,字符串表达式,当在输入对话框中无输入时,则该默认值作为输入的内容
xpos	x 坐标位置,整型表达式,指出对话框左边与屏幕左边的水平距离。若省略,则对话框会在水平方向居中
ypos	y 坐标位置,指出对话框的上边与屏幕上边的距离。若省略,则对话框会放置在屏幕垂直方向距下边大约三分之一的位置

注意:各项参数次序必须一一对应,除了"prompt"项不能省略外,其余各项均可省略,如果指定了后面的参数而省略了前面的参数,则必须保留中间的逗号。例如,

s = InputBox("请输入学历",,"本科")　　　'标题省略,默认值为本科

【例 2-4】 利用 InputBox 函数,编写一个输入学生姓名的对话框,输入完成后,把输入的学生姓名打印在窗体上。运行效果如图 2-7 所示。

图 2-7　InputBox 对话框

程序：
```
Private Sub Form_Click()
    Dim sName As String              'sName 是自定义的一个字符串变量
    sName = InputBox("请输入学生姓名", "InputBox 例子", "张三")
                                     '"张三"是默认值
    Print sName                      '在窗体上显示输入的学生姓名
End Sub
```

2. 输出对话框函数 MsgBox( )

与使用 InputBox( )相似，MsgBox( )函数用于在程序运行过程中显示一些提示性的消息，或要求用户对某个问题作出"是"或"否"的判断。MsgBox 的使用方法有两种：语句方式和函数方式。

(1)MsgBox 函数

MsgBox 函数的功能是，在对话框中显示提示消息，等待用户单击按钮，返回一个 Integer，告诉系统单击哪一个按钮。后续的代码根据返回值继续进行。

其用法如下。

变量[%]＝MsgBox(prompt[,buttons][,title])

其中相关参数见表 2-16 和表 2-17。

表 2-16　MsgBox 函数的参数说明

参数名称	说　　明
prompt	信息内容，该项不能省略，是字符串表达式，作为显示在对话框中的消息。若消息的内容超过一行，则可在每行行末加回车 Chr(13)和换行控制符 Chr(10)，或直接使用 VB 内部常数 vbCrLf
buttons	可省略，数值表达式，指定显示按钮的数目及形式、使用的图标样式、默认按钮是什么消息框的强制回应等。若省略，则取默认值 0
title	标题：字符串表达式，在对话框的标题区显示。若省略，则把应用程序名放入标题栏中

表 2-17　buttons 设置值及含义

分　组	内部常数	按钮值	说　　明
按钮数目	VbOKOnly	0	只显示"确定"按钮
	VbOKCancel	1	显示"确定""取消"按钮
	VbAbortRetryIgnore	2	显示"终止""重试""忽略"按钮
	VbYesNoCancel	3	显示"是""否""取消"按钮
	VbYesNo	4	显示"是""否"按钮
	VbRetryCancel	5	显示"重试""取消"按钮
图标类型	VbCritical	16	显示严重错误图标
	VbQuestion	32	显示询问信息图标
	VbExclamation	48	显示警告信息图标
	VbInformation	64	信息图标

续表

分　组	内部常数	按钮值	说　明
默认按钮	VbDefaultButton1	0	第1个按钮为默认
	VbDefaultButton2	256	第2个按钮为默认
	VbDefaultButton3	512	第3个按钮为默认
模式	VbApplicationModal	0	应用模式
	VbSystemModal	4096	系统模式

以上按钮的四组方式可以组合使用(可以用内部常数形式或按钮值形式表示)。要得到图 2-8 所示的界面,语句为:s ＝ MsgBox("密码错误", 5 ＋ vbExclamation, "警告")。其中"按钮"设置可以为:5＋ vbExclamation、5＋48、53、VbRetryCancel＋48 等,效果相同。

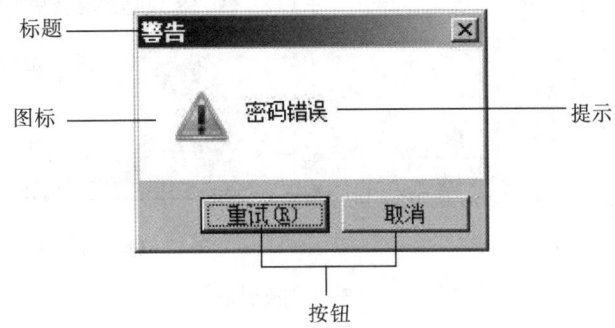

图 2-8　MsgBox 对话框

其中,应用模式建立的对话框,必须响应对话框才能继续当前的应用程序。若以系统模式建立对话框,则所有的应用程序都被挂起,直到用户响应了对话框。

MsgBox 函数返回值记录了用户在消息框中选择了哪一个按钮,函数值的具体含义见表 2-18。

表 2-18　MsgBox 函数返回值及含义

返回值	内部常数	说　明
1	vbOK	用户单击了"确定"(OK)按钮
2	vbCancel	用户单击了"取消"(Cancel)按钮
3	vbAbort	用户单击了"终止"(Abort)按钮
4	vbRetry	用户单击了"重试"(Retry)按钮
5	vbIgnore	用户单击了"忽略"(Ignore)按钮
6	vbYes	用户单击了"是"(Yes)按钮
7	vbNo	用户单击了"否"(No)按钮

(2) MsgBox 语句

MsgBox 语句与函数中参数的使用方法完全相同,唯一不同的是函数为系统提供一个处理功能,一定有返回值,以确定程序的后续方向。而使用语句,则不需要返回数值,它只是让程序的运行暂时停止。对于函数体,必须使用括号表示一个完整的函数过程。而对于语句,则要求不使用括号,仅表示一个动作。下面展示了 MsgBox 函数与 MsgBox 语句的区别。

对于 MsgBox 函数,
　　x==MsgBox(prompt[,buttons][,title])

对于 MsgBox 语句,
　　MsgBox(prompt[,buttons][,title])

【例 2-5】 利用 MsgBox 函数制作一个 100 以内的加法器,并给出每道题的评语。结果如图 2-9 所示。

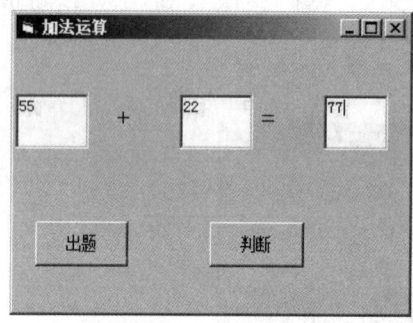
（a）界面设计

（b）判断结果

图 2-9　计算并判断计算结果

程序:

```
Private Sub Command1_Click()            '使用随机函数出题
    Dim a As Integer, b As Integer
    Randomize
    a = Int(Rnd * 100) + 1
    b = Int(Rnd * 100) + 1
    Text1.Text = a
    Text2.Text = b
    Text3.Text = ""
    Text3.SetFocus
End Sub
Private Sub Command2_Click()            '判断结果
    Dim c As Integer, s As String
    c = Val(Text1.Text) + Val(Text2.Text)
    s = IIf(c = Trim(Val(Text3.Text)), "恭喜,答对了", "遗憾,答错了")
    MsgBox "本次答题的结果是:" & vbCrLf & s, 1 + 64 + 0 + 0, "判断结果"
End Sub
```

3. Print 方法

Print 方法可以在窗体、图片框或打印机等对象中输出文本字符串或表达式的值,其形式如下：

[object.]Print[outputlist][Spc(n)|Tab(n)][;|,]

其中，相关参数见表 2-19 和表 2-20。

表 2-19　Print 方法的语法对象限定符

对象	功　　能
object	对象，可以是窗体、图片框或打印机。如果省略了对象，则在窗体上直接输出
outputlist	表达式列表，是一个或多个表达式，可以是数值表达式或字符串。对于数值表达式，将输出表达式的值；对于字符串，原样输出。如省略表达式列表，则输出一空行

表 2-20　Print 方法定位符

参数	功　　能
Spc(n)	定位函数，Spc(n)用于在输出时插入 n 个空格
Tab(n)	Tab(n)定位于从对象最左端算起的第 n 列
;|,	分隔符，用于输出各项之间的分隔，有逗号和分号，表示输出后光标的定位。分号(;)光标定位在上一个显示的字符后。逗号(,)光标定位在下一个打印区(每个 14 列)的开始位置处。输出列表最后没有分隔符，表示输出后换行

说明：若无定位函数，则由对象的当前位置(CurrentX 和 CurrentY 属性)决定。

【例 2-6】　使用 Print 方法在窗体上输出如图 2-10 所示的界面。

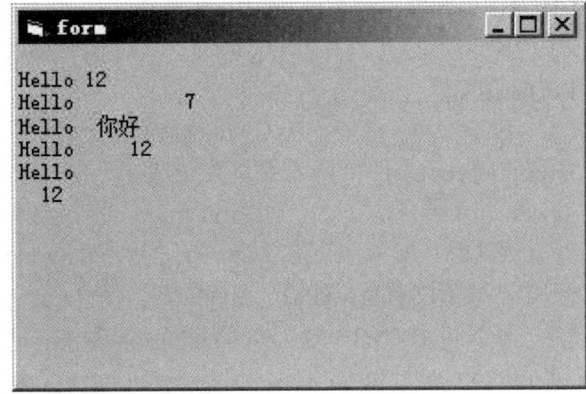

图 2-10　运行界面

程序：

```
Private Sub Form_click()
    Print
    Print "Hello"; 12
    Print "Hello",3+4
    Print "Hello"; Spc(2); "你好"
    Print "Hello"; Tab(10); 12
    Print "Hello"; Tab(2); 12
End Sub
```

注意：Spc 函数表示两个输出项之间的间隔；Tab 函数从对象的左端开始计数，当 Tab(i)中 i 的值小于当前位置的值时，重新定位在下一行的第 i 列。

Print 方法不仅有输出功能，还有计算功能，即它对于表达式先计算后输出。

一般 Print 方法在 Form_Load 事件过程中使用时，不显示输出数据，原因是窗体的 AutoRedraw 属性默认为 False。若在窗体设计时在属性窗口将 AutoRedraw 属性设置为 True，则其输出内容可显示在窗体上。

习 题 2

一、选择题

1. 在 VB 中，声明全局变量应该用_____关键字。
   A. Dim   B. Private   C. Static   D. Public
2. 下列各项不是 VB 基本数据类型的是_____。
   A. Long   B. String   C. Dim   D. Single
3. 已知 A="987654"，表达式 Mid(a,2,3)+123 的值是_____。
   A. "123876"   B. 999   C. "876213"   D. 666
4. 表达式 a+b+=c+d 是_____。
   A. 赋值表达式   B. 字符表达式   C. 算术表达式   D. 关系表达式
5. VB 可以用类型说明符来标识变量的类型，其中标识货币型的是_____。
   A. %   B. #   C. @   D. $
6. 下列表达式中，非法的是 _____。
   A. "A+B">"C"   B. b=1   C. 110<=120   D. 1/2=0.5
7. 下列逻辑表达式中能正确表示条件"x,y 都是奇数"的是 _____。
   A. x mod 2 = 1 or y mod 2 = 1   B. x mod 2 = 0 or y mod 2 = 0
   C. x mod 2=1 and y mod 2 = 1   D. x mod 2=0 and y mod 2 = 0
8. 对于正整数 x，下列表达式不能判断 x 能被 7 整除的是_____。
   A. x/7=int(x/7) B. X mod 7=0   C. X\7=int(x\7)   D. x\7=x/7
9. 以下关系表达式，其值为 False 的是_____。
   A. "ABC">"Abc"   B. "the"<>"they"
   C. "VISUAL"=Ucase("Visual")   D. "Integer">"Int"
10. 以下程序段执行后，整型变量 n 的值是_____。
    y=23：n=y\4
    A. 3   B. 4   C. 5   D. 6
11. 表达式 $a+b=c$ 是_____。
    A. 赋值表达式   B. 字符表达式   C. 算术表达式   D. 关系表达式
12. 表达式 Not(a+b=c−d)是_____。
    A. 逻辑表达式   B. 字符串表达式   C. 算术表达式   D. 关系表达式
13. 如果 x 是一个正实数，则对 x 的第 3 位小数四舍五入的表达式是 _____。

A. 0.01 * Int(x+0.005)　　　　　　　B. 0.01 * Int(100 * (x+0.005))
C. 0.01 * Int(100 * (x+0.05))　　　　D. 0.01 * Int(x+0.05)

14. 下列哪组语句可以将变量 a、b 的值互换_____。
　　A. a=b:b=a　　　　　　　　　　B. a=a+b:b=a-b:a=a-b
　　C. a=c:c=b:b=a　　　　　　　　D. a=(a+b)/2:b=(a-b)/2

15. 下列 4 个字符串中最小的是_____。
　　A. "9977"　　　B. "B123"　　　C. "Basic"　　　D. "DATE"

16. 下列逻辑表达式中,其值为 True 的是 _____。
　　A. "b">"ABC"　　　　　　　　　B. "THAT">"THE"
　　C. 9>"H"　　　　　　　　　　　D. "A">"a"

17. 语句 Print Format("HELLO","<")的输出结果是_____。
　　A. HELLO　　　B. hello　　　C. He　　　D. he

18. MsgBox()函数的返回值的类型是 _____。
　　A. 整数　　　B. 字符串　　　C. 逻辑值　　　D. 日期

19. 语句 Print "123 *10"的输出结果是(　　)。
　　A. "123 *10"　　　B. 123 *10　　　C. 1230　　　D. 出现错误信息

20. VB 语句使用的续行符是空格加上_____。
　　A. 冒号　　　B. 下划线　　　C. 分号　　　D. 单括号

二、简单应用题

1. 执行以下程序后,输出的结果是_____。

    　　Private Sub Form_Click()
    　　a = "ABCD"
    　　b = "efgh"
    　　c = LCase(a)
    　　d = UCase(b)
    　　Print c + d
    　　End Sub

2. 执行以下程序后,输出的结果是_____。

    　　Private Sub Form_Click()
    　　Dim sum As Integer
    　　sum% = 19
    　　sum = 2.23
    　　Print sum%; sum
    　　End Sub

3. 执行以下程序后,程序输出的结果是_____。

    　　Private Sub Form_Click()
    　　x = 2:y = 4:z = 6
    　　x = y:y = z:z = x
    　　Print x;y;z
    　　End Sub

三、综合应用题

1. 利用 InputBox 输入三角形三条边的长 a、b、c，计算并显示三角形的面积。计算三角形面积的公式为：

$$area=\sqrt{s(s-a)(s-b)(s-c)}，其中\ s=(a+b+c)/2$$

2. 编写一个应用程序，单击 command1 能随机产生一个 3 位正整数，并将其显示在文本框 1 中，单击 command2 将该随机数的倒序数显示在文本框 2 中。例如，产生的随机数是 734，则该数的倒序数是 437，运行界面如图 2-11 所示。

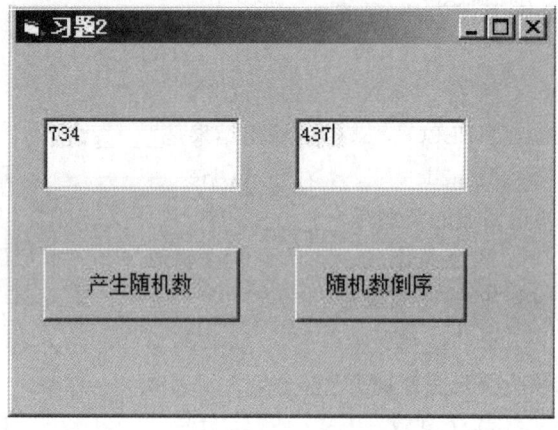

图 2-11　随机数运行界面

第 3 章 可视化编程基础

考核目标

➢ 掌握:使用标签、文本框、命令按钮等控件进行窗体和程序设计。

Visual Basic 是面向对象的编程语言,它改变了传统意义上的编程机制,采用了"事件驱动"机制。在 VB 中不仅提供了大量的控件对象,而且提供了可视化界面,VB 应用程序的大多数功能可通过可视化界面和可视化编程工具来实现。本章主要介绍面向对象的一些基本概念、窗体和几个常用控件,以及界面设计的方法。

3.1 可视化编程的基本概念

3.1.1 对象

对象是具有某些特性和功能的具体事物的抽象。在现实生活中,客观世界是由对象组成的,每一个实体都是一个对象。如,一台电脑、一本书、一部手机、一个杯子等都是对象。每个对象都有自己的特征、行为和发生在该对象上的一些活动。如"学生"对象具有学号、姓名、身高、体重、年龄等特征,具有上课、上网、走路等行为,外界会作用于该对象各种活动,如下雨、上课铃响等。

在 VB 中,对象是一组代码和数据的集合。常用的对象有窗体、工具箱中的各种控件、菜单、应用程序的部件等,其中,窗体和控件是最常见的对象。将对象的特征称为属性,将对象的行为称为方法,将对象的活动称为事件。对象是构成程序的基本成分和核心部件,属性、方法、事件构成对象的三个要素。

3.1.2 对象的属性

属性是对象的特性,每个对象都包含一组描述其特征的数据,这就是对象的属性。在 VB 中,每个对象都有自己的属性,这些属性是可以描述对象特征的参数。在 VB 中,对象常见的属性有 Name(名称)、Color(颜色)、Font(字体)、Enabled(有效)等。

设置对象的属性可通过以下两种方法。

①在设计阶段,选中某个对象,在属性窗口直接设置其属性。

②在程序代码中通过赋值语句编程设置,其格式为:

对象名.属性名=属性值

例如,要使按钮 Command1 的标题改为"确定",可以直接选中 Command1 设置 Caption 属性,也可以通过在代码窗口中添加如下语句来实现。

Command1.Caption = "确定"

3.1.3 对象的事件

事件(Event)是由 VB 系统预先设置好的,能够被对象识别的动作。一个对象可以有一个或多个事件,事件可以由用户或系统触发。当事件被触发时,对象将对事件作出响应,通过执行事件过程来完成操作。在 VB 中,能够被对象识别的常见动作有单击(Click)事件、双击(DblClick)事件、装载(Load)事件、获取焦点(GotFocus)事件等,不同的对象能识别不同的事件。当事件发生时,VB 将检测两条信息:发生的是哪个事件;哪个对象接收了该事件。

当某个对象上发生了事件,应用程序就要处理这个事件,处理的过程称为事件过程。事件过程是由程序设计人员预先编写好的一段独立的程序代码,程序检测到某个特定事件时就执行这些代码。一个对象可以响应一个或多个事件,因此可以使用一个或多个事件过程对用户或系统的事件作出响应。

VB 事件过程的一般格式如下。

    Private Sub 对象名_事件名()

        …   '事件过程代码

    End Sub

其中,Sub 是定义过程开始的语句,End Sub 是定义过程结束的语句,关键字 Private 表示该过程是私有的。需要注意,对象名应该与对象的 Name 属性值一致。

下面是一个命令按钮的事件过程,作用是退出当前窗体。

    Private Sub Command1_Click()

        end

    End Sub

3.1.4 对象的方法

在 VB 中,将一些通用的过程和函数编写好并封装起来,需要时直接调用,即方法。方法是对象的行为方式,即对象要执行的动作。方法是附属于对象的行为和动作,在 VB 中,方法实际上是为程序设计人员提供的一种特殊的过程或函数,用来完成一定的操作或实现一定的功能,这些通用的过程和函数已被系统编写好并封装起来,作为方法供用户直接调用。

对象的属性和事件过程都是可以重新设置或修改的,而方法的内容却是固定不能修改的,用户只能通过对象来调用方法。

对象方法的调用格式为:

    [对象名.]方法名[参数名表]

若省略了对象,则表示为当前对象,一般为窗体。

例如,在窗体中打印"hello Visual Basic",窗体可通过调用 Print 方法来完成操作,即:

    Form1. Print "hello Visual Basic"

需要注意的是,每一种对象所能调用的方法是不完全相同的。

3.2 窗 体

窗体是 Visual Basic 中的主要对象,是程序界面设计的基础,创建一个应用程序的第一步就是创建用户界面。窗体是所有控件的容器,在设计应用程序界面时,用户所需要的各种控件必须添加到窗体上。窗体具有自己的属性、事件和方法。

3.2.1 窗体的属性

窗体的属性有很多,有些属性和其他控件一样,有些属性是窗体所特有的。

1. 基本属性

窗体的基本属性有 Name、Caption、Left、Top、Height、Width、Visible、Enabled、Font、ForeColor、BackColor 等。这些属性也是大部分控件都具有的通用属性。

(1) Name

Name 为名称属性,所有的对象都具有该属性,指创建对象的名称。在代码窗口中通过 Name 属性来引用、操作具体的对象。控件在创建时,系统会为控件提供一个默认名称,程序设计者可根据需要修改该属性值。如,第一个窗体的默认名称是 Form1。

(2) Caption

Caption 为标题属性,决定窗体标题栏上显示的文本内容。

(3) Font

Font 为字体属性组,用来设置窗体中文本显示时使用的字体,包括字体的名称,大小,是否为粗体、斜体或者粗斜体,是否带有删除线和下划线。字体属性组具体内容如下。

- FontName:指定字体名称。
- FontSize:指定字号。
- FontBold:决定是否为粗体。
- FontItalic:决定是否为斜体。
- FontStrikeThru:决定是否添加删除线。
- FontUnderLine:决定是否带下划线。

(4) BackColor

BackColor 为背景色属性,用于返回或设置窗体的背景颜色。用户可以在调色板中直接选取所需颜色。在 VB 中主要使用 RGB 函数或 QBColor 函数来设置颜色。如,将窗体的背景色设为红色,可以用下面两种方法。

Form1.BackColor=RGB(255,0,0)

或

Form1.BackColor=vbRed

(5) ForeColor

ForeColor 用于定义文本或图形的前景颜色,其设置方法与 BackColor 相同。

(6) Enabled

Enabled 决定窗体(控件)是否响应用户事件,其取值为 True(默认值)或 False。

True:允许用户操作,并对操作作出响应。

False:禁止用户操作,窗体呈灰色。

【例 3-1】 在窗体上添加三个命令按钮和一个文本框,分别设置窗体中文本的字体和颜色,设计界面如图 3-1 所示。

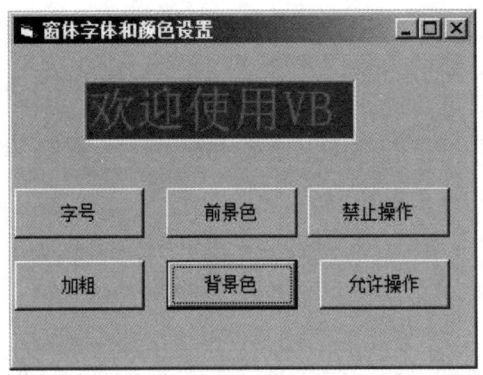

图 3-1　例 3-1 运行界面

程序：
  Private Sub Command1_Click()
    Text1.FontSize = 25
  End Sub
  Private Sub Command2_Click()
    Text1.FontBold = Not Text1.FontBold
  End Sub
  Private Sub Command3_Click()
    Text1.ForeColor = RGB(255, 0, 0)
  End Sub
  Private Sub Command4_Click()
    Text1.BackColor = vbBlue
  End Sub
  Private Sub Command5_Click()
    Text1.Enabled = False
  End Sub
  Private Sub Command6_Click()
    Text1.Enabled = True
  End Sub

(7) Visible

Visible 用于设置程序运行时窗体是否可见。其值为 True 时，表示程序运行时窗体可见；其值为 False 时，表示窗体不可见。

(8) Left、Top

这两个属性决定窗体左上角的位置。

(9) Height、Width

这两个属性分别决定窗体的初始高度和宽度。

2. 外观属性

(1) BorderStyle 属性

BorderStyle 属性用于返回或设置窗体的边框风格，默认值为 2。该属性的取值及对应含义如下。

  0——窗体无边框,无法移动及改变大小。
  1——窗体为单线边框,可移动,不可以改变大小。
  2——窗体为双线边框,可移动并可以改变大小。
  3——窗体为固定对话框,不可以改变大小。
  4——窗体外观与工具条相似,有关闭按钮,不能改变大小。
  5——窗体外观与工具条相似,有关闭按钮,能改变大小。

  (2) ControlBox 属性

ControlBox 属性用于确定窗体是否有控制菜单。当属性值为 True 时,显示控制菜单;当属性值为 False 时,不显示控制菜单。

  (3) Icon 属性

Icon 属性用于设置窗体控制菜单的图标。通常把该属性设置为 .ico 格式的图标文件。

  (4) MaxButton、MinButton 属性

这两个属性分别用来控制窗体运行时右上角的最大化按钮和最小化按钮是否显示。当它们的属性值均为 True 时,显示最大化和最小化按钮;当它们的属性值均为 False 时,不显示最大化和最小化按钮。

  (5) MDIChild 属性

MDIChild 属性用于设置窗体是否包含另一个 MDI 子窗体。当属性值为 True 时,表示窗体包含另一个 MDI 子窗体;当属性值为 False 时,表示窗体不包含另一个 MDI 子窗体。

  (6) Moveable 属性

Moveable 属性决定程序运行时窗体是否能够移动。当其属性值为 True 时,表示窗体在运行时可以移动;当其属性值为 False 时,表示窗体在运行时位置固定。

  (7) Picture 属性

Picture 属性用于设置在窗体上显示的图片文件。本属性可以显示多种格式的图形文件,包括 .bmp、.gif、.jpg、.bmp、.wmf、.ico 等。

  (8) WindowState 属性

WindowState 属性用于设置窗体在执行时以什么状态显示。

  0——窗口为正常状态,有窗口边界(默认值)。
  1——窗口为最小化状态,以图标方式运行。
  2——窗口为最大化状态,无边框,充满整个屏幕。

3. 窗体属性的设置

窗体属性的设置和改变通常有两种方法可以采用:一种是在设计时通过属性窗口设置各种属性值,如图 3-2 所示;另一种是在程序代码中设置或改变属性值。需要说明的是,对于一个对象,不是其所有的属性都可以在设计时设置,有的属性只能在代码中设置;同样,也不是所有的属性都可以在代码中设置,有的属性只能在设计时设置。

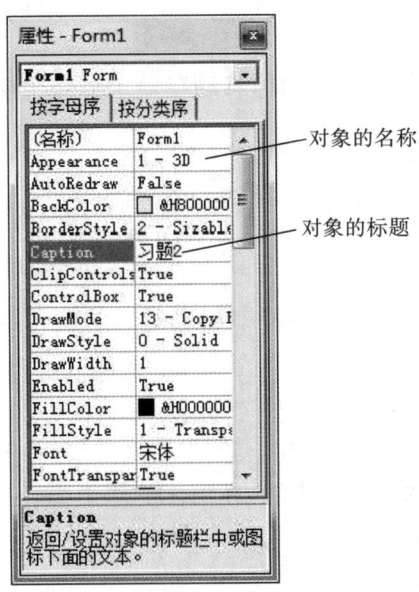

图 3-2 控件名称和标题属性窗口

3.2.2 窗体的事件

与窗体有关的事件较多,窗体最常用的事件有 Load(装入)、Click(单击)、DoubleClick(双击)、UnLoad(卸载)、Active(活动)、Resize(调整大小)和 Paint(绘画)事件。

1. Load 事件

窗体装载到内存时,就会自动触发 Load 事件。对控件的初始化处理通常放在本事件中。

2. Click 事件

单击鼠标左键时发生该事件。程序运行后,当单击窗体本身的某个位置时,触发 Click 事件,执行窗体的 Form_Click 事件过程。

3. DoubleClick 事件

双击鼠标左键时发生该事件。程序运行后,当双击窗体的某个位置时,会触发 DoubleClick 事件。

4. UnLoad 事件

该事件的功能和 Load 事件的功能相反,它指从内存中删除指定的窗体。

5. Active 事件

当窗体变成活动窗体时(窗体进入可见状态),就会触发 Active 事件。

6. Resize 事件

程序运行时,如果改变窗体的大小,就会自动触发 Resize 事件。

7. Paint 事件

当窗体被移动或放大时,或者当窗体移动覆盖了另一个窗体时,触发该事件。

3.2.3 窗体的方法

窗体中常用的方法有以下几种。

1. Print 方法

该方法用来在窗体上显示文本字符串和表达式的值,并可在其他图形对象或打印机上输出信息。

格式:

　　　　[对象.]Print[表达式][,|;]

【例 3-2】 在窗体上使用 Print 方法,在窗体的单击事件中写入如下代码,比较不同的分隔符对输出内容的影响。

```
Private Sub Form_Click()
a = 10: b = 11.23
Print "a="; a, "b="; b
Print "a="; a, Tab(17); "b="; b        '从第 17 列打印输出 b
Print "a="; a, Spc(17); "b="; b        '输出 a 的值后,插入 17 个空格,输出 b=
Print                                   '空一行
Print "a="; a, "b="; b
Print Tab(17); "a="; a, "b="; b        '从第 17 列开始打印输出
Print Spc(17); "a="; a, "b="; b        '空 17 列,从第 18 列开始打印输出
End Sub
```

运行结果如图 3-3 所示。

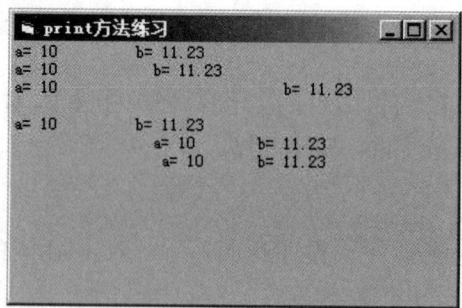

图 3-3　例 3-2 程序运行结果

2. Cls 方法

Cls 方法用于清除运行时在窗体或图片框中显示的文本或图形。

格式:

　　　　[对象.]Cls

其中,"对象"为窗体或图片框,若省略,则默认为当前窗体。窗体中使用 Picture 属性设置的背景位图和放置在窗体上的控件不受 Cls 方法的影响。

【例 3-3】 在窗体上添加一个图片框 Picture1 时,可以编写以下事件过程。
```
Private Sub Form_Click()
    Print "清除方法练习"          '在窗体上输出文字
    Picture1.Print "画图"         '在图片框中显示文字
End Sub
```
然后在窗体上添加一个命令按钮 Command1,并编写以下事件过程。
```
Private Sub Command1_Click()
    Form1.Cls          '清除窗体上的文字和图形
    Picture1.Cls       '清除图片框中的文字和图形
End Sub
```

3. Move 方法

Move 方法用于移动窗体或控件,并可以改变其大小。

格式:

　　[对象.]Move 左边距离[,上边距离[,宽度[,高度]]]

其中,对象可以是窗体以及除菜单以外的所有可视控件,若省略对象,则默认为当前窗体。左边距离、上边距离、宽度、高度均为数值,以 twip 为单位。

例如,
```
Private Sub Form_Click()
    Move Left － 20, Top ＋ 40, Width － 50, Height － 30
End Sub
```

4. Show 方法

该方法用来显示一个窗体,兼有装入和显示窗体两种功能。如果调用 Show 方法时指定的窗体没有装载,VB 将自动装载该窗体。

格式:

　　[对象.] Show

5. Hide 方法

该方法用于将窗体暂时隐藏起来,但并不从内存中卸载。

格式:

　　[对象.] Hide

如果 Show 方法或者 Hide 方法前面没有指明对象,则默认指当前窗体。

例如,运行下面的代码,在单击窗体后将隐藏窗体并显示提示信息,选择"确定"后又显示刚才隐藏的窗体。
```
Private Sub Form_Click()
    Form1.Hide
    MsgBox "按下确定重新显示窗体"
    Form1.Show
End Sub
```

【例 3-4】 设计一个程序,完成以下功能,运行界面如图 3-4 所示。

①在属性窗口中对窗体设置无最大化按钮和最小化按钮。

②窗体装入时,标题栏显示"装入窗体",并设置窗体上显示的字体、字号和背景色。

③单击窗体时,标题栏显示"鼠标单击",窗体显示成一幅图片。

④双击窗体时,标题栏显示"鼠标双击",去除窗体的图片,并在窗体上输出"结束使用 VB"。

　　（a）界面设计　　　　　　　（b）判断结果　　　　　　（c）判断结果

图 3-4　例 3-4 运行界面

程序:
```
Private Sub Form_Click()
    Form1.Picture = LoadPicture(App.Path + "\timg2.jpg")
    Form1.Caption = "鼠标单击"
End Sub
Private Sub Form_DblClick()
    Form1.Picture = LoadPicture("")
    Form1.Caption = "鼠标双击"
    Form1.Print
    Form1.Print
    Form1.Print "结束使用 VB"
End Sub
Private Sub Form_Load()
    Form1.Caption = "装入窗体"
    Form1.BackColor = vbYellow
    Form1.Font = "楷体_GB2312"
    Form1.FontSize = 20
End Sub
```

说明:

①LoadPicture 是一个函数,用于将指定的图片文件调入内存。调用格式为:

　　　［对象.］Picture= LoadPicture("文件名")

对象是指窗体、图片框、图像框等,默认为窗体。括号中双引号中的内容是图形文件名(一般应写完整路径)。如果双引号中为空,则表示对象不加载图片。

②App.Path 表示加载的图片文件与应用程序在同一个文件夹,若运行时无该文件,则系统会显示"文件未找到"的信息,用户可以将所需文件复制到应用程序所在的文件夹。

③属性或方法前省略了对象,表示默认该属性或方法作用于当前窗体对象。

3.3 命令按钮

命令按钮(CommandButton)控件主要用于接收用户的指令,完成指定的操作。如果在命令按钮的 Click 事件过程中编写一段代码,当鼠标单击这个按钮时,就会执行该事件过程,完成某一特定功能。

3.3.1 命令按钮的常用属性

命令按钮的常用属性有 Caption、Default、Cancel、Style、Picture、ToolTipText 等。

1. Caption 属性

设置命令按钮上显示的文字。在设置 Caption 属性时,如果在某个字母前加上"&",在程序运行时标题中的该字母就会带有下划线,这一字母就成为访问键(热键)。当用户按下 Alt+该快捷键时,其作用与通过鼠标单击该按钮相同。例如,当某个命令按钮的 Caption 属性被设置为"退出(&Q)",字母 Q 就是热键,程序运行时会显示"退出(Q)",只要按下 Alt+Q 便可激活该按钮。

2. Default 属性

当 Default 属性值为 True 时,窗体能响应 Enter 键。此时不管窗体上哪个控件有焦点,只要用户按 Enter 键,就相当于单击此默认命令按钮。窗体中只能有一个命令按钮的 Default 属性值为 True。

3. Cancel 属性

该属性为 Boolean 型数据。当其值为 True 时,能响应 Esc 键,即当用户按 Esc 键时触发该命令按钮的 Click 事件,否则不响应该事件。

4. Style 属性

在命令按钮的 Caption 属性中,不仅可以设置显示的文字,还可以设置显示的图形。通过 Style 属性来设置命令按钮控件的显示类型和行为,属性值可取 0 或 1。

0—Standard:标准的,是默认值,此时按钮上不能显示图形;

1—Graphical:图形的,此时按钮上可以显示图形,也可以显示文字。

5. Picture 属性

该属性用于返回或设置控件中要显示的图片。使用该属性时必须把 Style 属性值设为 1。

6. ToolTipText 属性

当按钮是图形时,可以通过 ToolTipText 属性为按钮添加文字提示。

3.3.2 命令按钮的方法

SetFocus 方法：使命令按钮获得焦点，对于获得焦点的按钮，程序运行时按 Enter 键等同于用鼠标单击本按钮。

3.3.3 命令按钮的事件

命令按钮最重要的事件是单击事件 Click，单击命令按钮时将触发该事件。

【例 3-5】 设计一个华氏温度与摄氏温度相互转换的程序，运行界面如图 3-5 所示。

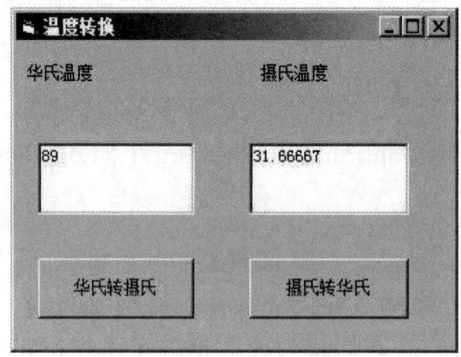

图 3-5　例 3-5 运行界面

本例使用的对象，其名称、属性和属性值如表 3-1 所示。

表 3-1　例 3-5 属性设置

对象名	属　性	属性值
Form1	Caption	温度转换
Label1	Name	Label1
	Caption	华氏温度
Label2	Name	Label2
	Caption	摄氏温度
Command1	Name	Command1
	Caption	华氏转摄氏
Command2	Name	Command2
	Caption	摄氏转华氏

程序：

```
Private Sub Command1_Click()
Dim c As Single
Dim f As Single
f = Val(Text1.Text)
c = 5 / 9 * (f - 32)
Text2.Text = c
```

```
    End Sub
    Private Sub Command2_Click()
        Text1.Text = 9 / 5 * Val(Text2.Text) + 32
    End Sub
```

3.4 标　签

标签(Label)控件用来显示静态文本信息,不能输入信息。标签控件的内容只能用 Caption 属性设置或修改,不能直接编辑。

在解决具体问题时,如果只需要在窗体上显示信息而不需要输入信息,最好使用标签控件,因为标签控件只能在规定的位置显示信息。

3.4.1 标签的基本属性

标签的基本属性有 Name、Caption、Left、Top、Height、Width、Visible、Enabled、Font、ForeColor、BackColor 等,与窗体的使用相同。除了上述属性外,标签控件的常用属性还有以下几个。

1. Alignment 属性

Alignment 属性用于设置 Caption 属性中文本的对齐方式,有 3 种取值。

0—Left Justify:左对齐。

1—Right Justify:右对齐。

2—Center:居中对齐。

2. BackStyle 属性

BackStyle 属性用于确定标签的背景是否透明。

0—Transparent:透明,标签后的背景和图形可见。

1—Opaque:不透明,标签后的背景和图形不可见,默认设置。

3. AutoSize 和 WordWrap 属性

AutoSize 属性决定控件是否可以自动调整大小。取值为 True 表示随着 Caption 内容的多少自动调整控件大小,文本不换行。取值为 False 表示标签的尺寸不能自动调整,超出尺寸范围的内容不予显示。

WordWrap 属性用来设置当标签在水平方向上不能容纳标签中的全部文本时是否换行显示。当 AutoSize 属性为 True 且 WordWrap 属性值也为 True 时,标签中的内容可以换行。

4. BorderStyle 属性

BorderStyle 属性用于设置标签边框的样式。

0—None:无边框。

1—Fixed Single:有边框。

3.4.2 标签的常用方法

标签的常用方法有以下两种。

1. Refresh 方法

Refresh 方法用于刷新标签中的文字内容,使标签对象中显示最新的 Caption 属性值。

2. Move 方法

Move 方法用于移动标签。如：

Label1.Move left[,Top,Width,Height]

3.4.3 标签的事件

标签可以响应的事件有：单击(Click)、双击(DblClick)、改变(Change)等。但实际上,标签仅起到在窗体上显示文字的作用,因此一般不需要编写事件过程。

【例 3-6】 在窗体中放置一个标签对象,设置标签的 Caption 属性为"标签示例",文字为红色、楷体、16号,标签的其他属性为单线边框,背景色为黄色,水平对齐为居中对齐,当每次单击窗体时,该标签向右下角移动 20 单位。运行后界面如图 3-6 所示。

图 3-6　例 3-6 运行界面

设计步骤：

①进入 Visual Basic 环境,执行"文件|新建工程"命令,在其对话框中选择标准 EXE 选项；

②在窗体上建立一个标签,在属性窗口按题目要求设置标签的 Caption、ForeColor、BackColor、Font、BorderStyle、Alignment 属性；

③编写代码。

```
Private Sub Form_Click()
    Label1.Left = Label1.Left + 20
    Label1.Top = Label1.Top + 20
End Sub
```

3.5 文本框

文本框(TextBox)主要用于编辑文本信息,是 VB 中用得最多的控件之一,它既可以输出或显示信息,也可以在其中输入或编辑文本。

3.5.1 文本框的常用属性

1. Text 属性

Text 属性用来设置或显示文本框中的文本内容,是文本框的主要属性。当文本内容改变时,Text 属性值也会随之改变。需要注意的是,文本框没有 Caption 属性,它是利用 Text 属性来存放文本信息的。

2. MultiLine 属性

MultiLine 属性用来设置文本框是否可以接受多行文本,取逻辑值。其值为 True 时,可以使用多行文本;其值为 False 时,在文本框中只能接受单行文本。

3. ScrollBars 属性

ScrollBars 属性用来确定文本框是否有水平或垂直滚动条。

0——None:表示无滚动条。

1——Horizontal:表示只使用水平滚动条。

2——Vertical:表示只使用垂直滚动条。

3——Both:表示在文本框中同时添加两种滚动条。

注意:ScrollBars 属性生效的前提是设置 MultiLine 属性值为 True。

4. MaxLength 属性

MaxLength 属性用来设置文本框中能够容纳的最大字符数,默认值为 0,表示无字符长度限制。

5. PassWordChar 属性

PassWordChar 属性用来设置文本框中文本的替代符,在做密码输入的处理时,通常将此属性设置为"*"。

注意:该属性的值只能是一个字符;设置了该属性值后,不会影响 Text 属性的值,只会影响 Text 属性值的显示方式;当 MultiLine 属性值为 True 时,该属性无效。

6. Locked 属性

Locked 属性用来指定文本框的内容是否可以编辑。其默认值为 False,表示可以编辑;当属性值为 True 时,表示文本框中的文本是只读的。

7. SelLength 属性

SelLength 属性用来返回或设置文本框中被选定的文本的字符个数。当在文本框中选择文本时,该属性值会随着选择字符的多少而改变。

8. SelText 属性

SelText 属性用来返回或设置选定的文本内容。如果在程序中设置了 SelText 属性，则用该值代替文本框中选中的文本。

9. SelStart 属性

SelStart 属性返回或设置所选文本的起始位置。当 SelStart 属性被设置为 0 时，表示选择的起始位置是第 1 个字符，当其值为 1 时，表示从第 2 个字符开始选择。

注意：SelLength、SelText 和 SelStart 属性只能通过程序代码设置。

3.5.2 文本框的常用方法

文本框最常用的方法是 SetFocus，该方法可以使文本框获得焦点。格式如下。

　　[对象].SetFocus

在窗体上建立了多个文本框后，可以用该方法把光标置于指定的文本框中。

3.5.3 文本框的事件

1. Change 事件

当用户在文本框中输入新的信息或者程序，将 Text 属性设置为新值时，触发该事件。由于每向文本框输入一个字符就会引发一次该事件，因此建议尽量少用它。

2. KeyPress 事件

当进行信息输入时，按下再松开一个产生 ASCII 码的按键时引发该事件，此事件会返回一个 KeyAscii 参数，因此通过该事件可以判断用户按了什么键。KeyPress 事件中最常用的是判断输入是否为回车符(KeyAscii 的值为 13)，通常表示文本的输入结束。

3. LostFocus 事件

此事件在对象失去焦点时触发。通常用来检查用户在文本框中输入的内容或指定文本框失去焦点后所做的事情。

4. GotFocus 事件

GotFocus 事件与 LostFocus 事件相反，在一个对象获得焦点时触发。

【例 3-7】 在窗体上添加三个文本框：第一个文本框的 MultiLine 属性值为 False，第二和第三个文本框的 MultiLine 属性值为 True。程序运行后，在第一个文本框中输入内容，第二个文本框会同步显示，单击窗体，会将第一个文本框中输入的前 10 个字母复制到第三个文本框中。运行界面如图 3-7 所示。

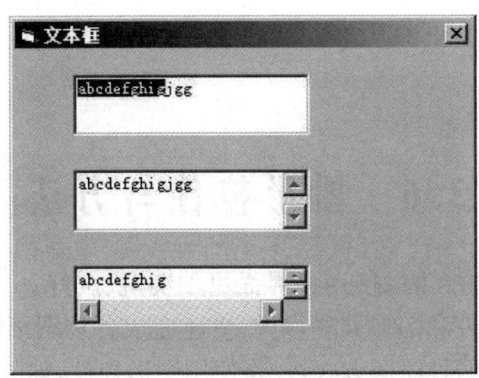

图 3-7 例 3-7 运行界面

窗体及窗体上的三个文本框的属性设置如表 3-2 所示。

表 3-2 属性设置

对象名称	属性名	属性值	说　明
Form1	Caption	文本框示例	
Text1	Text	Text1	单行,无滚动条
	FontSize	16	
Text2	Text	Text2	多行,垂直滚动条
	MultiLine	True	
	ScrollBars	2	
	FontSize	12	
Text3	Text	Text3	多行,垂直和水平滚动条
	MultiLine	True	
	ScrollBars	3	
	FontSize	16	

事件过程代码：

```
Private Sub Form_Click()
    Text1.SelStart = 0
    Text1.SelLength = 10
    Text3.Text = Text1.SelText
End Sub
Private Sub Form_Load()
    Text1.Text = ""
    Text2.Text = ""
    Text3.Text = ""
End Sub
Private Sub Text1_Change()
```

　　　　　Text2.Text = Text1.Text
End Sub

3.6　图形控件与方法

　　在应用程序中添加图形可以使用户界面更加美观、友好。Visual Basic 提供了丰富的图形功能,通过图形控件和图形方法,可以快速完成各种图形的绘制和文字输出等操作。Visual Basic 提供了两种绘图方式,一是使用图形控件,如 Line 控件和 Shape 控件;二是使用绘图方法,如 Line 方法、Circle 方法和 PSet 方法。

3.6.1　图形控件

　　Visual Basic 的图形控件主要有两个:画线控件 Line 和形状控件 Shape。这两个控件可以在窗体和图片框中绘制图形,但不支持任何事件。

　　画线控件 Line 可以画一条直线,其最主要的属性是 BorderWidth 和 BorderStyle,二者分别决定所画线段的宽度和形状。另外,两个坐标点(X1,Y1)和(X2,Y2)确定了两个端点的位置。

　　形状控件 Shape 可以用来画矩形、正方形、椭圆、圆、圆角矩形和圆角正方形 6 种几何形状。把形状控件放到窗体或图片框中时显示为一个矩形,可以通过它的 Shape 属性确定其几何形状。形状控件的 FillStyle 属性和 FillColor 属性分别控制其填充图案和颜色。

　　【例 3-8】　利用画线控件和形状控件设计一个指针式秒表,如图 3-8 所示,程序启动后,单击窗体上的"开始"按钮,表的指针开始转动,每秒动一下,一分钟转一圈。指针转动时,命令按钮的标题变为"暂停"。如果此时单击命令按钮,指针停止转动,命令按钮的标题又变为"继续",再单击按钮,指针又开始转动。

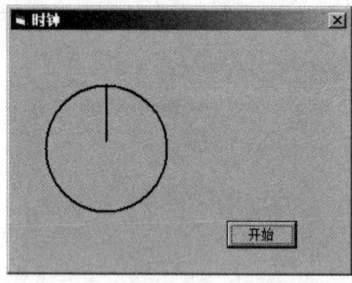 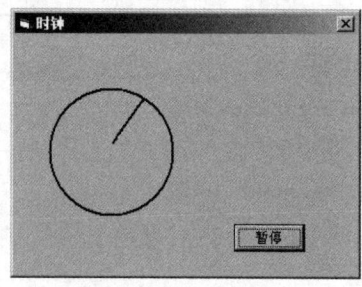

图 3-8　例 3-8 运行界面

　　建立一项新工程,在窗体上添加一个形状控件 Shape1 作为表盘,添加一个画线控件 Line1 作为表的指针,再添加一个计时器控件 Time1 和一个命令按钮 Command1,按表 3-3 所示设置有关属性值。

表 3-3 属性设置

对象名	属 性	属性值	说 明
Form1	Caption	时钟	
Shape1	Shape	3－Circle	
	BorderWidth	2	线宽
Line1	BorderWidth	2	线宽
Timer1	Interval	1000	
	Enabled	False	
Command1	Caption	开始	

程序：

①在代码窗口的通用声明区声明符号常量和窗体级变量。

    Const pi ＝ 3.1415926

    Dim x0 As Single，y0 As Single

    Dim r As Single，t As Integer

②编写窗体的 Load 事件过程代码。

    Private Sub Form_Load()

      r ＝ Shape1.Width / 2

      x0 ＝ Shape1.Left ＋ r

      y0 ＝ Shape1.Top ＋ r

      Line1.X1 ＝ x0

      Line1.Y1 ＝ y0

      Line1.X2 ＝ Line1.X1

      Line1.Y2 ＝ Line1.Y1 － r ＋ 100

    End Sub

③编写计时器的 Timer 事件过程代码。

    Private Sub Timer1_Timer()

      t ＝ t ＋ 1

      Line1.X2 ＝ x0 ＋ (r － 100) * Sin(pi * t / 30)

      Line1.Y2 ＝ y0 － (r － 100) * Cos(pi * t / 30)

    End Sub

④编写命令按钮 Command1 的单击事件过程代码。

    Private Sub Command1_Click()

      If Command1.Caption ＝ "暂停" Then

        Timer1.Enabled ＝ False

        Command1.Caption ＝ "继续"

      Else

        Timer1.Enabled ＝ True

        Command1.Caption ＝ "暂停"

```
        End If
    End Sub
```

3.6.2 图形的坐标系统

每一个图形操作,都要使用绘图区或容器的坐标系统。坐标系统是一个二维网格,可定义屏幕上、窗体中或其他容器中的位置。

容器的默认坐标系统从容器左上角(0,0)坐标开始。沿这些坐标轴定义位置的测量单位,统称为刻度。在 VB 中,坐标系统的每个轴都有自己的刻度,坐标轴的方向、起点和坐标系统的刻度都是可以改变的。

1. 坐标单位

坐标单位即坐标的刻度,默认的坐标系统采用 twip 为单位。设置对象的 ScaleMode 属性可以改变坐标系统的单位,例如可以采用像素或毫米为单位。下面的语句代码将窗体的坐标单位改为毫米。

```
ScaleMode=vbMillimeters
```

2. 自定义坐标系

VB 默认的坐标系统与我们习惯的笛卡尔坐标系不一致,要使所绘制的图形与笛卡尔坐标系一致,就需要重新定义对象的坐标系。Scale 方法是建立用户坐标系的最简便方法,其语法格式如下。

[<对象名>.] Scale(x1,y1)-(x2,y2)

其中,对象可以是窗体、图片框或打印机。(x1,y1)设置对象的左上角坐标,(x2,y2)设置对象的右下角坐标。使用 Scale 方法将把对象在 x 方向上分为 x2-x1 等份,在 y 方向上分为 y2-y1 等份,并自动把 ScaleMode 属性设置为 0(自定义坐标系统)。

【例 3-9】 在 Form_Paint 事件中通过 Scale 方法定义窗体 Form1 的坐标系,将坐标原点平移到窗体中央,Y 轴的正向向上,使它与数学坐标系一致。

要使窗体坐标系和数学坐标系一致,坐标原点在窗体中央,显示 4 个象限,只需要指定窗体对象的左上角坐标值(xleft,ytop)和右下角坐标值(xright,ybottom),使 xleft=-xright,ytop=-ybottom。

```
    Private Sub Form_Paint()
        Form1.Scale (-400, 300)-(400, -300)    '对象名 Form1 可省略
        Line (-400, 0)-(400, 0)                '画 X 轴
        Line (0, 300)-(0, -300)                '画 Y 轴
        CurrentX = 0: CurrentY = 0: Print 0    '标记坐标原点
        CurrentX = 380: CurrentY = 30: Print "X"  '标记 X 轴
        CurrentX = 10: CurrentY = 280: Print "Y"  '标记 Y 轴
    End Sub
```

程序执行后的效果如图 3-9 所示。

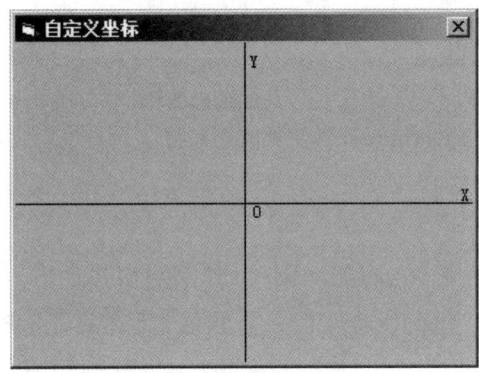

图 3-9 例 3-9 运行效果

3.6.3 常用图形方法

1. Line 方法

Line 方法用于画直线和矩形,其语法格式如下。

　　　　[对象名.]Line[[step](x1,y1)]-[step](x2,y2)[,颜色][,B[F]]

说明:

- "对象名"是指窗体、图片框或打印机,默认为当前窗体;
- (x1,y1)为线段的起点坐标或矩形的左上角坐标;
- (x2,y2)为线段的终点坐标或矩形的右下角坐标;
- step 表示采用当前作图位置的相对值;
- Color 表示所画图形的颜色;
- B 表示画矩形;
- F 必须和 B 同时出现,表示矩形的填充颜色。

例如,下面的程序用 Line 方法在窗体上画出如图 3-10 所示的图形。

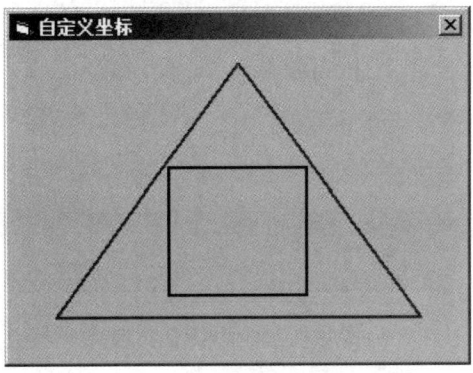

图 3-10 Line 方法示例

```
Private Sub Form_Click()
    Scale (0, 15)-(20, 0)            '设置用户坐标系统
    DrawWidth = 2                    '设置线段宽度
```

```
        Line (2, 2)-(18, 2), vbRed
        Line -(10, 14), vbRed
        Line -(2, 2), vbRed              '画红色三角形
        Line (7, 3)-(13, 9), vbBlue, B   '画蓝色矩形
    End Sub
```

2. Circle 方法

Circle 方法用于画圆、椭圆、圆弧和扇形,其语法格式如下。

　　　　[对象名.]Circle [step](x,y),半径[,[颜色][起始点][,[终止点][,长短轴比率]]]

说明:

①对象指示 Circle 在何处产生结果,可以是窗体、图形框或打印机,默认为当前窗体。

②(x,y)为圆心坐标,关键字 step 表示采用当前作图位置的相对值。

③圆弧和扇形通过起始点、终止点控制,采用逆时针方向画弧。起始点、终止点以弧度为单位,取值在 0～2π。当在起始点、终止点前加一负号时,表示画出圆心到圆弧的径向线。参数前出现的负号并不能改变绘图时坐标系的旋转方向,该旋转方向总是从起始点按逆时针方向画到终止点。

④椭圆通过长短轴比率控制,默认值为 1 时,画出的是圆。

⑤使用时,如果想省略参数,分隔的逗号就不能省略。

举例说明用 Circle 方法绘制图,代码如下。

```
    Circle (1500, 1000), 500                '圆
    Circle (4000, 1000), 500, , -1, -5.1    '扇形
    Circle (1500, 2500), 500, , , , 2       '椭圆
    Circle (4000, 2500), 500, , -2, 0.7     '圆弧
```

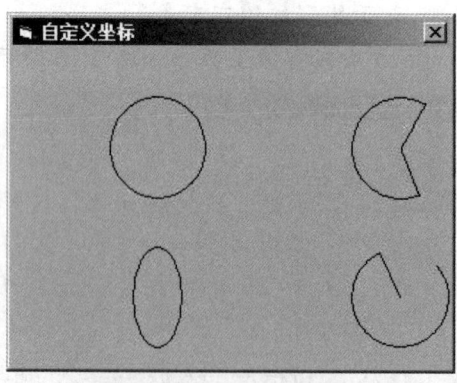

图 3-11　Circle 方法示例

3. PSet 方法

PSet 方法用于在窗体或图片框的指定位置(x,y)按规定的颜色画点,其语法格式如下。

　　　　[对象名.] PSet[Step](x,y)[,颜色]

其中,(x,y)是必需的一对单精度浮点数,用来指定所画点的坐标位置。

习 题 3

一、选择题

1. Visual Basic 的标准化控件位于 IDE(集成开发环境)的_____窗口中。
   A. 工具栏　　　　B. 工具箱　　　　C. 对象浏览器　　　D. 窗体设计器

2. 下列关于事件的说法,正确的是_____。
   A. 用户可以根据需要建立新的事件
   B. 事件是预先定义的能够被对象识别的动作
   C. 事件的名称是可以改变的,由用户预先定义
   D. 不同类型的对象所能识别的事件一定不相同

3. 下列选项中,_____属性可以设置窗体标题栏显示的内容。
   A. Text　　　　　B. Caption　　　　C. BackStyle　　　D. BackColor

4. 下列选项中,_____方法可以将窗体隐藏起来。
   A. Load　　　　　B. UnLoad　　　　C. Hide　　　　　D. Show

5. 要使窗体在运行时不可改变窗体的大小和没有最大化/最小化按钮,可以设置窗体的_____属性。
   A. MaxButton　　B. MinButton　　　C. BorderStyle　　D. Width

6. 要改变 Label1 控件的文字颜色,可以设置 Label1 控件的_____属性。
   A. FontColor　　 B. ForeColor　　　C. BackColor　　　D. FillColor

7. 要使某控件在程序运行时不显示,应设置_____属性。
   A. Visible　　　　B. Enabled　　　　C. Default　　　　D. BackColor

8. 当程序运行时,系统自动执行启动窗体的_____事件过程。
   A. UnLoad　　　　B. Load　　　　　C. GotFocus　　　D. Click

9. 要使标签控件的大小自动与所显示的文本相适应,应设置标签控件的_____属性的值为 True。
   A. AutoSize　　　B. Alignment　　　C. FontSize　　　D. Enabled

10. 控件具有的共同属性是_____。
    A. Caption　　　 B. Name　　　　　C. Text　　　　　D. ForeColor

11. 在命令按钮的 Click 事件中,有程序代码如下。
    　　　Label1.Caption = "Text1.Text"
    则 Label1、Caption、"Text1.Text"分别表示_____。
    A. 对象、事件、方法　　　　　　　B. 对象、方法、属性
    C. 对象、属性、值　　　　　　　　D. 属性、对象、值

12. 为使文本框显示滚动条,必须首先设置的属性是_____。
    A. AutoSize　　　B. Alignment　　　C. MultiLine　　　D. ScrollBars

13. 下列选项中,文本框没有的属性是_____。
    A. BackColor　　 B. Alignment　　　C. Text　　　　　D. Caption

14. 如果在窗体上创建了文本框对象 Text1，可以通过_____事件获得输入键的 ASCII 码值。
   A. LostFocus   B. GotFocus   C. Change   D. KeyPress
15. 若要使文本框成为只读文本框，应设置_____属性值为 True。
   A. Lock   B. Locked   C. ReadOnly   D. Enabled
16. 下列控件中，没有 Caption 属性的是_____。
   A. Text   B. Form   C. Command   D. Label
17. 文本框的 ScrollBars 属性设置了非零值，却没有效果，原因是_____。
   A. 文本框中没有内容   B. 文本框中的 MultiLine 属性值为 False
   C. 文本框中的 MultiLine 属性值为 True   D. 文本框中的 Locked 属性值为 True
18. 下列关于命令按钮的说法，不正确的是_____。
   A. 命令按钮仅能识别 Click 事件
   B. 命令按钮的 Default 属性值为 True，可使该按钮默认接收回车事件的对象
   C. 命令按钮能通过设置 Enabled 属性使之有效或无效
   D. 命令按钮能通过设置 Visible 属性使之可见或不可见
19. 命令按钮标题文字的下划线，可以通过_____符号来设置。
   A. \<   B. &   C. _   D. \>

二、综合应用题

1. 设计一个应用程序，在窗体上添加一个标签，将标签的边框风格属性（BorderStyles）设置为 1，单击窗体时，在标签中显示"我喜欢 VB"的字样，如图 3-12 所示。

图 3-12 运行界面

2. 设计一个应用程序，运行界面如图 3-13 所示。在文本框中输入半径后，单击"计算面积"按钮，计算结果显示在"结果"右侧的文本框中。

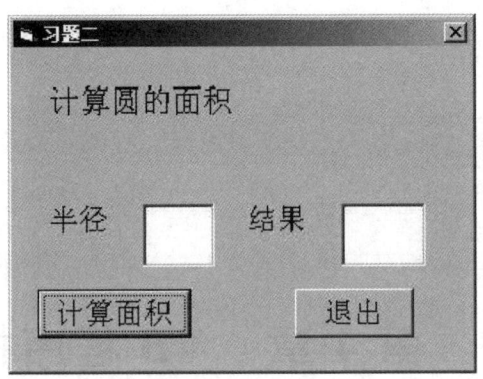

图 3-13 运行界面

3.设计一个应用程序,运行界面如图 3-14 所示。当点击"交换"按钮后,将两个文本框的内容交换。

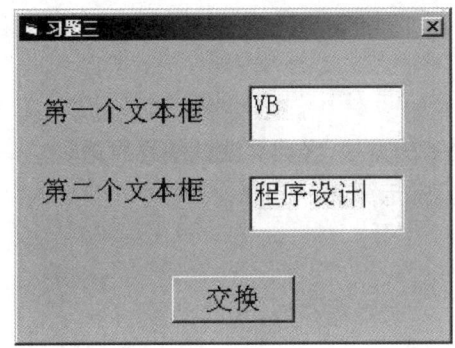 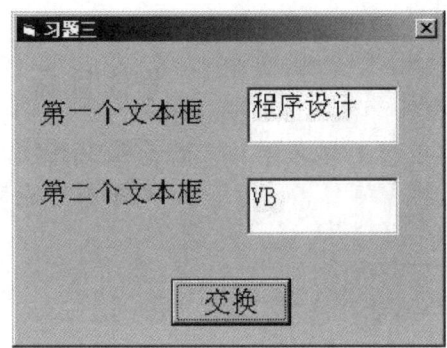

（a）原始界面　　　　　　　　　　　　（b）运行结果

图 3-14 运行界面

第 4 章　VB 程序控制结构

考核目标

- 了解:结构化程序设计的方法,经典算法的编程思路。
- 掌握:程序控制结构,常用算法。

使用 VB 进行应用程序的开发包括两个方面:用可视化编程技术设计应用程序界面;用结构化程序设计思想编写事件过程代码。结构化程序设计包括三种控制结构:顺序结构、选择结构和循环结构。

4.1 顺序结构

顺序结构就是各语句按出现的先后次序执行。顺序结构的流程图如图 4-1 所示。一般在程序设计语言中,顺序结构的语句主要是赋值语句、输入/输出语句及一些计算语句等。下面通过一个例子来说明顺序结构的特点。

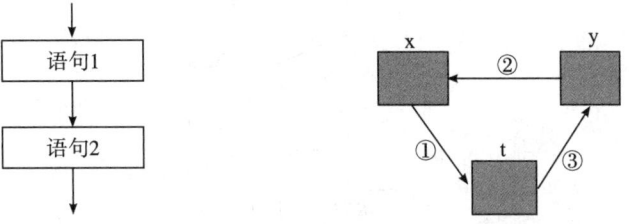

图 4-1　顺序结构流程图　　　图 4-2　两变量交换示意图

【例 4-1】 已知两个变量 x 和 y,将 x 和 y 中的值进行交换。

分析:变量就是内存中的一个存储单元,一个变量只能存放一个数据,当把新的数据存放到某一变量中,该变量中原先存放的数据就被新的数据覆盖了。要交换两个变量中的数据,需要引入一个中间变量作为中间存储单元。假设这个中间存储单元为 t,其交换过程如图 4-2 所示,程序如下。

```
Dim x%,y%,t%
x=10
y=20
t=x
x=y
y=t
Print x;y
```

4.2 选择结构

计算机能够处理的问题是复杂多变的,除了可以使用顺序结构外,还可以使用选择结构和循环结构。选择结构也被称为分支结构,VB 中用 If 条件语句和 Select Case 语句来实现选择结构。它们都是对条件进行判断,根据判断结果选择执行不同的分支。

4.2.1　If 条件语句

If 条件语句有单分支、双分支和多分支等结构。

1. 单分支结构

If…Then 语句为单分支结构。单分支结构又可分为块结构和单行结构两种形式。

块结构形式：

 If＜表达式＞Then
  ＜语句块＞
 End If

单行结构形式：

 If ＜表达式＞ Then ＜语句＞

该语句的作用为：当表达式的值为真时，执行 Then 后面的语句块（或语句）；否则，不做任何操作。其流程如图 4-3 所示。

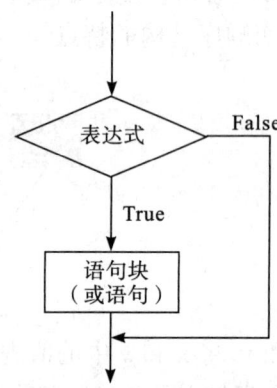

图 4-3 选择结构流程图

其中，表达式可以是关系表达式、逻辑表达式或算术表达式。表达式的值按非零为 True，零为 False 判断。语句块可以是一条或多条语句。若是单行结构，则语句块可能是一条语句，也可能是多条语句写在一行，中间用冒号分隔。

【例 4-2】 比较两个变量 x 和 y。若 x 小于 y，则将二者的值互换，使 x 大于 y。

分析： 先判断 x 值是否小于 y 值，若 x 值小于 y 值，则对两个变量的值进行交换，否则不交换。

 If x＜y then
  t＝x
  x＝y
  y＝t
 End If

或使用单行结构：

 If x＜y then t＝x：x＝y：y＝t

2. 双分支结构

If…Then…Else 为双分支结构，其语句形式有以下两种。

形式一：

 If ＜表达式＞ Then
  ＜语句块 1＞
 Else

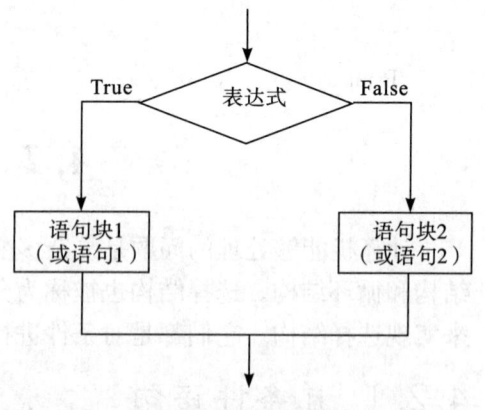

图 4-4 双分支结构流程图

　　　　<语句块2>
　　End If

形式二：
　　If <表达式> Then <语句1>　 Else <语句2>

该语句的作用是当表达式的值为非零(True)时,执行 Then 后面的语句块1(或语句1);否则执行 Else 后面的语句块2(或语句2)。其流程如图4-4所示。

【例4-3】 已知某市出租车的收费标准是起步价8元2.5公里,超过2.5公里时,超过部分每公里1.2元,实际收费按照四舍五入计算到整元。试编写出租车计价程序。

分析: 设变量 x 表示出租车的里程,y 表示应付款,根据题意可得,其对应的计算公式为：

$$y=\begin{cases}8, & x\leqslant 2.5,\\ 8+(x-2.5), & x>2.5.\end{cases}$$

单行结构程序：
　　x=val(input("输入里程数:"))
　　If x>2.5 Then y=8+(x-2.5)*1.2 Else y=8
　　Print "应付款为";Round(y);"元"

块结构程序：
　　x=val(input("输入里程数:"))
　　If x>2.5 Then
　　　　y=8+(x-2.5)*1.2
　　Else
　　　　y=8
　　End If
　　Print "应付款为";Round(y);"元"

3. 多分支结构

在实际的编程过程中,往往会遇到多种不同的选择,这时可通过 If 语句的嵌套或多分支选择结构实现。

①If 语句的嵌套

If 语句的嵌套是指 If 或 Else 后面的语句块中又包含 If 语句。
　　If <表达式1> Then
　　　　语句块1
　　Else
　　　　If <表达式2> Then
　　　　　　语句块2
　　　　Else
　　　　　　语句块3
　　　　End If
　　　　 …
　　End If

说明：

①为便于阅读,在书写代码时,通常采用缩进格式书写。

②代码块中有几个 If 就要有几个 End If,每个 If 语句必须与 End If 配对使用。

【例 4-4】 有如下数学函数,输入 x,要求输出 y 的值。

$$y=\begin{cases} x+1, & x>0, \\ 0, & x=0, \\ |x|, & x<0. \end{cases}$$

分析： 从以上数学公式可以看出, y 的值对应三种情况,自变量 x 的取值也有三种情况,无法使用简单双分支结构完成,这时可通过 If 语句的嵌套实现。程序如下。

```
Dim x%,y%
x＝val(inputbox("请输入 x 的值:"))        '从键盘输入 x 的值
If x＞0 Then
   y＝x+1
Else
   If x＝0 Then
      y＝0
   Else
      y＝abs(x)
   End If
End If
Print "y＝";y
```

②If…Then…ElseIf

当有多层 If 语句嵌套时,程序会比较冗长,为简化书写,VB 提供了带 ElseIf 的 If 语句。格式如下。

```
If <表达式 1> Then
   语句块 1
ElseIf <表达式 2> Then
   语句块 2
   …
ElseIf <表达式 n> Then
   语句块 n
[Else
   语句块 n+1]
End If
```

该语句的作用是根据表达式的值确定执行哪个语句块,VB 测试条件的顺序为表达式 1、表达式 2……一旦表达式为非零(True),则执行该条件下的语句块,然后执行 End If 后的语句块。其流程图如图 4-5 所示。

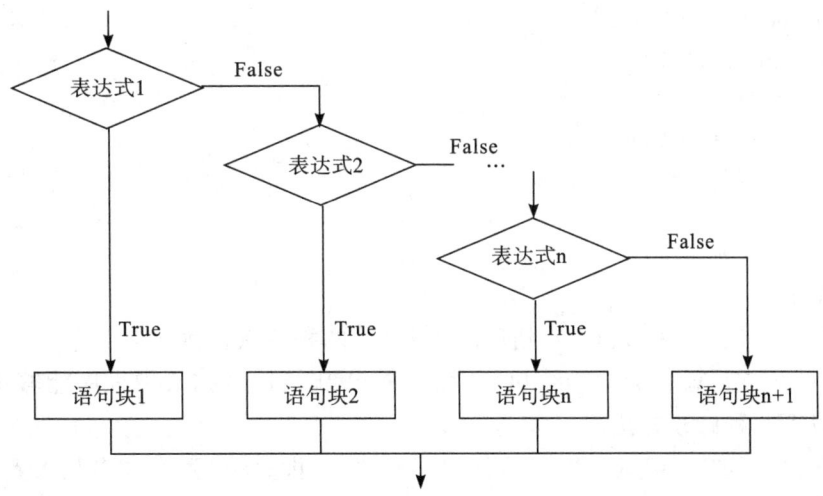

图 4-5 多分支结构流程图

说明：

①不管有几个分支，都依次判断，当某条件 i 为真时，执行相应的语句序列 i，其余分支不再执行，即执行第一个满足条件的分支；

②若条件都不满足，且有 Else 子句，则执行 Else 后面的语句块，否则什么也不执行；

③ElseIf 不能写成 Else If。

【例 4-5】 已知某课程的百分制成绩 score，要求转换成对应五级制的评定 grade，转换标准为：90 分以上（含 90）为优，80～90 为良（含 80），70～80 为中（含 70），60～70 为及格（含 60），60 分以下为不及格。

分析： 由于给定的条件有 5 种情况，因此应该选择多分支结构编写程序。程序如下。

```
score＝val(InputBox("请输入学生百分制成绩:"))    '从键盘输入成绩
If score>=90 Then
    grade="优"
ElseIf score>=80 Then
    grade="良"
ElseIf score>=70 Then
    grade="中"
ElseIf score>=60 Then
    grade="及格"
Else
    grade= "不及格"
End If
MsgBox"该生等级制成绩为:"& grade
```

把上述多分支结构写成如下形式，判断其是否正确。

```
If score>=60 Then
    grade="及格"
ElseIf score>=70 Then
```

```
        grade="中"
    ElseIf score>=80 Then
        grade="良"
    ElseIf score>=90 Then
        grade="优"
    Else
        grade="不及格"
            End If
```

上面的程序运行结果只有"及格"和"不及格"两种情况。因为程序执行到第一个条件为 True 的分支后就不会再继续执行,而是退出 If 结构。如果想程序能够正确执行,可以采用以下两种修改方法。

①将条件中的">="改为"<"再依次书写语句,即,从小到大或者从大到小依次进行判断;

②不考虑条件的次序,在条件中用 And 运算符连接条件区间。程序代码如下。

```
    If score >=90 Then
        grade="优"
    ElseIf  80<=score and score<= 90 Then
        grade="良"
    ElseIf  70<=score and score< 80 Then
        grade="中"
    ElseIf  60<=score and score< 70 Then
        grade="及格"
    Else
        grade="不及格"
    End If
```

【例 4-6】 输入三个数据,判断这三个数据能否构成三角形。若能构成三角形,则进一步判断是否能构成等边三角形、等腰三角形或直角三角形;如果都不能,则显示任意三角形。

分析:任意两条边边长之和大于第三条边的边长是构成三角形的条件,当要同时满足多个条件时,需使用逻辑运算符 and 进行连接,当需要满足多个条件中的至少一个时,需使用运算符 or 进行连接。程序代码如下。

```
    Dim a!,b!,c!
    a=val(InputBox("输入第一条边"))
    b=val(InputBox("输入第二条边"))
    c=val(InputBox("输入第三条边"))
    If a+b>c and b+c>a and a+c>b then    '两边之和大于第三边
        MsgBox"能构成三角形"
        If a=b and b=c Then              '三条边相等
            MsgBox"等边三角形"
        ElseIf a=b or b=c or a=c Then    '任意两边相等
```

```
        MsgBox"等腰三角形"
      ElseIf Sqr(a*a+b*b)=c or Sqr(b*b+c*c)=a or Sqr(a*a+c*c)=b Then
        MsgBox"直角三角形"
      Else
        MsgBox"任意三角形"
      End If
    Else
      MsgBox"不能构成三角形"
    End If
```

4.2.2 Select Case 语句

利用 If…Then…ElseIf 语句可实现对多种情况的判断,但若情况复杂,则需进行多个层次的判断,程序的结构就很不清晰。因此,VB 提供了一种更清晰、执行效率更高的多分支结构语句:Select Case 语句。其格式如下。

```
Select Case <变量或表达式>
    Case <表达式列表 1>
        语句块 1
    Case <表达式列表 2>
        语句块 2
        …
    [Case Else
        语句块 n+1]
End Select
```

其中,变量或表达式可以是数值型或字符串表达式;表达式列表 i 必须与"变量或表达式"的类型相同,可以是下面四种形式之一。

① 表达式;
② 一组用逗号分隔的枚举值;
③ 表达式 1 To 表达式 2(包含表达式 1 和表达式 2 的值);
④ Is 关系运算符表达式(配合关系运算符来指定一个数值范围)。

第一种形式与某个值进行比较,后三种形式与设定值的范围进行比较,四种形式在数据类型相同的情况下,可以混合使用。例如:

```
Case   1 to 10              '表示测试表达式的值在 1~10 的范围内
Case   "a","e","i","o","u"  '表示元音字母
Case   2,4,6,8,Is>10        '表示测试表达式的值为 2,4,6,8,或大于 10
```

Select 语句的作用是根据<变量或表达式>的取值与各 Case 子句中的值的比较结果决定执行哪一组语句块。如果有多个 Case 短语中的值与测试值匹配,则根据自上而下判断原则,只执行第一个与之匹配的语句块,其流程如图 4-6 所示。

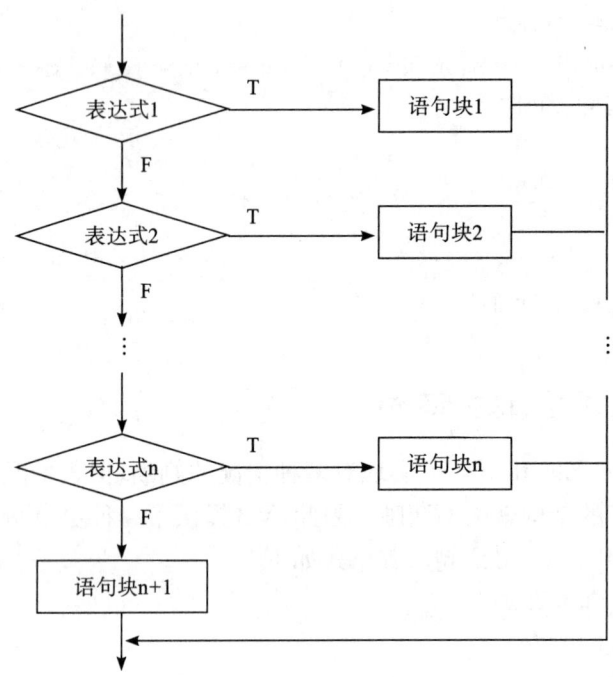

图 4-6 Select Case 语句流程图

【**例 4-7**】 某商场为了促销,采用购物打折的优惠办法,当每位顾客一次购物:
①不足 100 元时,没有优惠;
②100 元及以上,不足 500 元时,享受九五折优惠;
③500 元及以上,不足 1000 元时,享受九折优惠;
④1000 元及以上,不足 2000 元时,享受八五折优惠;
⑤2000 元及以上时,享受八折优惠。

分析:设购物款为 x 元,实际付款为 y 元,由题意得出优惠款公式为:

$$y=\begin{cases} x, & x<100, \\ 0.95x, & 100\leqslant x<500, \\ 0.9x, & 500\leqslant x<1000, \\ 0.85x, & 1000\leqslant x<2000, \\ 0.8x, & x\geqslant 2000. \end{cases}$$

程序:
```
Dim x as single,y as single
X=Val(InputBox("请输入购物款数 x 的值:"))
Select Case x
    Case Is<100
        y=x
    Case Is<500
        y=0.95*x
    Case Is<1000
```

```
        y=0.9*x
    Case Is<2000
        y=0.85*x
    Case Else
        y=0.8*x
End Select
Print "实际应付款为:";y;"元"
```

从本例可以看出,多分支结构用 Select Case 语句实现时,条件书写更灵活、简洁,比用 If…Then…ElseIf 语句更直观,可读性更强。试将例 4-5 改写成用 Select Case 语句实现。

4.3 循环结构

在解决实际问题时,往往有许多规律性的重复操作。例如,成批数据的输入和处理、大量数字的科学计算等,实现这些功能需要在程序中重复执行某些语句。循环结构就是在一定条件下反复执行某段程序的流程结构。被反复执行的程序块称为循环体。循环语句是由循环体及循环的终止条件两部分组成的,循环体能否继续重复执行,取决于循环的终止条件。

Visual Basic 中比较常见的循环有以下三种。

①For…Next 循环(计数循环);

②Do…Loop 循环(Do 循环);

③While…Wend 循环(当循环)。

4.3.1 For…Next 循环

如果可以预知循环次数,则使用 For…Next 循环更方便。For…Next 循环中有一个计数器变量是循环变量,用于控制循环的循环次数。其格式为:

```
For 循环变量 =初值 To 终值 [Step 步长]
    语句块 1
    [If 条件表达式 Then Exit For]    '特定条件下退出循环
    语句块 2
Next 循环变量
```

步长为正的 For 循环的流程图如图 4-7 所示。

循环开始时,循环变量的值为初值。若循环变量的值小于等于终值,则执行循环体。每执行一次循环体,循环变量的值要加一次步长的值,然后判断其当前值是否仍然小于等于终值。如果判断结果为"真",则继续执行循环体,否则退出循环。

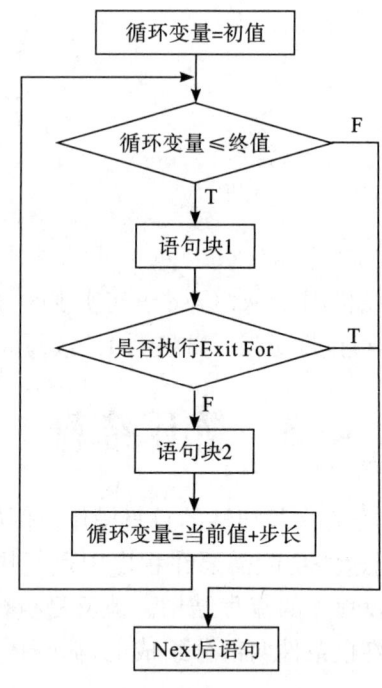

图 4-7 For 循环流程图

说明：

①循环变量、初值、终值和步长均为数值型。

②步长一般是正数，应设置初值小于等于终值，此时循环变量是递增的，循环终止条件为初值大于终值；若步长为负数，则应设置初值大于等于终值，此时循环变量是递减的，循环终止条件为初值小于终值。Step 缺省时默认步长是 1。

③循环次数＝Int((终值－初值)/步长＋1)。

【例 4-8】 计算 100 以内自然数的和，即 $1+2+3+\cdots+100$。

分析： 此题为累加的计算，设变量 i 为循环变量，初值和终值根据题意分别为 1 和 100，步长为 1。另设变量 sum 为累加和变量，初值为 0。

程序：

```
Private Sub Form_Click()
    Dim i%, sum%           '若求和结果较大,则将 sum 定义为长整型
    sum=0
    For i = 1 To 100       '步长为 1,省略
        sum = sum + i
    Next i                 '执行到 Next 语句时,执行循环变量 i=i+1
    Print sum
End Sub
```

思考： 若将步长改为 -1，则程序应该怎么写？

【例 4-9】 编程输出 1～1000 之间分别能被 7 和 13 整除的自然数的个数。

分析： 此题为个数的统计，根据题意设循环变量 i 初值为 1，终值为 1000，步长为 1。

整除的条件可以用 If 语句和 Mod 运算符进行判断,另设变量 c1、c2 用于统计个数。

程序:

```
Private Sub Form_Click()
  c1= 0:c2 = 0            'c1,c2 分别统计被 7 和 13 整除的自然数个数
  For i = 1 To 1000
    If i Mod 7 = 0 Then c1 = c1 + 1
    If i Mod 13 = 0 Then c2 = c2 + 1
  Next i
  Print c1; c2
End Sub
```

思考: 若改为输出同时能被 7 和 13 整除的自然数的个数,则应该怎么写程序?

【**例 4-10**】 求 $n!$。

分析: 整数 n 的阶乘为 $n!$,求法为 $n! = 1 \times 2 \times 3 \times \cdots \times (n-1) \times n$,故此题为累乘的计算。设变量 i 为循环变量,初值和终值根据题意分别为 1 和 n,步长为 1。另设变量 m 为存放阶乘结果的变量,并将初值设为 1,这样不会影响累乘的运算。

程序:

```
Private Sub Form_Click()
  Dim m as Long, n as Integer      'm 存放阶乘结果
  n = Val(InputBox("输入自然数 n"))
  m = 1
  For i = 1 to n
    m = m * i                      '依次将 1~n 乘入 m
  Next
  Print n; "! ="; m
End Sub
```

注意: 由于阶乘运算的增长速度特别快,因此我们定义存放阶乘结果的变量时一般将其定义为 Long 或者 Double 类型,避免出现溢出错误。

【**例 4-11**】 判断输入的是否为素数。

分析: 素数又称质数,指除了 1 和它本身外,不能被其他自然数整除的数。判断整数 n 是不是素数的基本方法是:将 n 分别除以 $2,3,\cdots,n-1$,若都不能整除,则判定 n 为素数。

程序:

```
Private Sub Form_Click()
  Dim n%
  n = Val(InputBox("输入一个大于 2 的整数:"))
  For i= 2 To n−1
    If n Mod i = 0 Then Exit For   '若 n 不是素数,则退出循环
  Next
  If i=n Then                      '若 n 是素数,则循环终止条件是 i 大于 n−1,即 i=n
```

```
            Print n;" 是素数"
        Else                              '等同于 i<n
            Print n;" 不是素数"
        End If
    End Sub
```

思考：能否提高程序效率,只判断 n 能否被 $2,3,\cdots,\text{Int}(\text{Sqr}(n))$ 整除即可?

4.3.2 Do…Loop 循环

当循环次数未知时,一般使用 Do 循环,循环退出条件为指定条件表达式的值为真或假。Do 循环主要有两种语法格式:先判断后执行循环结构和先执行后判断循环结构。

形式 1(先判断)：

```
Do { While|Until }<条件表达式>
    语句块 1
    [Exit Do
    语句块 2]
Loop
```

形式 2(先执行)：

```
Do
    语句块 1
    [Exit Do
    语句块 2]
Loop { While|Until }<条件表达式>
```

说明：

①形式 1 为先判断后执行,当<条件表达式>初始值不满足循环条件时,会出现一次也不执行循环体的情形;形式 2 为先执行后判断,因此至少执行一次循环体。

②若<条件表达式>前面是关键字 While,则循环的终止条件为<条件表达式>的值为 False;若是关键字 Until,则循环的终止条件为<条件表达式>的值为 True。

③当省略{ While|Until }<条件表达式>子句时,表示无条件循环,此时循环体内必须要有 Exit Do 语句用于退出循环,否则就成了死循环。

程序中使用 While 关键字的循环也称为"当型循环",它有两种结构流程图,如图 4-8 所示。

程序中使用 Until 关键字的循环也称为"直到型循环",其结构流程图与上述流程图相似,仅需将<条件表达式>出口的"T"与"F"互换,这里不再另外画出。

第 4 章 VB 程序控制结构

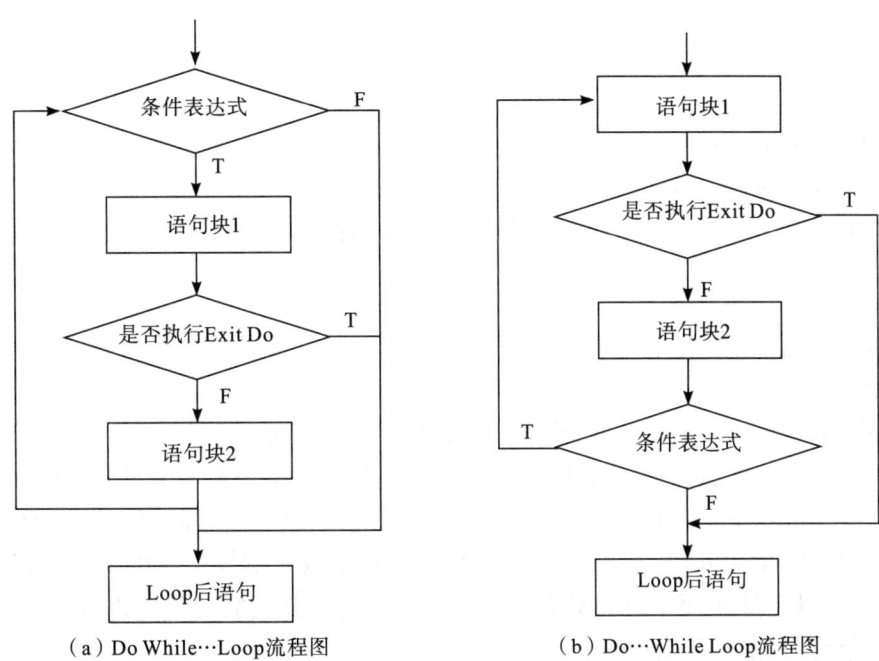

（a）Do While…Loop 流程图　　　（b）Do…While Loop 流程图

图 4-8　当型循环结构流程图

【例 4-12】 据统计我国现有 14 亿人口，人口年增长率约为 0.34%，计算多少年后我国人口超过 20 亿。

分析： 将根据题意，可选择 Do While…Loop 循环完成。循环的条件为人口不超过 20（亿），循环体应包含人口增长的计算和年数的统计。

程序：

```
Private Sub Form_Click()
x = 14
n = 0
Do While x <= 20              'x不超过20亿时,继续执行循环体
    x = x * 1.0034
    n = n + 1                 'n用来计算经过的年数
Loop
Print n
End Sub
```

【例 4-13】 编写程序将十进制整数转换为二进制数。

分析： 将十进制整数转换为二进制整数采用"除 2 取余，逆序排列"法。具体做法是：用 2 整除十进制整数，可以得到一个商和余数；再用 2 去整除商，又会得到一个新的商和余数；如此进行，直到商为 0；然后把先得到的余数作为二进制数的低位有效位，把后得到的余数作为二进制数的高位有效位，依次排列起来。

程序：

```
Private Sub Form_Click()
Dim n%, a%, x$
```

```
n = Val(InputBox("请输入整数:"))
Print "十进制数为:"; n
x=""
Do While (n<> 0)
    a=n mod 2
    n=n \ 2                    '运算符"\"计算 n 除以 2 的商
    x= a & x                   '逆序连接余数部分
Loop
Print"二进制数为:"; x
End Sub
```

【例 4-14】 用辗转相除法求两个自然数的最大公约数。

分析:辗转相除法,又称欧几里得算法,用于计算两个正整数 *a*、*b* 的最大公约数。辗转相除法的算法步骤是:对于给定的两个正整数 *a*、*b*(*a*>*b*),用 *a* 除以 *b* 得到余数 *c*。如果余数 *c* 不为 0,就用 *b* 和 *c* 组成一对新的数(*a*=*b*,*b*=*c*),继续上面的除法,直到余数 *c* 为 0。这时 *b* 就是原来两个数的最大公约数。因为这个算法需要反复进行除法运算,故被形象地命名为"辗转相除法"。

程序:

```
Private Sub Form_Click()
a = Val(InputBox("输入自然数 a:"))
b = Val(InputBox("输入自然数 b:"))
If a<b Then t = a: a = b: b = t       '若 a<b,则 a,b 互换
c=a mod b
Do Until (c = 0)
    a=b
    b=c
    c= a mod b
Loop
MsgBox "最大公约数=" & b
End Sub
```

4.3.3 While…Wend 循环

简单的循环可以用 While…Wend 语句。它的功能比其他循环语句更简单。其格式为:

　　While<条件表达式>
　　　　语句序列
　　Wend

该语句首先计算给定的条件表达式的值。若结果为 True(非 0 值),则执行循环体。当遇到 Wend 语句时,控制返回并继续对条件表达式进行测试。若仍然为 True,则重复上述过程。若条件表达式的结果为 False,则直接执行 Wend 后面的语句。

4.3.4 多重循环

循环体内不含有循环语句的循环称为单层循环。如果在一个循环体内还包含另一个循环结构,则称其为多重循环或循环嵌套。嵌套的层数可以根据需要而定,嵌套一层称为二重循环,嵌套二层称为三重循环。

注意:

① 内层循环变量与外层循环变量不能同名;

② 外层循环必须完全包含内层循环,不能交叉;

③ 内层循环体的循环次数是其外部每一重循环循环次数的乘积。

【例 4-15】 编写程序,输出如图 4-9 所示的九九乘法表。

分析: 要输出九行九列的乘法表达式,一般使用双重循环:外层循环控制行的输出;内层循环控制每一行中列的输出。

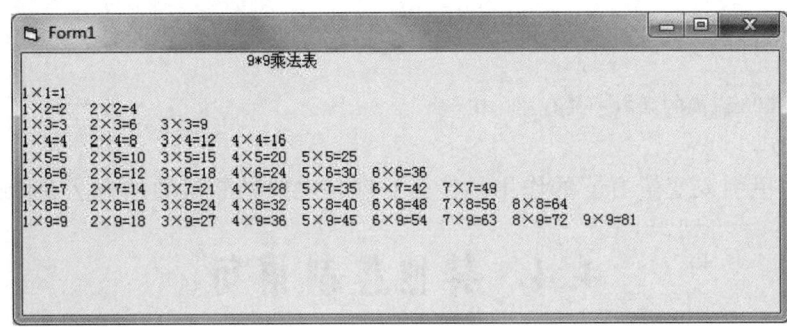

图 4-9 九九乘法表

程序:

```
Private Sub Form_Click()
Print Tab(30); "9 * 9 乘法表"
    Print
For i = 1 To 9                    '循环变量 i 控制行的输出
    For j = 1 To i                '循环变量 j 控制列的输出
        Print Tab((j - 1) * 9 + 1); j & "×"; i & "="  & i * j & " ";
                                  '内层循环输出时不换行
    Next j
    Print                         '一行输出结束后再换行
Next i
End Sub
```

思考: 若将内循环中循环变量 j 的终值改为 9,输出会怎样?

【例 4-16】 编写程序,在窗体上输出 1000 以内的所有素数。

分析: 在前面的例子中,已经学习了如何用单层循环判断一个数是否是素数。这里要对 1000 以内的数逐个判断,就需要用双重循环来实现了。

程序:

Private Sub Form_Click()

```
Dim flag%, d%
For i = 2 To 1000
    flag = 0
    For j = 2 To i-1
        If i Mod j = 0 Then
            flag=1                      '若 flag 值为 1,则不是素数
            Exit For
        End If
    Next
    If flag=0 Then
        Print i;
        d=d+1                           '每找到一个 d 累加 1
        If d Mod 8 = 0 Then Print       '每输出 8 个数就换行
    End If
Next
Print "1000 以内的素数一共有:"; d; "个"
End Sub
```

思考:这里引入变量 flag 的作用是什么?这与之前判断素数的方法有什么区别?

4.4 其他控制语句

4.4.1 GoTo 语句

GoTo 语句可以改变程序的执行顺序,跳过程序的某一部分,无条件地转移到标号或行号指定的那行语句。GoTo 语句的语法格式为:

  GoTo {标号|行号}

注意:

① 标号是一个以冒号结尾的标识符,首字符必须是字母,标号后应有冒号。

② 行号是一个整型数,不能以冒号结尾。

【**例 4-17**】 编写程序,计算年利率为 3.5% 时,10000 元钱存 10 年后的本利和。

程序:

```
Private Sub Form_Click()
    Dim p As Currency
    p = 10000: r = 0.035
    y = 1
Again:                               '标号
    If y > 10 Then GoTo 100
    i = p * r
    p = p + i
```

```
        y = y + 1
    GoTo Again
100                              '行号
    Print p;
End Sub
```

在结构化程序设计中要尽量少用或者不用 GoTo 语句,以免影响程序的可读性和可维护性。

4.4.2 Exit 退出语句

VB 中有多种形式的 Exit 语句,用于退出某种控制结构的执行,如 Exit For、Exit Do、Exit Sub、Exit Function 等。其中,Exit For 用于退出 For 循环,Exit Do 用于退出 Do 循环,其他 Exit 语句留待后面章节说明。

4.4.3 End 结束语句

独立的 End 语句用于结束一个程序的运行,它可以放在任何事件过程中。

4.5 调试程序

对于初学者,程序运行出现错误不要害怕,通过上机调试,慢慢提高查找和纠正错误的能力。

4.5.1 错误种类

为了更有效地使用调试手段,把可能遇到的错误分成四类:编辑错误、编译错误、运行错误和逻辑错误。

1. 编辑错误

如果设置了自动检测语法错误,VB 就会在程序编辑过程中进行语法检查。若发现语句没有输完、关键字输错等情况,回车后系统就会提示出错,并将出错的部分高亮度或红色显示,如图 4-10 所示。

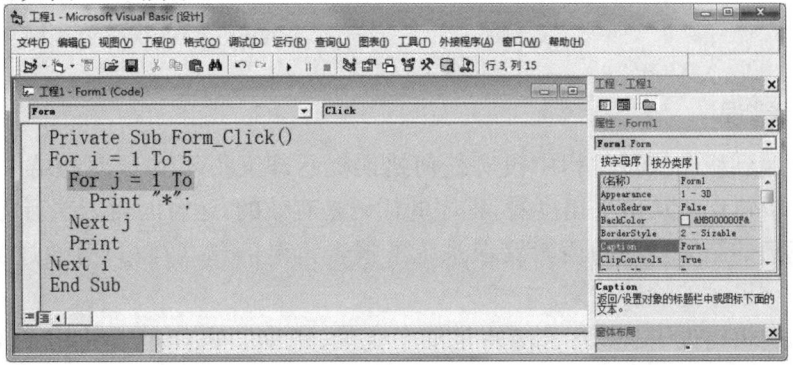

图 4-10 编辑时的错误提示

2. 编译错误

编译错误指当用户单击"启动"按钮,VB开始运行程序前,先编译要执行的程序段时产生的错误。一般是由变量或过程未定义、遗漏某个对象或关键字等原因导致。若发现错误,则系统停止编译,弹出"编译错误"警告窗口,并高亮显示出错部分,如图4-11所示。

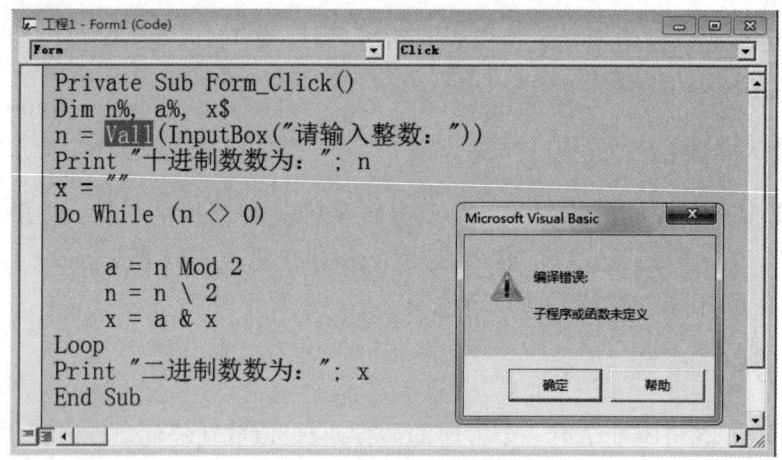

图 4-11　编译时的错误提示

3. 运行错误

运行错误指程序编译通过,运行代码时发生的错误。当一个语句力图执行一个不能执行的操作时,就会发生运行错误。例如,有这样一个语句:ave=sum / n,如果变量 n 的值为零,运行时就会出现错误警告,如图4-12所示。常见的运行错误有:类型不匹配、除数为0、数值溢出、数组越界、试图打开一个不存在的文件等。

图 4-12　除数为零

4. 逻辑错误

有时会遇到程序执行过程中没有任何错误提示却又得不到预期的结果的情况,我们称之为逻辑错误。从语法角度看,程序的代码是有效的,运行时也未执行无效操作,却产生了不正确的结果。因为逻辑错误系统不报告错误信息,所以只有通过测试程序和分析产生的结果才能检验出来。

常见的逻辑错误有:忘记了初始化某个变量、用错了操作符或使用了不正确的公式、循环变量的起始值和终值设置错误等。

4.5.2 调试和排错

为了分析应用程序的运行方式,Visual Basic 提供了许多有力的调试工具。在众多调试工具中,Visual Basic 在可选的"调试"工具栏上提供了几个很有用的按钮,如图 4-13 所示。要显示"调试"工具栏,可在 Visual Basic 工具栏上单击鼠标右键并选定"调试"选项。

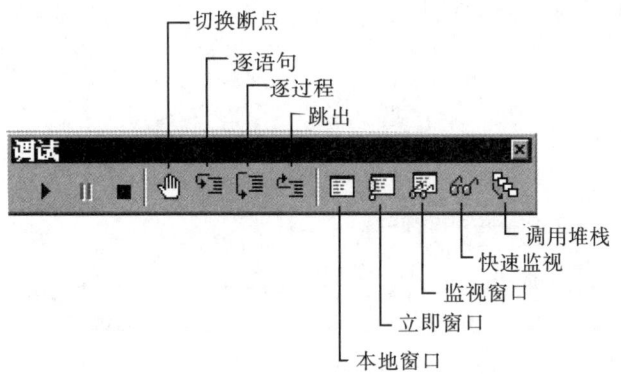

图 4-13 调试工具栏

它们的用途如表 4-1 所示。

表 4-1 调试工具栏按钮功能

按钮	功能
切换断点	在"代码"窗口中确定一行,VB 在该行终止应用程序的执行
逐语句	执行应用程序代码的下一个可执行行,并跟踪到过程中
逐过程	执行应用程序代码的下一个可执行行,但不跟踪到过程中
跳出	执行当前过程的其他部分,并在调用过程的下一行处中断执行
本地窗口	显示局部变量的当前值
立即窗口	当应用程序处于中断模式时,允许执行代码或查询值
监视窗口	显示选定表达式的值
快速监视	当应用程序处于中断模式时,列出表达式的当前值
调用堆栈	当处于中断模式时,呈现一个对话框来显示所有已被调用但尚未完成运行的过程

1. 设置断点

在运行时,一个断点会在执行一行代码之前告诉 VB 中止运行。可在中断模式下或设计时设置或删除断点。设置或删除断点可按照以下步骤执行。

①在"代码"窗口中,把插入点移到要设置或删除断点的代码行;

②在"代码"窗口要设置或删除断点的那一行代码的左边空白区单击鼠标,选择"调试"菜单的"切换断点",也可以单击"调试"工具栏的"切换断点"按钮或按 F9 键。

设置断点后,这一行会被加亮显示,并且在其左边的空白区出现亮点。当 VB 正在运行一个过程并遇到一行具有断点的代码时,它就切换到中断模式,这时鼠标放在某个变量上就可以看到变量的值。如图 4-14 所示，断点处变量 i 的值为 1。

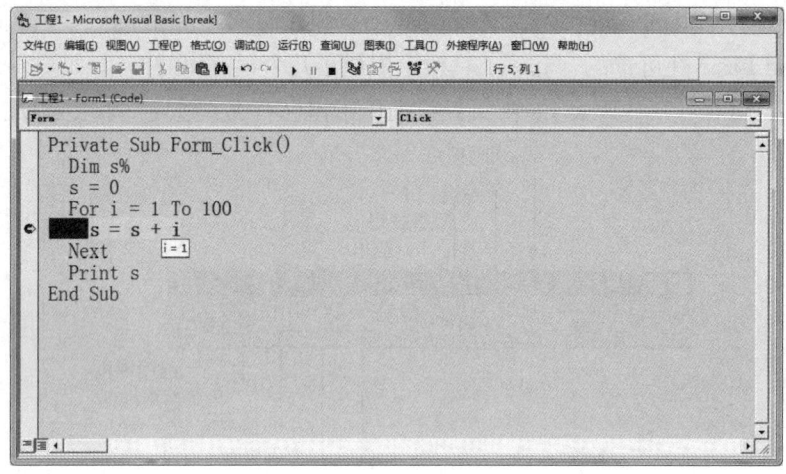

图 4-14　中断模式下的变量检查窗口

2. 跟踪程序

如果能够识别产生错误的语句，那么单个断点就有助于对问题定位。但更常见的情况是只知道产生错误的代码的大体区域，这时使用断点有助于将问题区域进行隔离，然后用跟踪和单步执行来观察每个语句的效果。

跟踪程序包括逐语句、逐过程、运行到光标处等方法。逐语句可用来跟踪一次一条语句地代码执行情况，也被称为单步执行。除了当前语句包含过程调用的情况外，逐过程与逐语句是相同的。区别在于逐过程不跟踪到过程中，而是需要在设置断点后，再逐语句调试这段代码。这样做虽然比较费事，但很有效。例如上例中单步执行四次循环后，鼠标指向变量 s，它的值为 10，如图 4-15 所示。

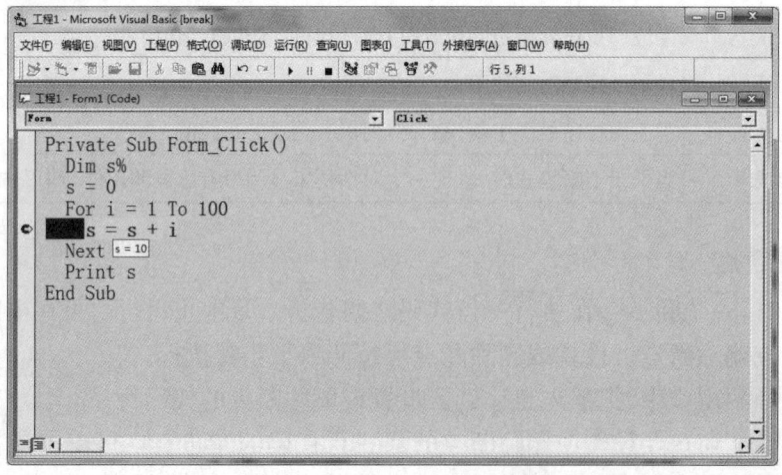

图 4-15　逐语句执行代码变量观测窗口

3. 调试窗口

在逐步运行程序的语句时,可用调试窗口监视表达式和变量的值。VB 有三个调试窗口,它们分别是:立即窗口、本地窗口和监视窗口。

(1)立即窗口(Immediate Windows)

立即窗口是能立即执行 VB 命令的调试窗口。在立即窗口里输入命令显示或计算变量和表达式的值,可以立即执行并看到结果。也正是因为是立即运行的,所以立即窗口里只能运行单行的命令,而分支结构、循环结构等是无法在立即窗口运行的。

在立即窗口中显示信息可以有三种方式:

①在程序中使用 Debug.Print 语句把信息输出到立即窗口;

②直接在立即窗口中使用 Print 方法;

③在表达式前使用"?"符号。

如图 4-16 所示。

图 4-16　立即窗口

(2)本地窗口(Local Windows)

本地窗口可自动显示所有当前过程中的变量声明及变量值。当程序的执行从一个过程切换到另一个过程时,"本地"窗口的内容会发生改变,它只反映当前过程中可用的变量。如图 4-17 所示,程序执行到设置的断点处自动中断并显示本地变量的值。

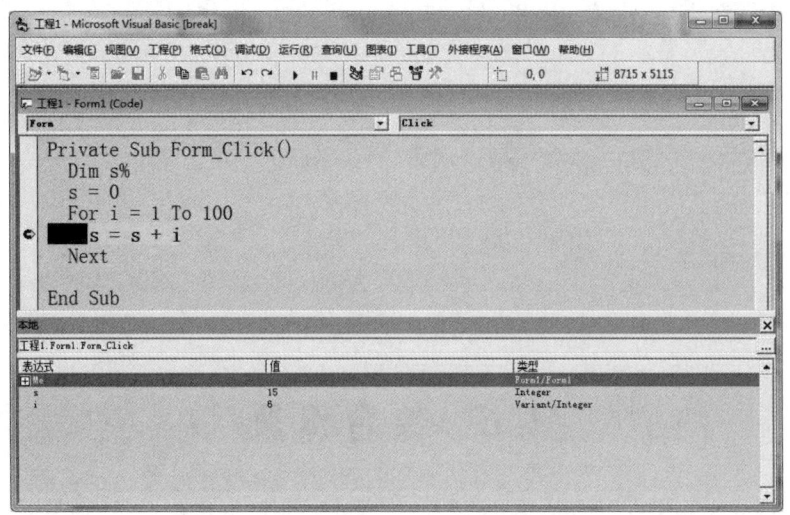

图 4-17　本地窗口观测变量值

(3) 监视窗口(Watch Windows)

监视窗口可用于显示某些表达式或变量的值,以确定这样的结果是否正确,使用前提是在设计阶段添加了监视表达式。

在"调试"菜单下选择"添加监视"菜单项,就会弹出"添加监视"对话框,如图 4-18 所示。

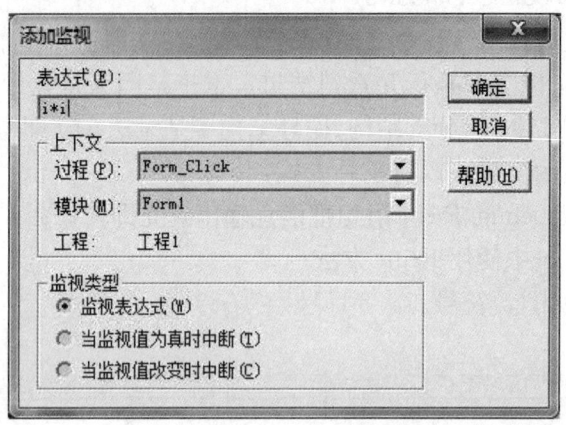

图 4-18 添加监控"i*i"表达式

在"添加监视"对话框的"表达式"输入框中添加需要监视的表达式或者变量,然后单击"确定"按钮,即可出现监视窗口,如图 4-19 所示。

如果程序出现了错误,使用本节介绍的调试方法就可以调试程序排除错误。

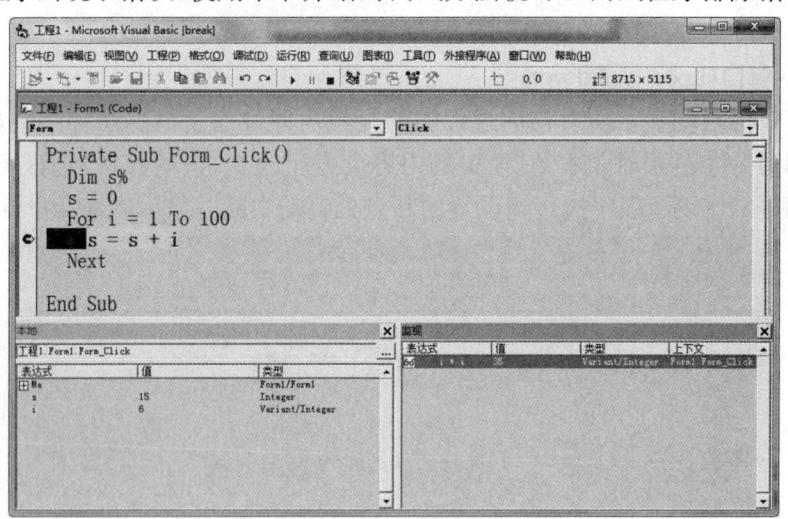

图 4-19 监视窗口

4.6 综合例题

【例 4-18】 推算 100 以内楼梯的阶数:对于该楼梯,若每步跨 2 阶,则最后剩 1 阶;若每步跨 3 阶,则最后剩 2 阶;若每步跨 4 阶,则最后剩 3 阶;若每步跨 5 阶,则恰好走完。

分析:本例主要使用求余运算符进行判断,程序为:

```
Public Sub calculate()
    Dim n As Integer
    For n = 5 To 100 Step 1
        If n Mod 2=1 And n Mod 3=2 And n Mod 4=3 And n Mod 5=0  Then
            Print "该阶梯的阶数是:" & n
        End If
    Next n
End Sub
```

【例4-19】 求能被7整除且至少有一位数字为9的三位数的个数。

分析:本例需要判断是否至少有一位数字为9,可以利用整除运算符和取整函数辅助完成,程序如下。

```
Private Sub Form_Click()
    Dim x As Integer, count As Integer
    Dim a As Integer, b As Integer, c As Integer
    x = 100
    Do While x <= 999
        If x Mod 7 = 0 Then
            a = x \ 100                    '取百位数
            b = Int((x − a * 100) \ 10)    '取十位数
            c = x − a * 100 − b * 10       '取个位数
            If a = 9 Or b = 9 Or c = 9 Then
                count = count + 1
            End If
        End If
        x = x + 1
    Loop
    Print count
End Sub
```

【例4-20】 我国古代数学家张丘建在他编写的《算经》里提出一个不定方程问题,被称为"百鸡问题",具体题目是:鸡翁一,值钱五,鸡母一,值钱三,鸡雏三,值钱一。百钱买百鸡,问鸡翁、鸡母、鸡雏各几何?

分析:计算机求解此类问题,采用穷举法来实现,即将可能出现的各种情况一一罗列出来,然后判断是否满足条件,若满足条件则输出。故采用循环结构来实现,程序如下。

```
Private Sub Form_Click()
    Dim x%, y%, z%              '分别代表鸡翁、鸡母、鸡雏的数量
    For x = 0 To 20             '鸡翁最多够买20只
        For y = 0 To 33         '鸡母最多够买33只
            For z = 0 To 100    '鸡雏的数量不能超过100只
                If 5 * x + 3 * y + z/3 = 100 And x + y + z = 100 Then
                    Print x, y, z
```

             End If
           Next
         Next
       Next
     End Sub

思考：利用 z＝100－x－y 这个关系式能否将上例改编为二重循环？

【例 4-21】 求自然常数 e 的近似值，公式如下，要求误差小于 0.00001。

$$e = 1 + \frac{1}{1!} + \frac{1}{2!} + \frac{1}{3!} + \cdots + \frac{1}{n!} + \cdots = \sum_{i=0}^{\infty} \frac{1}{i!}$$

分析：本例需要同时进行累加和累乘两种运算。可以先求 $i!$，再将 $1/i!$ 进行累加。因为循环次数未知，所以选用 Do 循环来实现。

程序：

```
Private Sub Form_Click()
Dim i As Integer, k As Long, e As Single
i = 0
e = 0                    'e 存放累加和
k = 1                    'k 存放累乘积
Do While 1 / k > 0.00001
   e = e + 1 / k
   i = i + 1
   k = k * i
Loop
Print "e 的近似值是"; e
End Sub
```

【例 4-22】 在窗体上打印由"♯"组成的菱形，如图 4-20 所示。

图 4-20 菱形

分析：首先打印菱形上半部分，外循环控制行数，内循环控制"♯"的个数，然后反向循环打印下半部分。

程序：

```
Private Sub Form_Click()
    For i = 1 To 5
        Print
        Print Spc(10 - i);          '打印由 Spc 函数值规定的空格
        For j = 1 To 2 * i - 1
            Print "♯";
        Next j
    Next i
    For i = 5 To 1 Step -1           '打印菱形下半部分
        Print
Print Spc(10-i);
        For j = 1 To 2 * i - 1
            Print "♯";
        Next j
    Next i
End Sub
```

习 题 4

一、选择题

1. 程序的控制结构不包括_____。
   A. 分支结构　　　　B. 顺序结构　　　　C. 嵌套结构　　　　D. 循环结构

2. 以下语句中,错误的是_____。
   A. Case 0 To 10　　　　　　　　　　B. Case Is ＞ 10
   C. Case 3,5,Is ＞ 10　　　　　　　　D. Case Is ＞ 10 And Is ＜ 50

3. 执行下列程序段后,正确的输出结果是_____。
   ```
   S=0
   For i=2 to 6 Step 3
       S=S+I^2
   Next
   Print S
   ```
   A. 4　　　　　　B. 25　　　　　　C. 29　　　　　　D. 93

4. 关于下列循环结构说法不正确的是_____。
   ```
   Do
       循环体
   Loop Until <循环条件>
   ```

  A. 当循环条件为 False 时退出循环　　B. 循环体内可以使用 Exit Do
  C. 循环至少执行一次　　　　　　　　D. 循环条件一般是关系表达式
 5. 以下程序的循环次数是_____。
   For j=7 to 23 Step 4
    Print j
   Next j
  A. 5　　　　　　　B. 6　　　　　　　C. 7　　　　　　　D. 8

二、程序改错题

 1. 程序的功能是：输入一个字符，判断该字符是字母、数字，还是其他字符，并显示判断结果。程序有 2 处错误，错误均在"'* ERROR *"注释行。

```
Private Sub Form_Click()
    Dim strc As String * 1
    strc = InputBox("请输入一个字符:")
    Select Case 1                       '* ERROR *
        Case "a" To "z", "A" To "Z"
            MsgBox strc & "是字母"
        Case "0" To "9"
            MsgBox strc & "是数字"
        Case Else
            MsgBox strc & "是其他字符"
    End Case                            '* ERROR *
End Sub
```

 2. 窗体 Form1 程序的功能是：将字符串偶数位置上的字符用 MsgBox 输出。例如：当输入"ABCDEFGH"时，则输出的字符串应为"BDFH"。

```
Private Sub Form_Click()
    Dim s As String, i As Integer
    Dim pristr As String, outstr As String
    s = ""
    pristr = InputBox("please input a string")
    For i = 2 To Len(pristr)            '* ERROR *
        outstr = Mid(pristr, i, 1)
        s = outstr & s                  '* ERROR *
    Next i
    MsgBox s
End Sub
```

三、综合应用题

 1. 设计如图 4-21 所示界面，对 text1 和 text2 里的内容进行判断，若不为空，则点击"计算"按钮将到原点的直线距离在 label3 里显示出来。

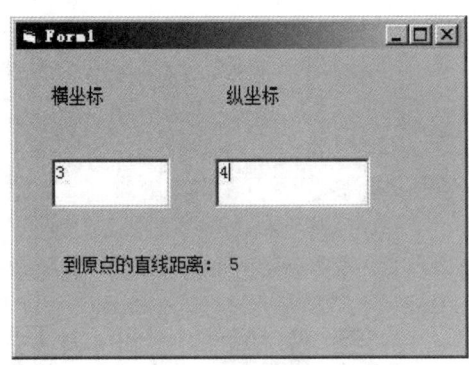

图 4-21　运行界面

2. 在窗体上添加标签 Label1、Label2，Label1 的标题为"隐藏手机号码中间 4 位"，Label2 用于显示运行结果；文本框 Text1，PasswordChar 值为"*"；命令按钮 Command1、Command2，标题分别为"确定"和"取消"（以上操作在属性窗口完成）。编写代码实现：在 Text1 中输入 11 位手机号码，单击"确定"按钮，如果手机号码不是 11 位数字，则用 MsgBox 显示"请重新输入手机号码"提示信息，并将文本框清空，光标仍置于文本框中；如果号码输入正确，则用 Label2 显示手机号码，且隐藏手机号码从第 4 位开始的 4 位数字；单击"取消"按钮结束程序运行。运行效果如图 4-22 所示。

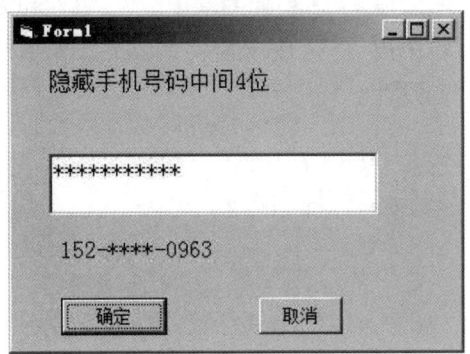

图 4-22　隐藏号码界面

3. 在列表框中列出小于等于该自然数并且大于 0 的所有偶数。

在窗体上添加下列控件：一个标签 Label1，标题为"请输入一个自然数"，自动调整大小；一个文本框 Text1；一个命令按钮 Command1，标题为"添加"；一个列表框 List1。编写代码实现：程序运行时，在文本框中输入一个自然数，单击"添加"按钮时，首先清除列表框中的内容，然后在列表框中列出小于等于该自然数并且大于 0 的所有偶数。运行效果如图4-23所示。

图 4-23　列出偶数

第 5 章　用户界面设计

考核目标

- 了解:ActiveX 控件,常用键盘和鼠标事件。
- 掌握:上述控件的常用属性、事件和方法。
- 应用:正确使用控件的属性、事件和方法进行用户界面设计。

用户界面是应用程序的一个重要组成部分,通过用户界面来实现应用程序和用户的交互。编写一个应用程序,首先就应该设计一个简单、实用,并方便用户操作的程序界面,然后编写各控件相应事件过程代码。

在 VB 应用程序设计中,用户界面是由窗体和窗体中的各个控件对象组成的。通过前面章节的学习,我们已经了解了用户界面的设计方法,同时也学习了窗体和一些基本控件的相关概念和操作。本章将系统介绍单选按钮控件、复选框控件、计时器控件、滚动条控件、图片框和图像控件、ActiveX 控件和通用对话框控件的相关属性、事件和方法,简单介绍多窗体和键盘鼠标事件。

5.1　单选按钮、复选框和框架

5.1.1　单选按钮

单选按钮控件 OptionButton 通常以一组彼此相互排斥的选项构成。在这些选项中,只允许用户从中选择一个。当选中某一单选按钮时,按钮中出现一个小黑点或呈凹下状态,表示选中,同组中其他选项被自动取消选择。如图 5-1 所示,"隶书"被选中。

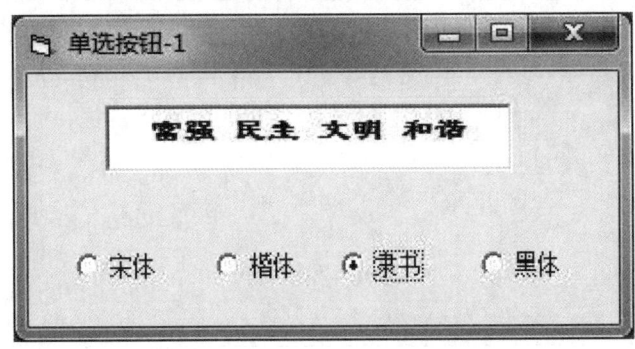

图 5-1　单选按钮-标准形式

单选按钮最基本的事件是 Click 事件。当用户单击后,单选按钮被选定。

1. 常用属性

①Caption:用来设置单选按钮的标题文字。

②Value:返回或设置单选按钮的选中状态,其值为 True 和 False。当 Value 值为 True 时表示按钮被选中,当其值为 False 时表示按钮未被选中。

③Enabled:决定按钮是否可用。当其值为 True 时表示按钮可用,当其值为 False 时表示按钮不可用。

④Visible:设置按钮在程序运行时是否可见。

⑤Font:设置按钮标题文字的字体、字号和字形。

⑥ForeColor:设置按钮标题文字的颜色。

⑦Style:设置按钮的外观为标准或图形的形式。

A. 当 Style 值为 1 时,按钮为标准形式,即默认形式。

B. 当 Style 值为 2 时，按钮为图形形式，选中时按钮呈凹下状态（此时可配合 Picture 属性为按钮添加图形），如图 5-2 所示。

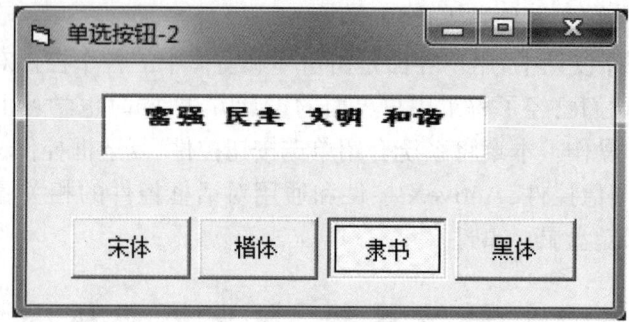

图 5-2　单选按钮—图形形式

说明：单选按钮最常用的属性为 Value 和 Caption。

2. 常用事件

单选按钮的最基本事件为 Click 事件。单击即可选中该按钮，同时也可执行该事件下的事件过程代码。

【例 5-1】 利用单选按钮设置文本框的字体。运行效果如图 5-3 所示。

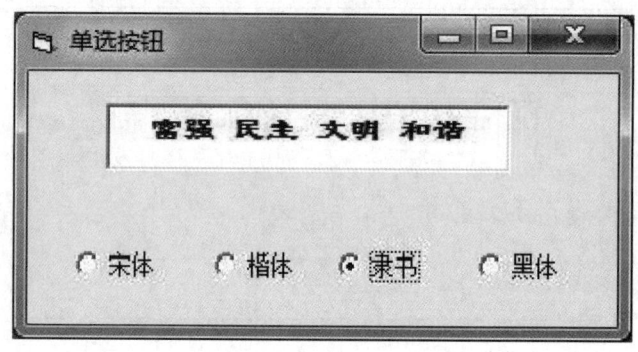

图 5-3　字体设置

一个 VB 应用程序的设计，主要分为界面设计和代码设计两部分。

界面设计：

①在窗体中添加一个文本框 Text1，将其 Text 属性设为"富强 民主 文明 和谐"；将其 Alignment 属性设为 2-Center，居中对齐。

②在窗体中添加四个单选按钮 Option1、Option2、Option3 和 Option4，并适当调整他们的位置。

③将 Option1、Option2、Option3 和 Option4 的标题属性 Caption 分别修改为"宋体""楷体""隶书"和"黑体"。

代码设计：

①"宋体"按钮 Option1 的代码设计。双击"宋体"按钮进入代码设计窗口，在其 Click 事件下输入代码：

Text1. FontName ="宋体"

②用同样的方法在"楷体"Option2 按钮的 Click 事件下输入代码：

Text1. FontName = "楷体"

③在"隶书"Option3 按钮的 Click 事件下输入代码：

Text1. FontName = "隶书"

④在"黑体"Option4 按钮的 Click 事件下输入代码：

Text1. FontName = "黑体"

5.1.2 复选框

复选框(CheckBox)控件也是提供选项供用户进行选择的。与单选按钮不同的是，它是独立的，可以选择多项，选中与否并不影响其他复选框的选择状态。

单击可以选中或取消选中，选中时复选框内出现一个"√"，如图 5-4 所示。

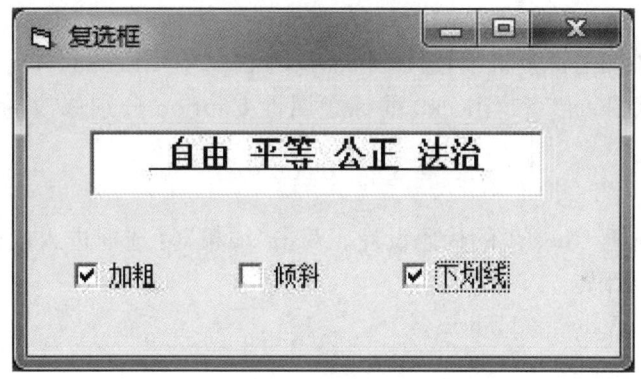

图 5-4 复选框

1. 常用属性

①Caption：用来设置复选框的标题文字。

②Value：返回或设置复选框的状态。Value 值为 0（对应的符号常量为 vbUnChecked)表示未选中；Value 值为 1(对应的符号常量为 vbChecked)表示选中；Value 值为 2(对应的符号常量为 vbGrayed)呈现为灰色(注意，此时的灰色不代表不可用)。

③Enabled：决定复选框是否可用，其值为 True 时表示可用，为 False 时表示不可用。

其他属性类似于单选按钮，此处不再赘述。

2. 常用事件

复选框最基本的事件是 Click 事件。用户的每一次单击都会改变其选中状态，同时也可执行该事件下的事件过程代码。

【例 5-2】 利用复选框设置文本框的字形。运行效果如图 5-5 所示。

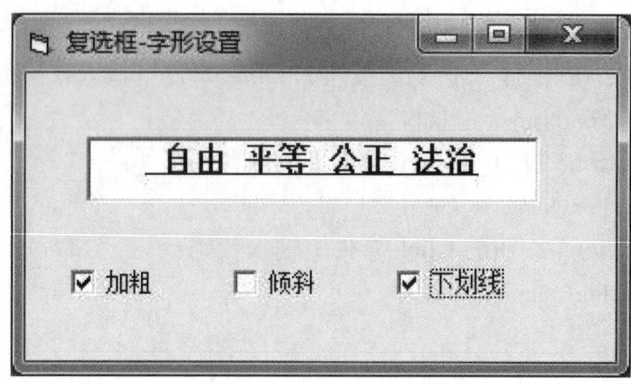

图 5-5　字形设置

界面设计：

①在窗体中添加一个文本框 Text1,将其 Text 属性设为"自由 平等 公正 法治",将其 Alignment 属性设为 2-Center,居中对齐。

②在窗体中添加三个复选框控件 Check1、Check2 和 Check3,并将位置作适当调整。

③将 Check1、Check2 和 Check3 的标题属性 Caption 分别修改为"加粗""倾斜"和"下划线"。

代码设计：

①"加粗"复选框 Check1 的代码设计。双击"加粗"复选框进入代码设计窗口,在其 Click 事件下输入代码：

```
If Check1.Value = 1 Then
    Text1.FontBold = True
Else
    Text1.FontBold = False
End If
```

"下划线"复选框的代码设计类似,只需把上述代码中的对象 Check 1 改为 Check 3,并将属性 Text1.FontBold 改为 Text 1.FontUnderline 即可。

说明：为保证 Check1 在其默认状态为选中时也能反映出其加粗效果,应在窗体的加载事件 Load 中编写如下代码。

```
Private Sub Form_Load()
    If Check1.Value = 1 Then
        Text1.FontBold = True
    End If
End Sub
```

②用同样的方法,在"倾斜"Check2 复选框的 Click 事件下输入代码：

```
If Check2.Value = 1 Then
    Text1.FontItalic = True
Else
    Text1.FontItalic = False
```

　　　　End If

③在"下划线"Check3 的 Click 事件下输入代码：

　　　　Text1.FontUnderline = Not Text1.FontUnderline

说明：在 VB 中，数值转化为逻辑值时，0 转化为 False，非 0 转化为 True。

复选框控件 CheckBox 与单选按钮控件 OptionButton 的相同之处在于，它们都是用来指示用户所做的选择；不同之处在于，对于一组 OptionButton，一次只能选定其中一个，而对于 CheckBox 控件，则可任意选择。

5.1.3　框　架

我们知道，在对单选按钮进行选择时，会影响其他单选按钮的选择状态。之所以会有这种现象，是因为它们同属于一组。为了消除这种现象，可将它们分组，使分属于不同组的单选按钮在选择时互不影响。简单来说，就是组与组之间是相互独立的。框架控件就是这样一种容器，利用框架可以将单选按钮分组，达到相互隔离的目的。

属性 Caption 是框架的主要属性，其他属性只是对框架进行外观上的修饰，如背景属性 BackColor 等。

使用框架时，应该首先在窗体上绘制框架，然后把创建的控件完全放入框架中。当移动框架时，框架中的控件也跟着移动，表明这些控件被包含在框架中。如果需要把已经存在的控件放到框架中，可以先剪切它们，然后再粘贴到框架中。

【例 5-3】　设计如图 5-6 所示的运行界面。在界面设计中，将字体和字号所涉及的四个单选按钮分为两组，使对字体和字号的选择互不影响。

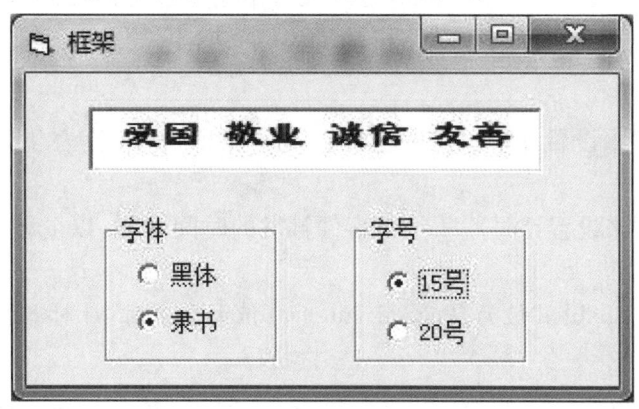

图 5-6　框架示例

界面设计：

①在窗体中添加一个文本框 Text1，将其 Text 属性设为"爱国　敬业　诚信　友善"；将其 Alignment 属性设为 2-Center，居中对齐。

②在窗体中添加两个框架 Frame1 和 Frame2，并将位置做适当调整。分别将 Frame1 和 Frame2 的标题设置为"字体"和"字号"；

③选择"字体"框架 Frame1，单击工具箱上的框架控件，在 Frame1 中分别画出单选

按钮 Option1 和 Option2。之后将 Option1 的标题设置为"黑体",将 Option2 的标题设置为"隶书";

④字号 Frame2 的界面设计类似"字体"Frame1 的设计。

代码设计:

①单选按钮"黑体"Option1 的 Click 事件代码:

  Text1.FontName = "黑体"

②单选按钮"隶书"Option2 的 Click 事件代码:

  Text1.FontName = "隶书"

③单选按钮"15 号"Option3 的 Click 事件代码:

  Text1.FontSize ="15 号"

④单选按钮"20 号"Option4 的 Click 事件代码:

  Text1.FontSize ="20 号"

5.2 计时器和滚动条

5.2.1 计时器

计时器控件 Timer,也称时钟控件,功能是每过一定的时间间隔就会由系统触发一次该事件。它在设计时可见,而在程序运行时不可见。

计时器通常用于时间控制。比如,电子表就是基于计时器控制来达到计时目的的。它所涉及的属性主要是 Enabled 属性和 Interval 属性,事件只有一个 Timer 事件。

1. 常用属性

①Enabled:用来设置计时器控件是否有效。当 Enabled 值为 True 时为有效,值为 False 时为无效。

②Interval:用来设置计时器 Timer 事件触发的时间间隔,以毫秒(ms)为单位,1000 毫秒为 1 秒。

说明: 只有当 Enabled 值为 True 且 Interval 值大于 0 时,计时器才有效。

2. 常用事件

计时器只有一个 Timer 事件。需要周期性重复执行的代码可以编写在该事件下。

【例 5-4】 电子表示例。界面设计如图 5-7(a)所示,运行效果如图 5-7(b)所示。

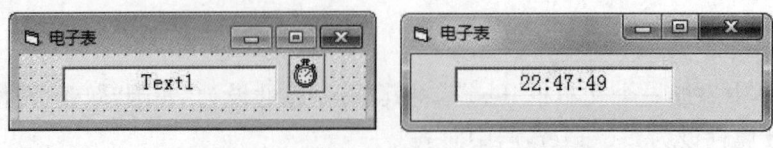

(a)界面设计　　　　　　　　(b)运行结果

图 5-7　电子表

界面设计：

文本框、标签和窗体等都可以作为电子表的显示界面。这里以文本框为例。

①在窗体上添加一个文本框 Text1，并对其格式进行适当的设置；

②双击工具箱上的计时器控件。此时会在窗体上添加一个名为 Timer1 的计时器。选中计时器，在属性窗口将其 Interval 属性值设为 1000。

代码设计：

双击计时器进入代码设计窗口，输入代码：

　　　　Text1 ＝ Time　　　　′Time 是 VB 提供的系统时间函数

【例 5-5】 动画演示。

要求： 利用标签控件显示向左移动的横幅文字（博学助君明志，笃行助力致远），当标签移出窗口后，再从右边开始向左移动。界面设计如图 5-8(a)所示，运行效果如图 5-8(b)所示。

（a）界面设计　　　　　　　　　　　　（b）运行结果

图 5-8　动画演示

所谓动画，就是物体的移动，而移动则是相对于参照物而言的。比如标签，要使它产生水平移动的效果，可以通过改变它与窗体左边界的距离来实现。当参照物固定不动，标签的 Left 值不断变小时，就会产生向左移动的动画效果。

界面设计：

①在窗体上添加一个标签 Label1，并对其格式进行适当的设置；

②双击工具箱上的计时器控件，在窗体上添加一个名为 Timer1 的计时器。选中计时器控件，在属性窗口将其 Interval 属性值设为 50（此值根据需要可设为其他值，值越小每次移动的时间间隔就越小）。

代码设计：

双击计时器进入代码设计窗口，输入代码：

```
    If Label1.Left + Label1.Width > 0 Then    '判断标签是否移出窗口
        Label1.Left = Label1.Left - 100       '向左移动的幅度
    Else
        Label1.Left = Form1.Width             '将标签左边界设为窗体的右边界
    End If
```

【例 5-6】 编写倒计时程序。

要求： ①在文本框 Text1 输入倒计时的时间，以分钟为单位；②单击"开始"按钮，计时开始，倒计时以秒为单位显示在文本框 Text2 中，同时将"开始"按钮设为不可用；③时间到后,利用消息对话框显示"时间到",同时将"开始"按钮设为可用。设计界面如图 5-9(a)所示,运行界面如图 5-9(b)所示。

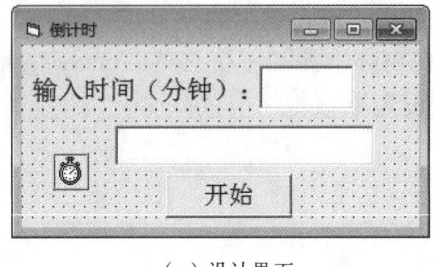
(a) 设计界面

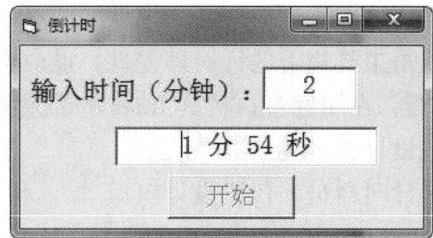
(b) 运行界面

图 5-9 倒计时

界面设计:

①在窗体上添加一个标签 Label1,标题为"输入时间(分钟):",并对其格式进行适当的设置;

②在窗体上添加两个文本框 Text1 和 Text2;

③在窗体上添加一个命令按钮,标题为"开始";

④双击工具箱上的计时器控件,在窗体上添加一个名为 Timer1 的计时器。选中计时器,在属性窗口将其 Enabled 值设为 False,将其 Interval 值设为 1000。

代码设计:

①双击命令按钮进入代码设计窗口,输入代码:

```
T = Val(Text1)              '以分钟为单位
T = Val(Text1) * 60         '转换为以秒为单位
Timer1.Enabled = True       '使计时器开始工作
Command1.Enabled = False
```

②在代码窗口的最上面(即通用段)输入代码:

```
Dim T%
```

③计时器控件 Timer1 的代码:

```
T = T - 1
M = Int(T / 60)             '计算倒计时的分钟数
S = T Mod 60                '计算倒计时的秒数
Text2 = M & " 分 " & S & " 秒 "   '将倒计时显示在文本框 Text2 中
If T = 0 Then
    Timer1.Enabled = False
    MsgBox "时间到"
    Command1.Enabled = True
End If
```

5.2.2 滚动条

滚动条(ScrollBar)是当内容在整个窗口中显示不全时,利用它可以显示剩余内容的控件,有时也可以用它作为数据的输入工具。

VB 提供的滚动条有水平滚动条(HScrollBar)和垂直滚动条(VScrollBar)两个。水平滚动条和垂直滚动条在属性、事件和使用上没有任何区别,只不过前者是水平放置,后者是垂直放置。如图 5-10 所示为水平滚动条。

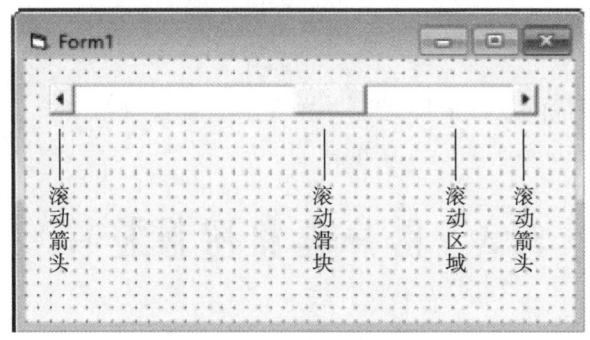

图 5-10　水平滚动条

1. 常用属性

①Min 和 Max:分别对应滚动条取值范围的最小值和最大值。

②Value:返回或设置滚动条滑块的位置,即滚动条的值介于 Min 和 Max 之间。该值随着滑块的改变而改变。

③SmallChange:单击滚动条两端箭头时,Value 值的改变量。

④LargeChange:单击滚动区域时,Value 值的改变量。

说明:习惯上,将 SmallChange 的值设置为小于 LargeChange 的值。

2. 常用事件

①Change:滚动条的 Value 值发生改变时所触发的事件。该事件是滚动条的重要事件,使用较多。

②Scroll:拖动滚动滑块时所触发的事件,使用较少。

【**例 5-7**】　利用滚动条改变文本框中文字的大小。

要求:将 Min 值设为 10,将 Max 值设为 50;将 SmallChange 设为 5,将 LargeChange 设为 10;运行效果如图 5-11 所示。

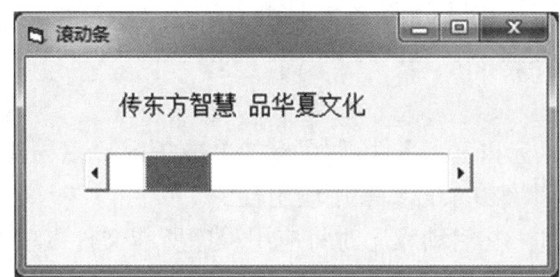

图 5-11　滚动条示例

界面设计：

①在窗体上添加一个标签控件 Label 1，并对其格式进行适当的设置；

②单击工具箱的水平滚动条控件，在窗体上画出水平滚动条 HScroll1；

③选中滚动条，将 Min 和 Max 值分别设为 10 和 50；将 SmallChange 值设为 5，将 LargeChange 值设为 10。

代码设计：

双击滚动条进入代码设计窗口，输入代码：

    Label 1.FontSize = HScroll 1.Value

5.3 图片框和图像控件

5.3.1 图片框

图片框(PictureBox)也称图形框，是一种容器控件，其主要功能是用来显示图形，有时也用来输出文本。

1. 常用属性

①Picture：用来设置要显示的图片，是图片框的主要属性。在代码设计中，一般配合 LoadPicture 函数来使用，其语法格式为：

    图片框控件名.Picture=LoadPicture(路径\图片文件名)。

如：

    Picture1.Picture=LoadPicture("C:\pic\car.jpg")

其中，C:\pic 为图片文件所在的路径，pic 为图片文件所在的文件夹，car.jpg 为图片文件名。如果要清除框中的图片，双引号里面就不要放内容，如：

    Picture1.Picture=LoadPicture("")

②AutoSize：其值为逻辑值，当值为 True 时，自动适配图片大小。即，图片变大，框也变大；图片变小，框也变小。

③Font：用来设置框内显示文字的大小、字形和字体。

④ForeColor：用来设置框内显示文字的颜色。

⑤BorderStyle：边框样式。其值为 0 时表示无边框，其值为 1 时表示固定边框。

2. 常用事件

图片框控件支持鼠标和键盘事件，如鼠标的单击(Click)、双击(DblClick)事件，键盘的 KeyPress 等。这些事件在实际编程中应用较少。

【例 5-8】 编写程序，在启动程序时将应用程序所在文件夹中的图片"图灵.jpg"完整地显示在图片框中。当单击"查看位置"按钮时，将图片所在位置(即路径)用另一个图片框显示出来。设计界面如图 5-12(a)所示，运行效果如图 5-12(b)所示。

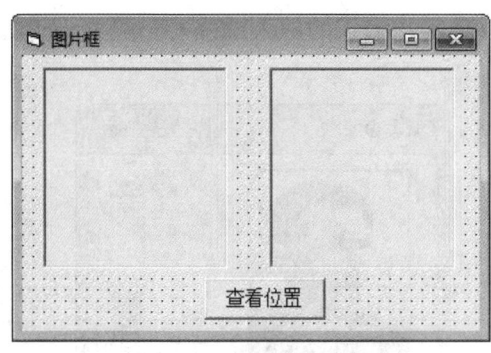 

（a）界面设计　　　　　　　　　　　　　（b）运行结果

图 5-12　图片框

界面设计：

①在窗体上添加一个图片框 Picture1 用来显示图片，为完整显示图片，应将其 AutoSize 属性设为 True；

②在窗体上添加一个图片框 Picture2，用来显示该图片文件所在的位置；

③在窗体上添加一个命令按钮 Command1，标题为"查看位置"；

④将上述控件的大小和位置作适当调整。

代码设计：

①为了能够在程序启动时显示图片，应在窗体的加载事件下编写代码：

　　Picture1. Picture = LoadPicture(App. Path + "\图灵. jpg")

②命令按钮 Command1 的单击事件代码：

　　Picture2. Print App. Path

说明：

①代码中的 App. Path 是 VB 提供的用来获取当前应用程序所在路径的。App 即应用程序之意，亦即用户所编写的程序；

②Print 方法也可用于在图片框控件中输出文本。

5.3.2　图像控件

图像控件 Image 是用来显示图形和图像的。它可以显示位图（BMP）、图标（ICO）或元文件（WMF 或 EMF）的图形，也可以显示 JPEG（或 JPG）和 GIF 文件的图像。

1. 常用属性

①Picture：设置控件要显示的图像，同图形框控件在用法上完全一致。

②Stretch：裁剪（或称拉伸）属性，取值为 True 和 False。当其值为 True 时，图像要调整大小来适应 Image 控件的大小；当其值为 False 时，控件不能适应图像大小，会被裁剪。

③BorderStyle：边框样式。当其值为 0 时表示无边框，当其值为 1 时表示固定边框。

2. 常用事件

Image 控件不支持键盘事件，但支持鼠标事件，如单击、双击等，不过实际意义不大。

【例 5-9】 图像的缩放。要求利用滚动条来实现图像的放大或缩小。界面设计如图 5-13(a)所示,运行效果如图 5-13(b)所示。

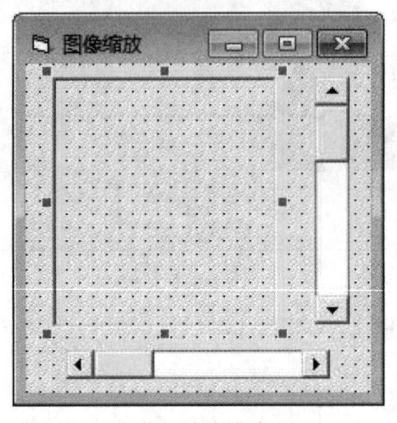 

（a）界面设计　　　　　　　　　　　（b）运行结果

图 5-13　图像缩放示例

界面设计：

①在窗体上添加一个图像控件 Image1,将其 Stretch 属性设为 True;

②在窗体上添加一个水平滚动条和一个垂直滚动条。将其 Min 属性设为 1000,将其 Max 属性设为 2200,将其 SmallChange 属性设为 100,将其 LargeChange 属性设为 500;

③对图像控件和两个滚动条的大小和位置作适当调整。

代码设计：

①在窗体的加载事件 Load 中编写代码：

  Image1.Picture = LoadPicture(App.Path + "\图灵.jpg")

②水平滚动条的 Change 事件代码：

  Image1.Width = HScroll1.Value

③垂直滚动条的 Change 事件代码：

  Image1.Height = VScroll1.Value

说明：

①图形框控件 PictureBox 和图像控件 Image 最主要的功能都是用来显示图形的。Image 的主要优点是占用系统资源少,而 PictureBox 除了可以显示图形外,还可以作为其他控件的容器,在功能上也比 Image 要强大,因而占用资源较多。对于两者的区别,我们只要稍加了解即可。

②PictureBox 和 Image 要显示的图形多用代码的方法来实现,如例 5-8 和例 5-9。但也可以通过属性窗口来设置。

5.4 ActiveX 控件

ActiveX 是 Microsoft(微软)对于一系列策略性面向对象程序技术和工具的称呼,其中主要的技术是组件对象模型(COM)。在 Windows 操作系统中,这些组件以文件形式(以 OCX 为扩展名)存储,优点是可以被大多数编程语言所使用,能够极大地提升自身的功能。VB 6.0 的专业版和企业版提供了近 40 个 ActiveX 控件,来扩展自身的功能。

之前所介绍的控件均为 VB 的内部控件,也称为标准控件,位于 VB 的工具箱中。要使用 ActiveX 控件,首先应该将需要的 ActiveX 控件添加到工具箱中。方法是:

①单击"工程"菜单中的"部件",或鼠标右击工具箱空白处,选择"部件"。

②在打开的"部件"对话框中勾选所要的控件后,单击"确定"即可。如图 5-14 所示。

图 5-14 部件对话框

5.4.1 进度条控件

进度条控件 ProgressBar 使用方块从左到右填充矩形来表示一个操作的进度,如图 5-15 所示。

图 5-15 进度条

进度条控件的添加:在"部件"对话框的"控件"选项中,勾选"Microsoft Windows Common Control 6.0"后,确定即可。此时,在工具箱中便出现"Microsoft Windows Common Control 6.0"所提供的控件,其中就包括进度条控件。

进度条的常用属性有以下几个。

①Min、Max：分别用来设置进度条的最大值和最小值。

②Value：返回或设置进度条的当前位置。在实际编程中，使用 Value 属性向用户反馈操作已经进行的时间。将 Min 和 Max 属性设置为该操作实际使用的值。

③Scrolling：设置进度条是使用矩形块还是平滑方式来显示。

④Visible：用来显示或隐藏进度条。在操作开始之前通常不显示进度栏，并且在操作结束之后它应再次消失。在操作开始时，将 Visible 属性设置为 True 以显示该控件；并在操作结束时，将该属性重新设置为 False 以隐藏该控件。

进度条控件不支持键盘事件，但支持鼠标的单击、拖放等，但实际意义不大。

【例 5-10】 编写程序，要求用标签显示进度的百分比，标签也同时跟随移动。界面设计如图 5-16(a)所示，运行效果如图 5-16(b)所示。

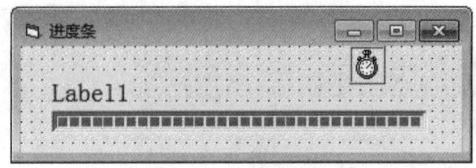 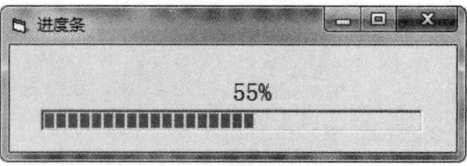

（a）界面设计　　　　　　　　　　（b）运行结果

图 5-16　进度条示例

界面设计：

①在窗体上添加一个标签 Label1，将 Left 设为 360。

②添加一个进度条 ProgressBar1，这里，将 Left 设为和标签左边界相同，将宽度设为 4395，将 Min 设为 0，将 Max 设为 4000。

③添加一个计时器 Timer1，将其 Interval 设为 100。

代码设计：

计时器的代码如下。

```
    If Label1.Left < ProgressBar1.Width + 360 Then    '360 为标签 label1 的左边界
        'Rem 下一句将进度条换算成百分比，并用标签 label1 显示出来。
        Label1 = Int(ProgressBar1.Value / ProgressBar1.Max * 100) & "%"
        Label1.Left = ProgressBar1.Value + 360
        If ProgressBar1.Value < ProgressBar1.Max Then    '防止进度条的值溢出
            ProgressBar1.Value = ProgressBar1.Value + 50    '进度条的改变量
        End If
    End If
```

说明： 计时器的 Interval 值和进度条的改变量均可根据需要设置。

5.4.2　选项卡控件

选项卡控件 SSTab 位于"Microsoft Tabbed Dialog Control 6.0"部件中。它提供了一组选项卡，每个选项卡都可以作为其他控件的容器，即可以将其他控件放置于选项卡中。在 SSTab 控件中，同一时刻只有一个选项卡是活动的（当前可用的），该选项卡向用户显示它本身所包含的控件，其他选项卡被隐藏。如图 5-17 所示。

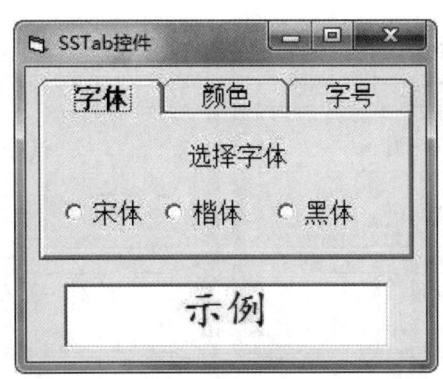

图 5-17　SSTab 控件

1. 常用属性

①Style：选项卡的样式。其值为 0 和 1,0 是默认样式,如图 5-18(a)所示；其值为 1 时,如图 5-18(b)所示。

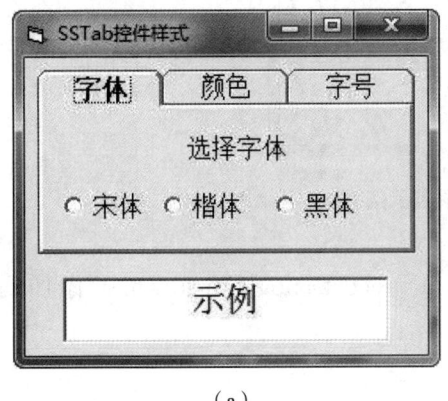
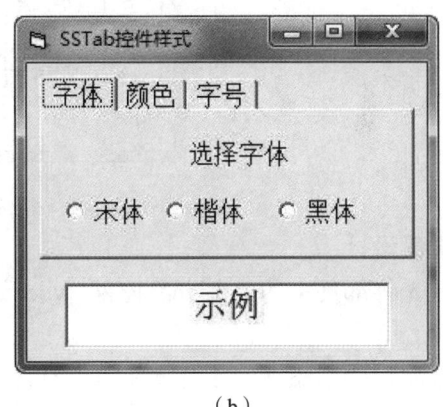

（a）　　　　　　　　　　　　　　　（b）

图 5-18　选项卡样式

②TabOrientation：决定选项卡出现在控件四边的哪一边。

③Tabs：选项卡的总个数。

④Tab：设置或返回当前选项卡的序号,从 0 开始。

如：SSTab1.Tab=1 可以设置 SSTab1 的第二个选项卡为当前选项卡。

⑤TabsPerRow：每行显示几个选项卡。

⑥Caption：选项卡的标题。

2. 常用事件

SSTab 支持单击、双击等鼠标事件；支持按键事件；支持焦点事件。

【例 5-11】　编写运行效果如图 5-19 所示的应用程序。

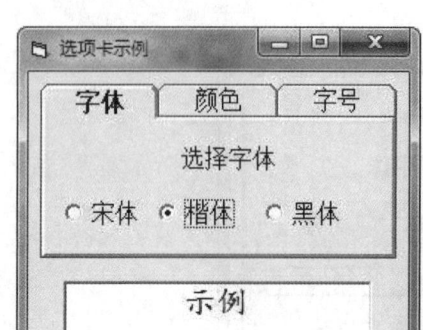
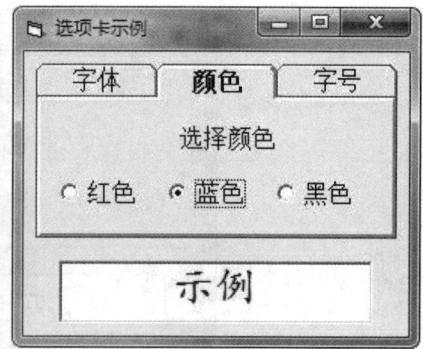
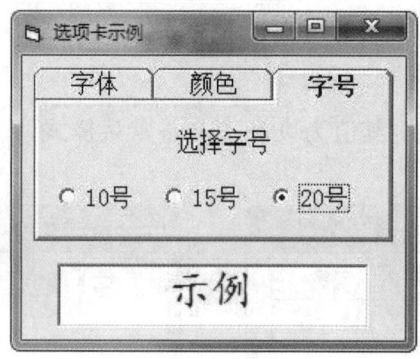

图 5-19 选项卡示例

界面设计：

首先将部件中的 ActiveX 控件"Microsoft Tabbed Dialog Control 6.0"添加到工具箱中。

①在窗体中添加一个文本框 Text1。

②单击工具箱中的 SSTab 控件，在窗体上画出一个 SSTab 控件，设置 Tabs 值为 3。

③选中第一张选项卡，将其标题修改为"字体"。用同样的方法，将第二张和第三张选项卡的标题改为"颜色"和"字号"。

④选中第一张选项卡，添加一个标签 Label1，标题为"选择字体"；添加三个单选按钮，标题分别设为"宋体""楷体"和"黑体"。

⑤第二张和第三张选项卡的界面设计类似于第一张选项卡的设计。

代码设计：

①第一张选项卡的代码设计。

- "宋体"单选按钮 Option1 的 Click 事件代码：

    Text1.FontName = "宋体"

- "楷体"单选按钮 Option2 的 Click 事件代码：

    Text1.FontName = "楷体"

- "黑体"单选按钮 Option3 的 Click 事件代码：

    Text1.FontName = "黑体"

②第二张选项的代码设计。

- "红色"单选按钮 Option4 的 Click 事件代码：
    Text1. ForeColor ＝ vbRed
- "蓝色"单选按钮 Option5 的 Click 事件代码：
    Text1. ForeColor ＝ vbBlue
- "黑色"单选按钮 Option6 的 Click 事件代码：
    Text1. ForeColor ＝ vbBlack

③第三张选项的代码设计。

- "10 号"单选按钮 Option7 的 Click 事件代码：
    Text1. FontSize ＝10
- "15 号"单选按钮 Option8 的 Click 事件代码：
    Text1. FontSize ＝15
- "20 号"单选按钮 Option9 的 Click 事件代码：
    Text1. FontSize ＝20

5.5 通用对话框

VB 提供了一组基于 Windows 的标准对话框，最常见的就是通用对话框(CommonDialogs)。它也属于 ActiveX 控件。用户可使用该控件在窗体上创建六种标准对话框：打开(Open)、另存为(Save As)、颜色(Color)、字体(Font)、打印(Printer)和帮助(Help)。

5.5.1 通用对话框简介

通用对话框打开方法："工程"→"部件"→勾选"Microsoft Common Dialog Control 6.0"即可加载该对话框部件，此时工具箱中出现该对话框图标 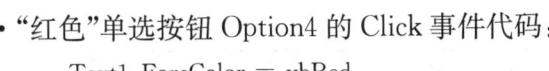。

在设计状态，窗体上显示通用对话框图标。但在程序运行时，窗体上不会显示通用对话框。除非在程序中使用 Action 属性或 Show 方法激活并调出所需要的对话框。通用对话框适用于应用程序与用户之间的信息交互，属于输入/输出界面，不能真正实现打开文件、存储文件、设置颜色等操作。若要实现这些功能，须编程实现。

通用对话框有下列基本属性和方法。

1. Action 属性和 Show 方法

两者都可以打开通用对话框，见表 5-1。

表 5-1 通用对话框的 Action 属性和 Show 方法

通用对话框类型	Action 属性	Show 方法
打开(Open)对话框	1	ShowOpen
另存为(SaveAs)对话框	2	ShowSave

续表

通用对话框类型	Action 属性	Show 方法
颜色(Color)对话框	3	ShowColor
字体(Font)对话框	4	ShowFont
打印(Printer)对话框	5	ShowPrinter
帮助(Help)对话框	6	ShowHelp

说明：Action属性不能在属性窗口内设置，只能在程序中赋值，用于调出相应对话框。

2. DialogTitle(对话框标题)属性

该属性是通用对话框标题属性，可以是任意字符。

3. CancelError 属性

该属性决定在用户单击"取消"按钮时，是否产生错误信息。其值的意义是：

①True：单击"取消"按钮，不会出现错误提醒信息。

②False(默认值)：单击"取消"按钮，不会出现错误提醒信息。

值得注意的是，一旦对话框被打开，就显示在界面上供用户操作。其中"确定"按钮表示确认，"取消"按钮表示取消。有时为了防止用户在未输入信息时就使用取消操作，可用该属性设置错误提醒信息。但该属性为True时，用户对话框中的"取消"按钮一旦使用，就自动将错误标志Err置为32755(cdCancel)，供程序判断。该属性值在属性窗口及程序设计界面中均可设置。

5.5.2 打开和另存为对话框

打开对话框是当Action属性为1时或用ShowOpen方法显示的通用对话框，供用户选定所要打开的文件。打开对话框并不能真正打开一个文件，它只是提供一个打开文件的界面，供用户选择需要打开的文件。

打开对话框主要有以下属性。

①FileName：文件名属性，包含路径。

②FileTitle：文件标题属性，不含路径。

③Filter：过滤器属性，用于确定文件列表框中所显示文件的类型。该属性值可由一组元素或用"|"符号分开的分别表示不同类型文件的多组元素组成。该属性选项显示在"文件类型"列表框中。例如，要在"文件类型"列表框中显示下列三种文件类型，可使用：

    Documents（*.doc）   '扩展名为doc类型的Word文件
    Text Filter（*.txt）   '扩展名为txt的文本文件
    All Files（*.*）   '所有文件

那么，Filter属性应该写成

Documents（*.doc）|*.doc|Text Filter（*.txt）|*.txt|All Files（*.*）|*.*

④FilterIndex：过滤器索引属性，整型，表示用户在文件类型列表框中选定了第几组文件类型。如果选定文本文件，那么FilterIndex的值就是2，文件列表框只显示当前目

录下的文本文件(*.txt)。

⑤InitDir：初始化路径属性，用来指定打开对话框中的初始目录。

【例5-12】 编写一个应用程序，如图5-20所示。单击"浏览图片"按钮后，弹出打开文件对话框，从中选择一个BMP位图文件，再单击"确定"按钮后，图片框(PictureBox)中显示该图片。窗体上有图形框(Picture1)、通用对话框(CommonDialog1)和命令按钮(Command1)三个控件。

图 5-20　打开文件对话框示例运行界面

设计步骤：

①选择"工程"→"部件"→勾选"Microsoft Common Dialog Control 6.0"，加载通用对话框部件。

②设计程序界面并设置各控件属性。在设计界面中，右击窗体上的通用对话框图标，单击"属性"，在属性对话框中进行设置，如图5-21所示。

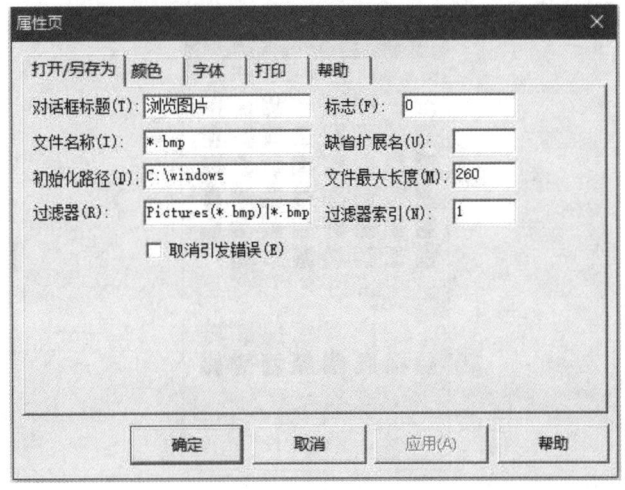

图 5-21　"属性页"对话框

③在命令按钮代码设计界面中编写单击事件过程。代码如下：
Private Sub Command1_Click()
On Error GoTo UserCancel
'一旦程序出错就会转向 UserCancel，GoTo 语句用法详见 4.4.1
CommonDialog1.CancelError = True
CommonDialog1.FileName = "*.bmp"
CommonDialog1.InitDir = "C:\windows"
CommonDialog1.Filter = "Pictures(*.bmp)|*.bmp|All Files(*.*)|*.*"
CommonDialog1.FilterIndex = 1
CommonDialog1.ShowOpen   '也可以使用语句 CommonDialog1.Action=1
Picture1.Picture = LoadPicture(CommonDialog1.FileName)
Exit Sub
UserCancel：
　　MsgBox("没有选择文件!")
End Sub

另存为对话框是当 Action 属性为 2 时或用 ShowSave 方法显示的通用对话框，给用户指定要保存的文件路径和文件名。与"打开"对话框一样，"另存为"对话框也不能提供真正的储存文件操作。

另存为对话框属性与"打开"对话框基本一致，特有属性是 DefaultExit，用于设置默认扩展名。

5.5.3 颜色和字体对话框

颜色对话框是当 Action 属性为 3 时或用 ShowSave 方法显示的通用对话框，如图 5-22 所示，供用户选择颜色。颜色对话框不仅提供了 48 种基本颜色，还允许用户自己调色，能够调制出 2^{24} 种颜色。

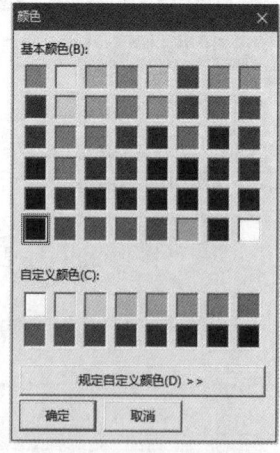

图 5-22　颜色对话框

字体对话框是当 Action 属性为 4 时或用 ShowSave 方法显示的通用对话框,如图 5-23 所示。

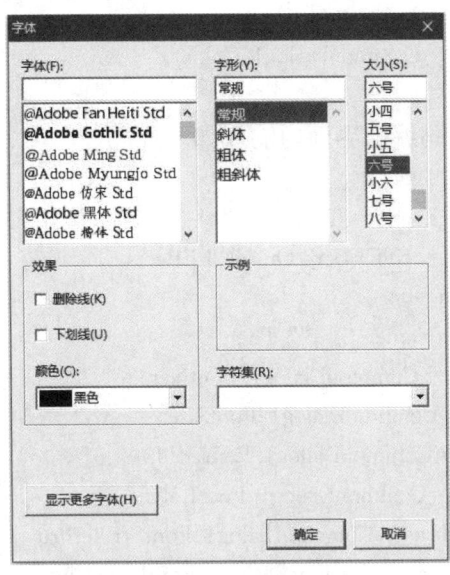

图 5-23　字体对话框

字体对话框的主要属性有以下几种。

1. Flag 属性

在显示字体对话框之前必须设置 Flag 属性,否则会发生错误。Flag 属性应取表 5-2 所示的常数。常数 cdlCFEffects 不能单独使用,其作用仅是在对话框上附加删除线、下划线复选框和颜色组合框,应与其他常数一起进行"Or"运算。

表 5-2　字体对话框 Flag 属性设置值

常　　数	值	说　　明
cdlCFScreenFonts	&H1	显示屏幕字体
cdlCFPrinterFonts	&H2	显示打印机字体
cdlCFBoth	&H3	显示打印机字体和屏幕字体
cdlCFEffect	&H100	在字体对话框显示删除线、下划线复选框和颜色组合框

2. FontName、FontSize、FontBold、FontItalic、FontStrikethu 和 FontUnderline 属性

它们分别用于设置字体的名称、大小,字体是否为粗体、斜体,字体是否具有删除线和下划线。

3. Color 属性

Color 属性设置用户选定的颜色。

【例 5-13】　编写程序,对如图 5-24 所示的文本框内的颜色和字体进行设置。

设计步骤:

在"颜色"命令按钮代码编辑界面内输入如下代码。

```
Private Sub Command1_Click()
    CommonDialog1.CancelError = True
        CommonDialog1.Action = 3
        Text1.ForeColor = CommonDialog1.Color
End Sub
```
在"字体"命令按钮代码编辑界面内输入如下代码。
```
Private Sub Command2_Click()
    CommonDialog1.CancelError = True
    CommonDialog1.Flags = cdlCFBoth Or cdlCFEffects
    CommonDialog1.Action = 4
    If CommonDialog1.FontName <> "" Then
        Text1.FontName = CommonDialog1.FontName
        Text1.FontSize = CommonDialog1.FontSize
        Text1.FontBold = CommonDialog1.FontBold
        Text1.FontItalic = CommonDialog1.FontItalic
        Text1.FontStrikethru = CommonDialog1.FontStrikethru
        Text1.FontUnderline = CommonDialog1.FontUnderline
    End If
End Sub
```

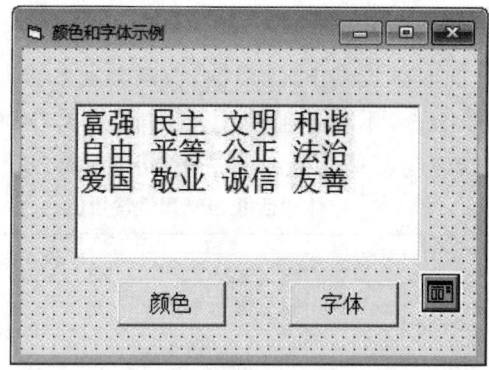

图 5-24 颜色和字体设计界面

5.6 多重窗体

本节之前所学的程序都只有一个窗体。但在实际应用中,特别是对于较为复杂的应用程序,都需要通过多重窗体来实现。此时,每个窗体可以有独自的界面和代码,分别完成不同的功能。

5.6.1 添加窗体

选择"工程"菜单中的"添加窗体"命令,即可新添加一个窗体,如图 5-25 所示。或将一个属于其他工程的窗体添加到当前工程中,如图 5-26 所示。VB 将每一个窗体以独立的 Frm 文件保存。

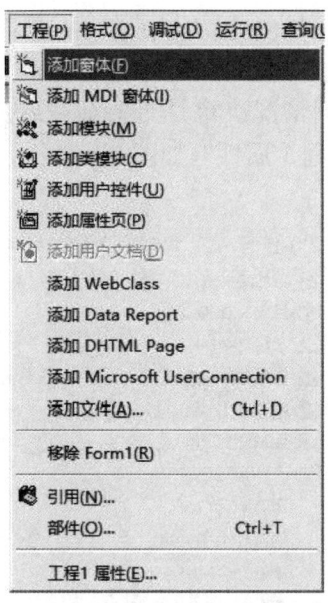

图 5-25　通过菜单添加窗体

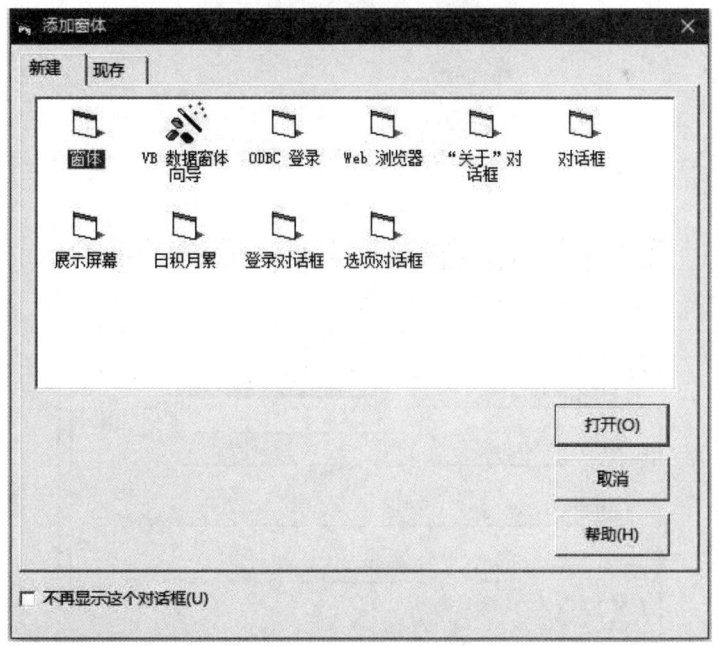

图 5-26　添加新窗体

在添加一个已有窗体到当前工程时,需注意以下两点。

①一个工程中所有窗体的名称(Name 属性)不能相同。

②添加的已有窗体实际上是被多个工程所共享的,因此对该窗体所做的改变会影响共享该窗体的所有工程。

5.6.2 设置启动对象

系统默认原缺省窗体(名为 Form1)为启动对象。VB 中只能设置窗体或 Main 子过程(即 Sub Main)为启动对象。若设置启动对象为 Main 子过程,则程序启动时不加载任何窗体,以后由该过程根据不同情况决定是否要加载或加载哪一个窗体。设置启动对象的方法是,选择"工程"→"工程 1 属性",如图 5-27 所示;在弹出的如图 5-28 所示的"属性"对话框中进行设置。

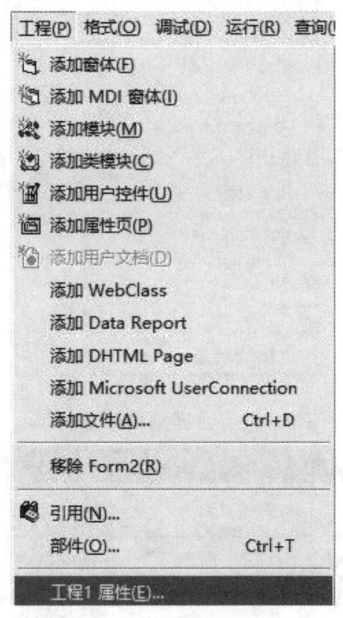

图 5-27 工程属性菜单

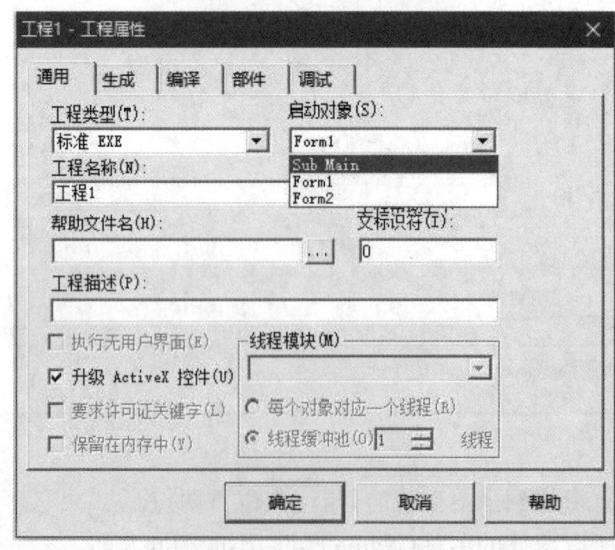

图 5-28 工程属性对话框

注意:Main 子过程须放在标准模块中,不能放在窗体模块中。

5.6.3 窗体相关语句和方法

当工程含有多个窗体时,每个窗体在启动前,都应先"建立",再载入内存(Load),最后显示(Show)在屏幕上。若窗体暂时不需要,则可以从屏幕上隐藏(Hide),直至从内存中删除(UnLoad)。具体介绍如下。

1. Load 语句

执行 Load 语句之后,可以引用窗体中的控件及其属性,形式为:

　　Load 窗体名称

在首次用 Load 语句将窗体调入内存时,依次触发 Initialize 和 Load 事件。

2. UnLoad 语句

UnLoad 语句与 Load 语句相反,用于从内存中删除指定窗体。其格式为:

　　UnLoad 窗体名称

UnLoad 语句常见用法是 UnLoad Me,其意义是关闭当前代码所在窗体。

3. Show 方法

Show 方法用来显示一个窗体,兼有加载和显示两种功能。其格式为:

　　［窗体名称.］Show［模式］

其中模式用来确定窗体状态,有 vbModeless(0) 和 vbModel(1) 两个值。其中"窗体名称"默认为当前窗体。

①vbModeless(0)表示窗体是"非模式型",可以对其他窗口进行操作,如"编辑"菜单的"替换"对话框就是一个非模式对话框的实例。"模式"默认值为零。

②vbModeless(1)表示窗体是"模式型",用户无法将鼠标移动到其他窗口,只有在关闭该窗体后才能对其他窗体操作。例如 VB 菜单栏中的"帮助"菜单下"关于 Microsoft Visual Basic"的命令对话框窗口。

4. Hide 方法

Hide 方法可以将窗体暂时隐藏起来,此时该窗体没有从内存中删除。其格式为:

　　［窗体名称.］Hide

其中"窗体名称"默认为当前窗体。

5.6.4 多重窗体间的数据访问

多重窗体之间可以相互访问,主要有下列三种情况。

1. 多重窗体之间直接访问数据

一个窗体直接访问另一个窗体内控件属性,形式为:

　　另一个窗体名.控件名.属性

例如,假定当前窗体为 Form1,可以将 Form2 窗体上 Text1 文本框中的数据直接赋值给 Form1 中的 Text1 文本框,语句为:

Text1.Text = Form2.Text1.Text

2. 多重窗体之间访问全局变量

一个窗体直接访问另一个窗体定义的全局变量,形式为:
　　另一个窗体名.全局变量名

3. 多重窗体之间访问公共变量

在模块内定义公共变量,可以实现多窗体之间相互访问、交换数据的功能。例如,添加模块 Moduel1,然后在其中定义变量语句为:
$$Public\ X\ As\ String$$
多重窗体间数据访问的三种情况相关代码,如图 5-29 所示。

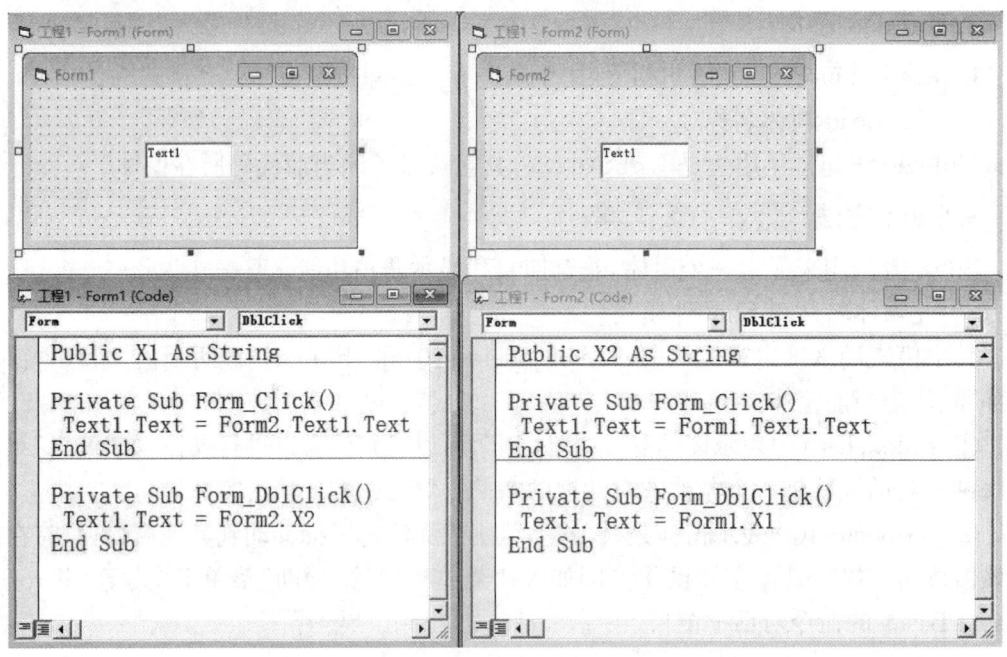

图 5-29　多重窗体间数据访问

5.7　鼠标和键盘事件

目前,语音控制、触摸屏、手写识别等计算机交互技术发展迅猛,但鼠标和键盘依旧是操控计算机最主要的工具。VB中专门定义了鼠标和键盘相关事件,以便于程序设计人员根据不同情况对鼠标和键盘进行编程。

5.7.1　鼠标事件

鼠标事件是由用户操作鼠标而引发的能被各种对象识别的事件,主要有以下几种。
①Click 事件:鼠标单击事件。
②DblClick 事件:鼠标双击事件。

③MouseDown 事件：按下任意一个鼠标按钮时被触发。

④MouseUp 事件：释放任意一个鼠标按钮时被触发。

⑤MouseMove 事件：移动鼠标按钮时被触发。

值得注意的是，在程序设计时，当鼠标指针位于窗体中没有控件区域时，窗体将识别鼠标事件；当鼠标指针位于某个控件区域时，该控件将识别鼠标事件。与上述三个鼠标事件相对应的鼠标事件过程如下（以 Form 对象为例）。

Sub Form_MouseDown(Button As Integer, Shift As Integer, X As Single, Y As Single)

Sub Form_MouseUp(Button As Integer, Shift As Integer, X As Single, Y As Single)

Sub Form_MouseMove(Button As Integer, Shift As Integer, X As Single, Y As Single)

其中，部分关键参数解释如下。

①Button 参数能够告知用户按下或释放了哪个鼠标按钮，其值的含义如表 5-3 所示。

表 5-3 Button 常数的取值及其含义

值	VB 常数	含 义
1	vbLeftButton	按下或释放了鼠标左键
2	vbRightButton	按下或释放了鼠标右键
3	vbMiddleButton	按下或释放了鼠标中键

例如，当 Button = 2 或 Button = vbRightButton 时，表示用户按下或释放鼠标右键。

②Shift 参数包含 Shift、Ctrl 和 Alt 键的状态信息，如表 5-4 所示。

表 5-4 Shift 参数取值及其含义

值	VB 常数	含 义
0		Shift、Ctrl 和 Alt 键都没被按下
1	vbShiftMask	Shift 键被按下
2	vbCtrlMask	Ctrl 键被按下
3	vbShiftMask+vbCtrlMask	Shift、Ctrl 键被同时按下
4	vbAltMask	Alt 键被按下
5	vbShiftMask+vbAltMask	Shift、Alt 键被同时按下
6	vbCtrlMask+vbAltMask	Ctrl、Alt 键被同时按下
7	vbShiftMask+ vbCtrlMask+ vbAltMask	Shift、Ctrl 和 Alt 键被同时按下

例如，当 Shift = 2 或 Shift = vbCtrlMask 时，表示用户按下 Ctrl 键。

③X、Y 表示当前鼠标位置。

例如，按住 Ctrl 键后，在坐标为(2000,3000)的地方单击鼠标右键，则立即调用过程 Form_MouseDown，释放鼠标右键时，调用过程 Form_MouseUp；此时四个参数值分别为 vbRightButton、vbCtrlMask、2000 和 3000。

【例 5-14】 显示鼠标指针所指的位置。

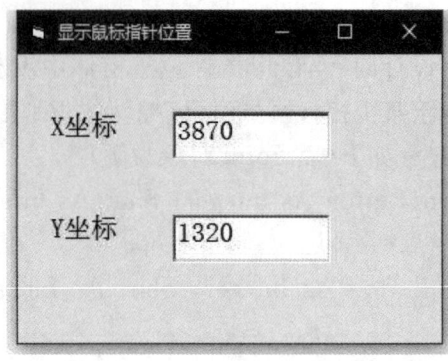

图 5-30 显示鼠标指针运行界面

设计步骤：

①在窗体上放置两个标签和两个文本框；

②编写 MouseMove 事件过程代码：

Sub Form_MouseMove(Button As Integer, Shift As Integer, X As Single, Y As Single)
    Text1.Text = X
    Text2.Text = Y
End Sub

该程序运行情况如图 5-30 所示。

5.7.2 键盘事件

对于可以接受文本输入的控件，如文本框，需要控制和处理输入的文本；此时就需要对键盘事件进行编程。VB 重要的键盘事件有三个。

①KeyPress 事件：按下且释放一个会产生 ASCII 码的键时被触发。

②KeyDown 事件：按下键盘上任意一个键时被触发。

③KeyUp 事件：释放键盘上任意一个键时被触发。

1. KeyPress 事件

不是键盘上所有的按键都会引发 KeyPress 事件，该事件只会对产生 ASCII 码（详见附录 A）的按键有反馈，包括数字、大小写字母、Enter 等键。对于如方向键（↑、↓、←、→）这些无 ASCII 码的按键，KeyPress 事件不会发生。事件过程代码如下（以 Form 和 Text1 为例）：

Sub Form_KeyPress(KeyAscii As Integer)
Sub Text1_KeyPress(KeyAscii As Integer)

其中，参数 KeyAscii 为与按键对应的 ASCII 码值。

KeyPress 事件过程接收到的是用户通过键盘输入的 ASCII 码字符。例如，当键盘处于小写状态，用户在键盘按"A"键时，参数 KeyAscii 的值为 97；当键盘处于大写状态，用户键盘按"A"键时，参数 KeyAscii 的值为 65。

2. KeyUp 和 KeyDown 事件

当控制焦点在某个对象上,同时用户按下键盘上任意一个键时,便会引发该对象的 KeyDown 事件;释放按键便触发 KeyUp 事件。

Sub Form_KeyDown(KeyCode As Integer, Shift As Integer)
Sub Text1_KeyDown(KeyCode As Integer, Shift As Integer)
Sub Form_KeyUp(KeyCode As Integer, Shift As Integer)
Sub Text1_KeyUp(KeyCode As Integer, Shift As Integer)

其中各参数释义如下。

①KeyCode 的参数值是用户所操作的键的扫描代码,它告诉事件过程用户所操作的物理键。例如,不管键盘处于小写状态还是大写状态,用户在键盘上按下"A"键时,KeyCode 参数值相同。对于有上档字符和下档字符的键,其 KeyCode 也是相同的,为下档字符的 ASCII 码。表列出部分字符的 KeyCode 和 KeyAscii 码,以供区别。

表 5-5 KeyCode 和 KeyAscii 码

键(字符)	KeyCode	KeyAscii
"A"	&H41	&H41
"a"	&H41	&H61
"5"	&H35	&H35
"%"	&H35	&H25
"1"(大键盘上)	&H31	&H31
"1"(数字键盘上)	&H61	&H31

②Shift 参数是一个整数,与鼠标事件过程中的 Shift 参数意义相同。

在默认情况下,当用户对当前具有控制焦点的控件进行键盘操作时,控件的 KeyPress、KeyUp 和 KeyDown 事件被触发,但是窗体的 KeyUp 和 KeyDown 不会发生。为启用这三个事件,必须将窗体的 KeyPreview 属性设为 True,而默认值为 False。利用此特性可以对输入的数据进行验证、限制和修改。例如,如果在窗体的 KeyPress 事件过程中将所有英文字符都改成大写,则窗体上所有控件接收到的都是大写字符。

```
Private Sub Form_KeyPress(KeyAscii As Integer)
    If KeyAscii >= Asc("a") And KeyAscii <= Asc("z") Then
        KeyAscii = KeyAscii + Asc("A") - Asc("a")
    End If
End Sub
```

【例 5-15】 编写一个程序,当按下 Alt+F5 组合键时终止程序运行。

设计步骤:

先设置窗体的 KeyPress 属性为 True,再编写如下程序:

Private Sub Form_KeyDown(KeyCode As Integer, Shift As Integer)
    按下 Alt 键时,Shift 的值为 4
    If (KeyCode = vbKeyF5) And (Shift And vbAltMask) Then

F5 键的 KeyCode 码为 vbKeyF5
                End
            End If
        End Sub

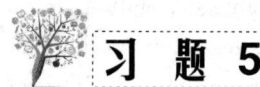

习 题 5

一、选择题

1. 可改变单选按钮的选中状态的属性是_____。
   A. Enabled   B. Caption   C. Value   D. Index
2. 复选框或单选按钮的当前状态通过_____属性来设置或访问。
   A. Value   B. Checked   C. Selected   D. Caption
3. 单击滚动条两端的滚动箭头时，所触发的事件是_____。
   A. Change   B. KeyPress   C. Scroll   D. Click
4. 图像框有而图片框没有的属性是_____。
   A. Enabled   B. Picture   C. Visible   D. Stretch
5. 可以自动调整装入图形的大小以适应图像框的尺寸，应设置图像控件 Image1 的属性是_____。
   A. AutoSize   B. Appearance   C. Stretch   D. Align
6. 为了在运行时把 E:\img 文件夹下的图像文件 car.jpg 装入图片框 Picture1 中，应使用的语句是_____。
   A. Picture1.Image＝LoadPicture("E:\img\car.jpg")
   B. Picture1.Picture＝LoadPicture("E:\img\car.jpg")
   C. Picture1.Picture＝Load("E:\img\car.jpg")
   D. Picture1.Picture＝LoadPicture(E:\img\car.jpg)
7. 下列可以作为容器的控件是_____。
   A. 图片框   B. 文本框   C. 复选框   D. 组合框
8. 执行语句 Label1.Left＝Label1.Left＋100 后，标签 Label1 将_____。
   A. 左移   B. 右移   C. 上移   D. 下移
9. 在 VB 中，不可以作为启动对象的是_____。
   A. 窗体   B. Sub Main
   C. 在工程属性中指定的对象   D. 以上都不对
10. 假定计时器控件的 Interval 属性为 200，Enabled 属性为 True，并且有下面的事件过程，20 秒后输出的 S 值为_____。
    Private Sub Timer1_Timer()
        S = 0
        S = S + 10
        Print S

End Sub

A. 0　　　　　　B. 10　　　　　　C. 200　　　　　　D. 1000

二、程序设计题

1. 设计一个应用程序，要求：①窗体标题设为"格式设置"；②文本框设为居中显示、内容为"示例"；③利用单行按钮来控制文本框中文字的颜色；④利用复选框来控件文本框中的字形。运行效果如图 5-35 所示。

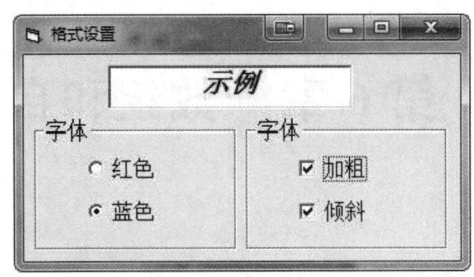

图 5-35　程序设计题 1

2. 设计一个文本滚动的应用程序，使标签（标题为"动画演示"）中的文本自左向右滚动。

要求：当单击"开始"按钮时，文本开始移动，按钮标题变成"暂停"；当单击"暂停"按钮时，文本停止移动，按钮标题变成"继续"。运行效果如图 5-36 所示。

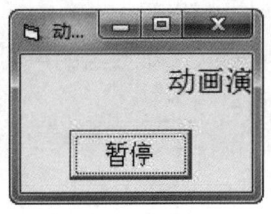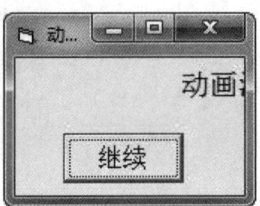

图 5-36　程序设计题 2

3. 设计一个应用程序，通过滚动条来改变图像的显示比例。

要求：①程序运行时加载应用程序文件夹中的图像"手机.jpg"；②图像自动适应框的大小；③水平滚动条和垂直滚动条的 Max 值均设为 2400、Min 值均设为 1000；SmallChange 值均设为 500、LargeChange 值均设为 1000。运行效果如图 5-37 所示。

图 5-37　程序设计题 3

第6章　数组和自定义类型

考核目标

- 了解：多维数组。
- 理解：控件数组。
- 掌握：一维、二维数组的声明、引用和应用，列表框、组合框的使用。

前面章节所使用的字符串、数值型、逻辑型等数据类型都属于简单数据类型,它们通过一个命名的变量来存取一个对应数据类型的数据。然而在现实应用中经常要处理同一类型的批量数据,与之对应的是程序设计过程需要一批变量,这时有效的办法是通过数组来解决。

6.1 数组及其基本操作

6.1.1 数组的概念

1. 引例

【例 6-1】 计算一个班 60 名学生的平均成绩,并统计高于平均分的人数。

将简单变量和循环结构结合,求平均成绩的程序如下。

```
aver=0
For i=1 To 60
    score=InputBox("输入第" & str(i) & "位学生的成绩")
        aver=aver+score
Next i
    aver=aver/60
```

用上述程序统计高于平均分的人数是无法实现的。因为存放学生成绩的变量名 score 是一个简单变量,任意时刻只能存放一名学生的成绩。在 for 循环体内输入一名新同学的成绩时,就会把 score 变量存放的前一名同学的成绩覆盖掉。若要统计高于平均分的人数,则必须再次重复输入 60 名同学的成绩。

这样带来两个问题:

①输入数据的工作量成倍增加;

②若两次输入的同一名同学的成绩不同,则统计的结果可能不正确。

要保存 60 名学生的成绩,若按简单变量使用,必须逐一命名 60 个普通变量;若要输入 60 名学生的成绩,则要书写 60 条输入语句;若要计算平均分或进行其他统计,则程序的编写工作量将成倍增加,因此,VB 语言引入了数组概念。

用数组解决求 60 人的平均分和高于平均分的人数问题,程序如下。

```
Private Sub Form_Click()
    Dim score(1 To 60) As Single
    Dim aver!, num%, i%
    aver=0
    For i = 1 To 60
        score(i)=val(InputBox("输入第" & str(i)& "位学生的成绩"))
            aver=aver+score(i)
    Next i
    aver=aver/60
```

```
        num=0
        For i = 1 To 60
            If score(i) > aver Then num = num + 1
        Next i
        Print "平均成绩:" & aver & "高于平均分有" & num & "人"
    End Sub
```

说明：

语句 score(i)=InputBox("输入第" & i & "位学生的成绩")，运行时显示界面如图 6-1 所示。虽然循环体内只有一条 InputBox 输入语句，但循环需执行 60 次，运行时要手动输入 60 次成绩，这样调试程序花费大量时间。为了简化模拟，通过随机函数产生一定范围的成绩数据。产生随机数的通式为：

　　Int(Rnd * 范围＋基数)

本例产生 60~100 的成绩，语句如下。

　　score(i)=Int(Rnd * 41+60)

替换手动输入语句 val(InputBox("输入第" & str(i) & "位学生的成绩"))，程序运行结果如图 6-2 所示。

　　图 6-1　手动输入界面　　　　　　图 6-2　随机成绩运行结果

2. 数组的基本概念

数组并不是一种新的数据类型，而是一组相同类型变量的集合(在 VB 中，Variant 类型数组的各元素可以是不同的数据类型，但不建议使用)。在程序中使用数组的最大好处是用一个数组名代表逻辑上相关的一批数据，用下标表示该数组中的各个元素，和循环语句结合使用，使程序书写更为简洁。

使用数组时需注意以下几点：

①数组必须先声明后使用，要声明数组名、类型、维数和数组大小；

②数组声明时下标的个数分为一维数组和多维数组；

③数组声明时根据数组大小确定与否可分为定长(固定大小)数组和动态数组(大小可变)。

6.1.2　定长数组及声明

1. 一维数组

　　Dim 数组名(下标) [As 数据类型]

说明：

数组名称的命名规则与普通变量相同,可以是任意合法的VB标识符。

下标必须为常整型数据,不可以是表达式或变量。

下标的形式:[下界 To]上界,下标下界决定了下标的最小取值,最小可为-32768,下标上界决定了下标的最大取值,最大上界为32767。通常可省略下界,省略下界时其默认值为0。

一维数组的大小:上界-下界+1。

As 类型如果默认,则其与变量的声明一样,是变体类型数组。

Dim 语句声明的数组实际上为系统编译程序提供了数组名、数组类型、数组的维数和各维大小等信息。例如:

　　Dim score(10) As Integer
　　Dim Str(-3 To 5) As String * 3

第1句声明了 score 是数组名、整型、一维数组、有11个元素;其下标的范围是0~10。

第2句声明了 Str 是数组名、字符串类型、一维数组、有9个元素;其下标的范围是-3~5;每个数组元素 Str[i]最多存放3个字符,i是[-3,5]中的任意整数。

2. 多维数组

可以将一维数组视为一行线性元素。如果要表示一个平面、矩阵,就需要用到二维数组。同样,如果要表示三维空间,就需要三维数组,例如要存放一本书的内容就需要一个三维数组,分别用页码、行号、列号表示。

声明多维数组的形式如下。

　　　　Dim 数组名(下标1[,下标2……])[As 数据类型]

说明:

下标个数决定了数组的维数;数组每一维的大小为上界-下界+1;数组的大小为各维大小的乘积。

例如,如下数组声明。

　　Dim a(5) as Integer　　　　'有6个元素的一维数组,线性表
　　Dim b(-2 to 3,3)　　　　　'有24个元素的二维数组
　　Dim c(3,5,2 to 4)　　　　 '有72个元素的三维数组

3. 数组元素的引用

数组名(下标1,下标2……)

数组元素引用下标一定不能越界,对上面定义的 a,b,c 三个数组元素引用正确的是:

　　　a(0), a(3), a(5), b(-2,0), b(0,0), b(-1,3), c(0,0,2), c(3,5,4)

下标越界造成错误的引用如:

　　　a(6), b(-2,-2), c(0,0,0), c(1,1,1)

注意:

①在VB中,数组下界默认值为0,为了便于使用,在VB中的窗体层或标准模块层

级别中使用 Option Base n 可重新设定数组的下界，且 Option Base n 取值只能在(0，1)中选择。如图 6-3 所示，重新设定下界后，定义的 x 数组元素个数就是 100 个，不再是 101 个。

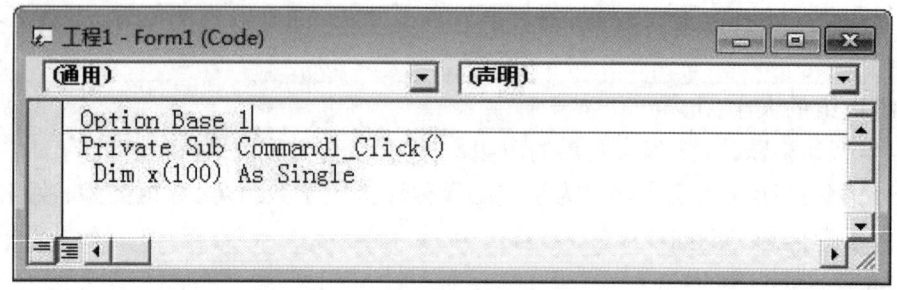

图 6-3　设置 Option Base n

②Dim 语句中下标只能是常量，不能是变量。例如，以下数组下标声明是错误的。
　　x=8
　　Dim a (x) As Single

③数组声明中的下标表示数组每一维的大小，在程序其他地方出现的下标则为数组中某个具体元素的引用。两者写法相同，但意义完全不同。例如：
　　Dim x (5) as Integer　　'声明过程中，x(5)表示此 x 数组默认有 6 个数组元素
　　x(5)=1000　　　　　　'程序执行过程中，x(5)表示 x 数组中下标为 5 的具体数组元素

6.1.3　动态数组及声明

对于定长数组，系统在编译时根据声明语句声明的内容，预先分配存储空间。在程序执行的过程中，存储空间大小是不能改变的。程序执行结束，系统回收分配的空间。

对于动态数组，系统在声明数组时未给出数组的大小(省略括号中的下标)，当要使用它时，再用 ReDim 语句指出数组大小。使用动态数组的优点是系统可根据用户需要合理有效地分配存储空间。

建立动态数组要分两个步骤。

①用 Dim 语句声明数组，但不能指定数组的大小，语句形式为：
　　Dim 数组名()　数据类型

②用 ReDim 语句动态地分配元素个数，语句形式为：
　　ReDim 数组名(下标1 [，下标2……]) [As 数据类型]

其中，下标上界可以是常量，也可以是有确定值的变量，如图 6-4 所示。

在窗体级声明了数组 A 为动态数组，在 Form_Load 事件中重新指明数组 A 为二维数组，大小为 5 行 9 列。

说明：

①Dim 语句是说明性语句，可以出现在程序的任何地方，而 ReDim 语句是可执行语句，只能出现在过程中。

②Dim 语句声明中的下标只能是常量，ReDim 语句中的下标可以是常量，也可以是

有确定值的变量。

③在过程中可多次使用 ReDim 语句来改变数组的大小,每次使用 ReDim 语句都会使原来数组中的值丢失,可以在 ReDim 保留字后加 Preserve 参数来保留原数组中的数据,但使用 Preserve 只能改变最后一维的大小,前面几维大小不能改变。

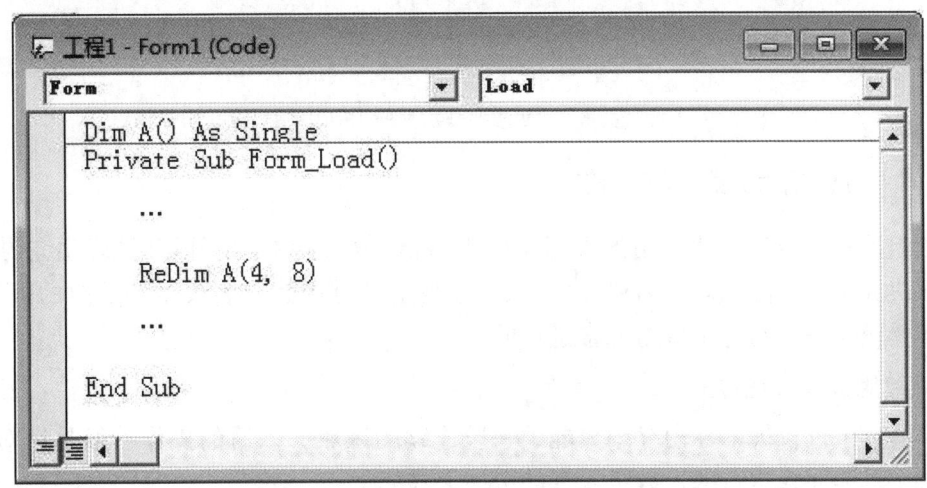

图 6-4　动态数组

【**例 6-2**】　编写程序,按每行 5 个数显示斐波那契数列前 n 项。

分析:斐波那契数列是指除数列中第 1 个和第 2 个元素均为 1 外,数列中其他元素是其前两个元素之和。编写程序输入变量 n 的值,显示前 n 项斐波那契数列。

```
Private Sub Command1_Click()
    Dim x() As Integer, n%, i%
    n = InputBox("请输入要显示数列的个数(大于3)")
    ReDim x(n - 1)
    x(0) = 1: x(1) = 1
    For i = 2 To n - 1
        x(i) = x(i - 1) + x(i - 2)
    Next
    For i = 0 To n - 1
        Print x(i);
        If (i + 1) Mod 5 = 0 Then Print
    Print
End Sub
```

程序运行后,当输入的值为 15 时,显示结果如图 6-5 所示。

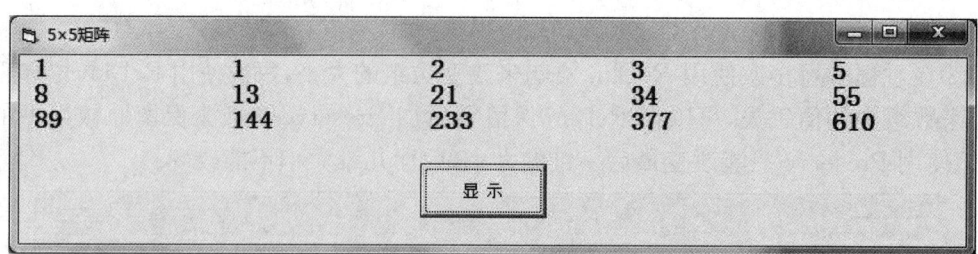

图 6-5　斐波那契数列前 15 项

6.1.4　数组的基本操作

数组是程序设计中最常用的数据结构类型,将数组元素的下标和循环语句结合使用能解决大量的实际问题。需要注意的是,数组定义时用数组名表示该数组的整体,但在具体操作时是针对每个数组元素进行的。

1. 数组元素的引用

声明数组仅仅表示在内存中分配了一段连续的区域。以后的操作一般是针对数组中的某个具体元素进行的。数组元素的引用形式如下。

　　　　数组名(下标1[,下标2……])

下标表示元素在数组中的顺序号,每个数组元素有一个唯一的顺序号,下标不能超出数组声明时的上、下界范围,否则会出现"下标越界"的出错信息,如图 6-6 所示。

图 6-6　下标越界

只有一个下标表示数组是一维数组,如有多个下标,则表示数组是多维数组。引用数组元素时的下标可以是整型的常数、变量、表达式,甚至是另一个数组元素。

例如,对 score 数组声明后,score(10),score(3+4),score(i)都是数组元素的合法引用形式。

2. 数组的批量赋值

赋值函数 Array()的形式如下。

　　　　变量名=Array(常量列表)

其中,变量名必须声明为 Variant 变体类型,并作为数组使用;常量列表以逗号分隔,数组的下界和上界分别可以通过 LBound 函数和 UBound 函数获得。

功能：将常量列表的各项值分别赋值给一个一维数组的各元素。

例如，下列程序段对数组 a 赋值，并显示出来。

  Dim a, i%　　　　　　　　'或 Dim a(), i%
  a＝Array(1, 2, 3, 34, 65, 11)
  For i＝LBound(a) To UBound(a)
    Print a(i)
  Next i

显示结果如图 6-7 所示。

图 6-7　数组批量赋值显示

3. 数组元素值的输入

可以通过 TextBox 控件或 InputBox 函数逐一输入数组元素值，以下程序段利用 InputBox 函数输入。

  Dim BY(3,4) As Single
  For i＝0 To 3
    For j＝0 To 4
      BY(i, j) ＝Val(InputBox("输入" & i & "," & j & "元素的值"))
    Next j
  Next i

当然，对于大量数据的输入，为了便于编辑，一般不用 InputBox 函数，而用 TextBox 控件来完成相关数据的输入。

4. 数组的输出

【例 6-3】　形成 5×5 的方阵，在 3 个 Picture 图片框中分别输出方阵中的各元素、上三角和下三角元素，如图 6-8 所示。

分析：

①从产生的 5×5 方阵中可看出：第一行的元素为 0～4，以后每一行都是前一行对应元素加 5；在显示各元素时为了满足各元素对齐显示，每个元素占 5 列，可利用 Tab 函数定位。

②要显示上三角，规律是每一行的起始列与行号相同，这只要控制内循环的初值就可实现。要显示下三角，规律是每一行的列宽与行号相同，这只要控制内循环的终值就

可实现。

图 6-8 数组打印显示

因此,对应的事件过程如下。
```
Private Sub Command1_Click()
Rem 形成 5×5 矩阵
    Dim x(4, 4)
    Picture1.Cls
    For i = 0 To 4
        For j = 0 To 4
            x(i, j) = j + 5 * i
            If x(i, j) < 10 Then
                Picture1.Print " "; Str(x(i, j));         '一位数前面补一空格
            Else
                Picture1.Print Str(x(i, j));
            End If
        Next
        Picture1.Print                                    '一行打印完毕,另起一行
    Next
Rem 形成下三角矩阵
    Picture2.Cls
    For i = 0 To 4
        For j = 0 To i
            If x(i, j) < 10 Then
                Picture2.Print " "; Str(x(i, j));
            Else
                Picture2.Print Str(x(i, j));
            End If
        Next
        Picture2.Print
    Next
Rem 形成上三角矩阵
```

```
Picture3. Cls
For i = 0 To 4
    For j = i To 4
        Picture3. Print Tab(3 * j + 1);
        Picture3. Print Str(x(i, j));
    Next
    Picture3. Print
Next
End Sub
```

5. 求数组和、数组最小值、元素位置及交换元素

【例 6-4】 求一维数组中各元素之和、数组最小元素值,并将最小数组元素与数组中第一个元素交换。

分析:

①求数组元素和最容易,只要通过循环将每个元素进行累加即可。

②在若干个数组元素中求最小值,一般先假设一个较大的数为最小值的初值。若无法估计,则取第一个数组元素值为最小值的初值。然后依次将后面每一个数组元素值与最小值比较。若该数小于最小值,则将该数替换为新最小值。

③最小值数组元素与第一个数组元素交换,这就要求在找到最小值对应的数组元素时还得记录最小值元素的下标,最后再和数组第一个元素交换,如图6-9所示。

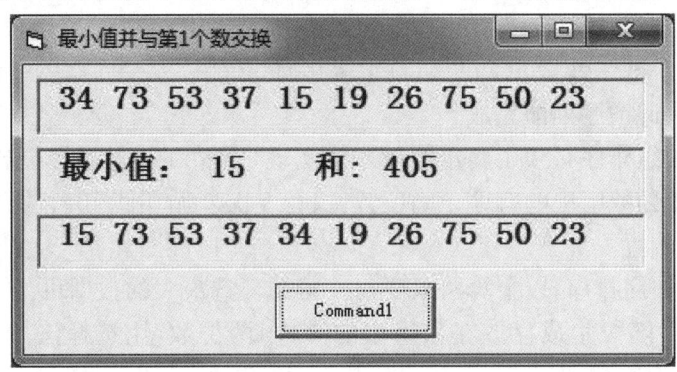

图 6-9 数组和、最小值、交换

程序:

```
Private Sub Command1_Click()
Rem 形成 10 个两位随机整数
    Dim x(1 To 10)
    Picture1. Cls：Picture2. Cls：Picture3. Cls
    m = 1000
    Randomize
    For i = 1 To 10
        x(i) = Int(Rnd * 90 + 10)
        Picture1. Print Str(x(i));
```

```
        s = s + x(i)                        '求累加和
        If x(i) < m Then m = x(i): j = i    '记录当前最小值的位置
    Next
    Picture2.Print " 最小值:"; m, " 和:"; s
    x(j) = x(1): x(1) = m
    For i = 1 To 10
        Picture3.Print Str(x(i));
    Next
End Sub
```

思考：若要计算数组中的最大元素及下标，则上述程序应如何修改？

6. 数组排序

排序是将一组数按递增或逐减的次序排列，例如，学籍管理按学生的成绩排序，工资管理按职工工资额排序，球赛按球队积分排序等。排序的算法有很多，常用的有选择法、冒泡法、插入法、合并排序等。

(1) 选择排序法

对有 10 个元素的一维数组按从小到大的顺序用选择法进行排序。

①选择排序法的基本思想：先将指针 k 指向 1，将 a(k) 依次与 a(2) 比较，若 a(k) 大于 a(2)，则指针 k 重新指向 2，否则指针 k 指向 1 不变……最后将 a(k) 与 a(10) 比较……最终第一轮排序使得 k 指向 10 个数组元素中的最小者，然后将 a(k) 与 a(1) 互换；

②重复上述过程，第 i 轮，设 k=i，将 a(k) 与 a(i+1)~a(10) 都比较完后，再将此轮指针 k 指向的最小数组元素 a(k) 与 a(i) 元素互换。最终 10 个元素的一维数组只需要 9 轮，选择排序构成递增序列即完成。

由此可见，数组排序必须用两重循环才能实现，内循环负责选择一轮中最小数组元素下标，交换该数到数组中的有序正确位置；执行 9 次外循环使 10 个数组元素都确定了在数组中的有序位置。

若要按递减次序排序，以上算法只要每一趟循环选最大的数即可。

【例 6-5】 对随机生成存放在数组中的 10 个两位数，用选择法按递增顺序排序。Picture1 中显示原始序列，Picture2 中显示排序后的序列，如图 6-10 所示。

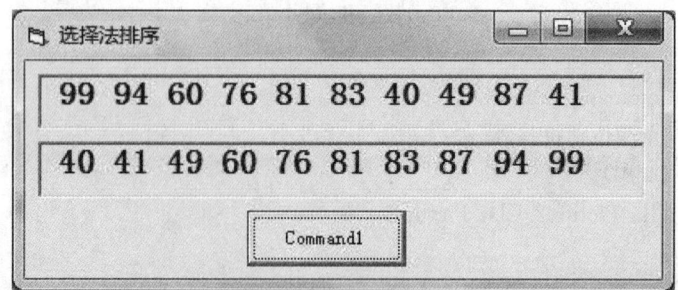

图 6-10　选择法排序

程序：

```
Private Sub Command1_Click()
Rem 形成10个两位随机整数
    Dim a(1 To 10)
    Picture1.Cls：Picture2.Cls
    Randomize
    For i = 1 To 10
        a(i) = Int(Rnd * 90 + 10)
        Picture1.Print Str(a(i));
    Next
Rem 用选择法排序
    For i = 1 To 10
      k = i
      For j = i + 1 To 10
          If a(j) < a(k) Then：k = j    '记下最小值位置
      Next
      t = a(i)：a(i) = a(k)：a(k) = t
    Next
Rem 输出排序的数组
    For i = 1 To 10
        Picture2.Print Str(a(i));
    Next
End Sub
```

(2) 冒泡排序法

对有10个元素的一维数组，将其元素按从小到大的顺序用冒泡排序法进行排序。
冒泡排序法的基本思想如下。

①第一轮排序：对给定的10个元素从头开始，两两比较，即将a(1)与a(2)比较，若a(1)大于a(2)，则将二者交换，保证a(1)小于或等于a(2)，再将a(2)与a(3)比较，若a(2)大于a(3)，则将二者交换，保证a(2)小于或等于a(3)……最后将a(9)与a(10)比较，若a(9)大于a(10)，则将二者交换，保证a(9)小于或等于a(10)，这样一轮交换比较就可以把最大的元素存入a(10)了。

②第二轮排序：对剩余的9个元素，依然从a(1)与a(2)的比较开始，两两比较，将第二大的元素存入a(9)；重复上述过程，第i轮：对剩余的10−i+1个元素从a(1)与a(2)比较开始，两两比较，将第i大的元素存入到a(10−i+1)。最后第9轮：只需将a(1)与a(2)比较即可，至此冒泡排序完成。

外循环用来控制比较的"轮"数，循环变量i由1变到10−1，表示共进行10−1轮比较；内循环用来控制每轮比较的"次"数，循环变量j由1变到10−i，表示每轮进行10−i次比较。冒泡排序法进行的过程如图6-11所示。

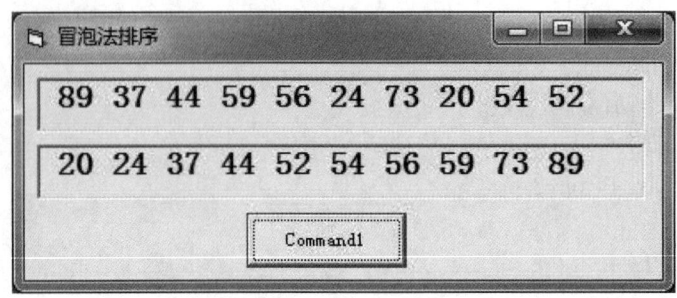

图 6-11　冒泡排序法

程序：

```
Private Sub Command1_Click()
Rem 形成10个两位随机整数
    Dim a(1 To 10)
    Picture1.Cls：Picture2.Cls
    Randomize
    For i = 1 To 10
        a(i) = Int(Rnd * 90 + 10)
        Picture1.Print Str(a(i));
    Next
Rem 用冒泡排序法
For i = 1 To 9
    For j = 1 To 10 - i
        If a(j) > a(j + 1) Then
            temp = a(j)
a(j) = a(j + 1)
a(j + 1) = temp
        End If
    Next j
Next i
Rem 输出排序的数组
    For i = 1 To 10
        Picture2.Print Str(a(i));
    Next
End Sub
```

7. 数组元素查找

查找又称"检索"，是在一组数据或信息中，找出满足条件的数据。查找在信息处理、办公自动化等方面应用广泛，因此查找是非数值计算算法中被广泛研究的一类算法。这里主要介绍顺序查找，即将待查找的数据与数组中的每一个数组元素逐一进行比较，直到找到该数据，或全部比较结束后没有找到。当数组很大时，顺序查找的效率比较低。

【例6-6】 在一个包含10个数组元素的数组a中查找是否包含数据x。

分析：顺序查找时，将x与a数组中的每一个数组元素a(i)进行比较，i为数组元素的下标，其变化范围为1~10。若x与a(i)相等，则可提前结束循环，此时i≤10，且i即为数据x在a数组中所在的位置下标；若i>10，则说明数据x不在该数组中。

新建工程，在窗体添加两个Picture图片框控件，分别用于显示数组元素的值与查找结果；在窗体上添加一个命令按钮，并在该命令按钮的单击事件过程中完成数据的查找，在Picture2控件中显示查找结果，如图6-12所示。

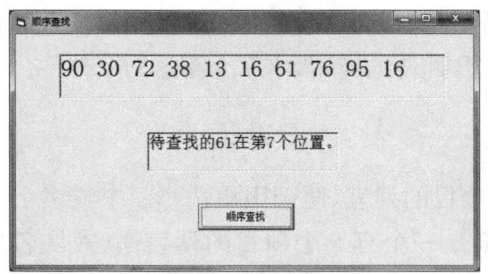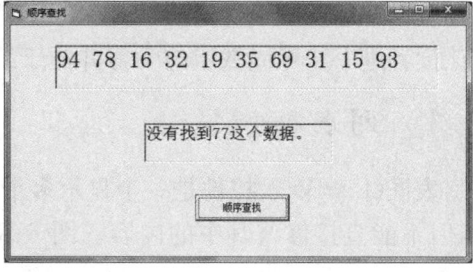

图6-12 数组元素查找

程序：

```
Private Sub Command1_Click()
Dim a(1 To 10) As Integer
Dim i As Integer, x As Integer
Randomize
    For i = 1 To 10
        a(i) = Int(Rnd * 90 + 10)
        Picture1.Print a(i) & " ";
Next
x = Val(InputBox("请输入待查找的数 x"))
For i = 1 To 10
    If a(i) = x Then Exit For
Next
If i <= 10 Then
    Picture2.Print "待查找的" & x & "在第" & i & "个位置。"
Else
    Picture2.Print "没有找到" & x & "这个数据。"
End If
End Sub
```

"折半查找法"比顺序查找法效率更高一些。但是对数组要求必须有序(升序或降序)。折半查找法的原理：假设数组是递增的，并且被查找的数一定在数组中；先拿待查找数与数组中间的元素进行比较，如果待查找数大于元素值，则说明待查找数位于数组的后面一半元素中；如果待查找数小于数组中间元素值，则说明待查找数位于数组的前面一半元素中。

接下来，只考虑数组中包括待查找数的那一半元素。将剩下这些元素的中间元素与待查找数进行比较，然后根据二者的大小，再去掉那些不可能包含待查找数的一半元素。这样，不断地减小查找范围，直到最后只剩下一个数组元素，那么这个元素就是被查找的元素。当然，也可能之前某次比较时，中间的元素正好是被查找元素。

6.2 列表框控件和组合框控件

列表框和组合框控件实质就是一维字符数组，以可视化形式直观显示其项目列表。为了让读者进一步巩固数组的学习并便于结合控件的应用，本章介绍这两个控件。

6.2.1 列表框控件

列表框（ListBox）控件是一个显示多个项目的列表，便于用户选择一个或多个列表项目，但不能直接修改其中的内容。图 6-13 是一个有 9 个项目的列表框（默认名称为 List1）。

1. 主要属性

列表框的主要属性见表 6-1，以图 6-13 为例解释说明 List 列表框常用属性的意义，List 属性设置界面如图 6-14 所示。

表 6-1 列表框的主要属性

常用属性	类型	说明
List	字符数组	存放列表项目值，属性设置如图 6-14 所示。List 数组元素下标从 0 开始，例如 List1.list(1)对应值是"医学影像学"
ListIndex	整型	程序运行时被选定项目在 List 数组中，未选定任何项目时，其值为－1。如图 6-13 所示，选中第 3 项时，ListIndex 的值为 2
ListCount	整型	列表框中项目的总数，可得 List 数组下标为 0～ListCount－1。如图 6-13 所示，List1.ListCount 值为 9
Text	字符型	被选定的项目文本内容。如图 6-13 所示，List1.text 值为"药物分析"
Sorted	逻辑型	控制程序在运行状态下列表框中的项目是否进行升序排序
Selected	逻辑型数组	记录运行时列表框中项目是否选中状态数组。如图 6-13 所示，List1.Selected(2)值为 True，其余 List1.Selected(i)值为 False
MultiSelect	整型	确定列表框是否允许多选。 0 表示不能多选，为默认缺省值； 1 表示可以用鼠标单击或按键盘空格键实现简单多选； 2 表示能用功能键 Shift＋Ctrl 实现选定多个连续项目

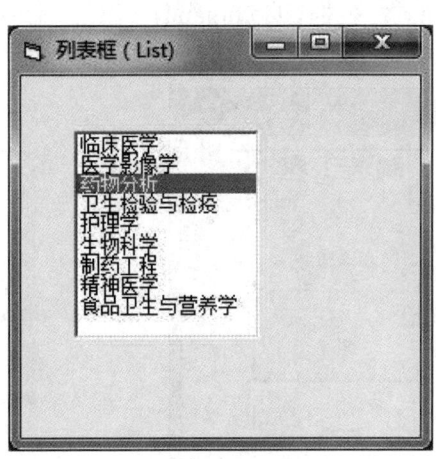
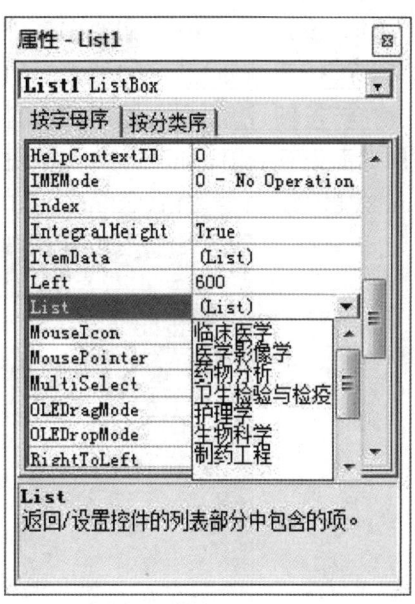

图 6-13 列表框　　　　　　　　图 6-14 列表框属性窗口

2. List 主要方法

(1) AddItem 方法

形式:

　　列表框对象.AddItem 项目字符串[,索引值]

作用: 在代码设计窗口,调用 AddItem 方法把一个项目加入指定列表框。

其中,项目字符串是将要加入列表框的项目文本;索引值决定新增选项在列表框的位置,原位置的项目依次后移;如果省略,则新增项目添加在最后。对于第一个项目,索引值为 0。

(2) RemoveItem 方法

形式:

　　列表框对象.RemoveItem 索引值

作用: 从列表框删除由索引值指定的项目。

(3) Clear 方法

形式:

　　列表框对象.Clear

作用: 清除列表框所有项目内容。

3. 主要事件

列表框能够响应 Click 和 DblClick 事件。

【**例 6-7**】　列表框控件基本操作,运行界面如图 6-15 所示,要求:

①在 Form_Load 事件中利用 AddItem 方法实现对列表框添加若干项目。

②在程序运行状态,当选定某项目时,项目内容和下标自动同步到 Label1 控件显示。

③"添加"按钮,将 Text1 文本框控件中的内容作为项目添加到列表框最后。
④"删除"按钮,删除选定的列表框项目。
⑤"清空"按钮,清除列表框中的所有项目。

控件界面设计:需添加 Text1 文本框,List1 列表框,Command1(添加)命令按钮、Command2(删除)命令按钮、Command3(清除)命令按钮、Label1 标签等控件。

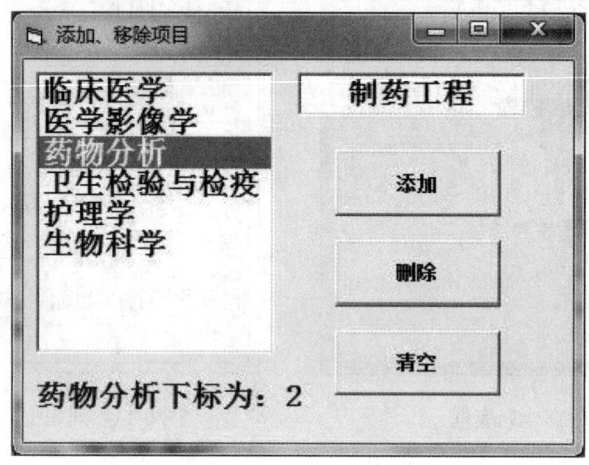

图 6-15　列表框操作

程序:

```
Private Sub Form_Load()            '列表框项目初始化
    List1.AddItem "临床医学"
    List1.AddItem "医学影像学"
    List1.AddItem "药物分析"
    List1.AddItem "卫生检验与检疫"
    List1.AddItem "护理学"
    List1.AddItem "生物科学"
End Sub
Private Sub Command1_Click()       '列表框添加新项目
    List1.AddItem Text1
    Text1 = ""
End Sub
Private Sub Command2_Click()       '删除列表框选中项目
    List1.RemoveItem List1.ListIndex
End Sub
Private Sub Command3_Click()       '清空列表框中所有项目
    List1.Clear
End Sub
Private Sub List1_Click()         '单击列表框某项目,在 Label1 显示相关信息
    Label1.Caption = List1.Text & "下标为:" &  List1.ListIndex
End Sub
```

6.2.2 组合框控件

组合框(ComboBox)是一种兼有文本框和列表框功能特性的控件。它允许用户在文本框中输入内容,但必须通过 AddItem 方法将内容添加到列表框;也允许用户在列表框选择项目,选中的项目同时在文本框显示。

组合框有三种风格,通过 Style 属性设置,如图 6-16 所示。

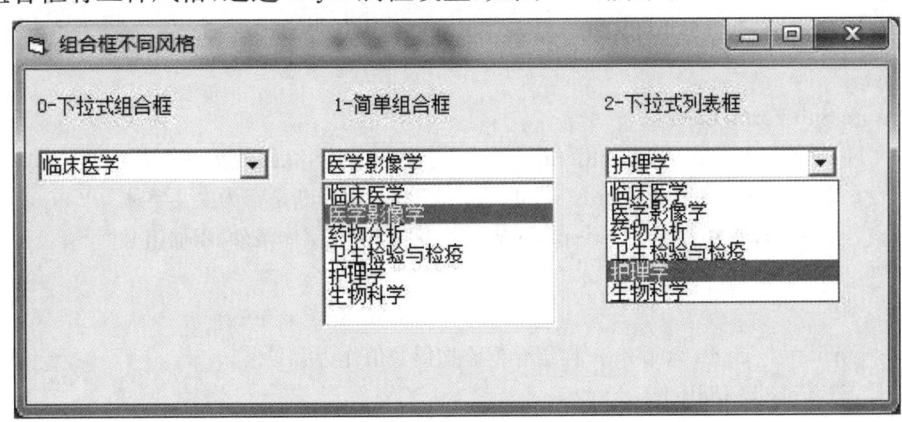

图 6-16　组合框的三种风格

组合框的属性、方法、事件与列表框基本相同,此处仅介绍组合框与列表框不同的主要属性。

①Style:组合框样式,值为 0~2,效果如图 6-16 所示。

Style=0（默认）:下拉式组合框,由 1 个文本框和 1 个下拉列表框组成。单击下拉箭头按钮,打开列表框,选中内容显示在文本框上。

Style=1:简单组合框,其列表框不以单击下拉形式显示。

Style=2:下拉式列表框,没有文本框,只能用于显示和选择,无法输入。

②组合框在任何时候最多只能选取一个项目,因此 MultiSelect 与 Selected 属性在组合框中不可用。

【例 6-8】 编写一个使用屏幕字体、字号的程序,运行界面如图 6-17 所示。

图 6-17　组合框操作

分析：

①屏幕字体通过 Screen 对象的 Fonts 字符数组获得，在组合框 Combo1 显示，用户不能输入，故采用下拉式列表框。将屏幕字体添加到下拉式列表框中，选择所需的字体，在 Label 控件中显示该字体效果。

②字号通过程序自动形成 6～40 的偶数磅值，在组合框 Combo2 显示，用户可以输入奇数磅值，故采用下拉式组合框。在组合框的文本框中输入奇数字号，也可在组合框选择偶数字号，Label 标签控件自动显示该字号效果。

程序：

```
Private Sub Form_Load()
    For i = 0 To Screen.FontCount - 1    '对 Fonts 字符数组逐一循环
        If Asc(Left(Screen.Fonts(i), 1)) < 0 Then   '判断是否为中文字体
            Combo1.AddItem Screen.Fonts(i)    '符合中文字体条件，添加组合框
        End If
    Next i
    For i = 6 To 40 Step 2    '向组合框添加偶数值作为字号
        Combo2.AddItem i
    Next i
End Sub
Private Sub Combo1_Click()    '组合框选中字体，标签 Label3 字体相应改变
    Label3.FontName = Combo1.Text
End Sub
Private Sub Combo2_Click()    '组合框选中偶数，标签 Label3 字号相应改变
    Label3.FontSize = Combo2.Text
End Sub
Private Sub Combo2_KeyPress(KeyAscii As Integer)    '在组合框输入字号
    If KeyAscii = 13 Then
        Label3.FontSize = Combo2.Text    '回车确认，标签 Label3 字号相应改变
    End If
End Sub
```

6.2.3 列表框和组合框的应用

【例 6-9】 对有序数组进行插入、删除数组元素操作。插入、删除操作会使数组元素个数发生变化，通常涉及数组元素的大量移位。利用列表框（包括组合框）可以方便地实现数据项的插入和删除。系统会自动将列表框中的其余项目进行相应的移动，即通过"AddItem 索引值"方法插入数据，通过"RemoveItem 数据索引值"删除数据，系统都会自动对索引号进行相应改变，用户不必编写相关移动数组元素代码，从而使程序代码相对简单一些。运行界面如图 6-18 所示。

第 6 章 数组和自定义类型

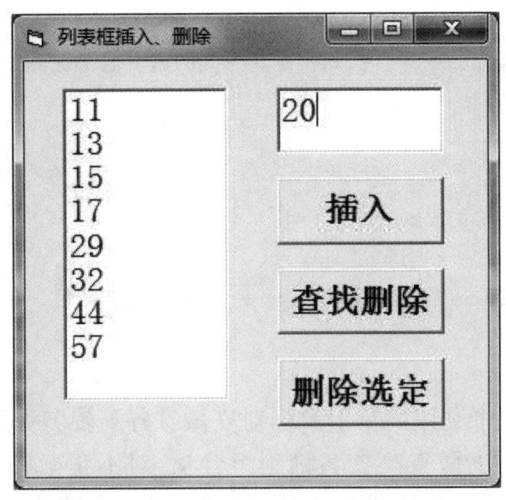

图 6-18　列表框操作

程序功能：

①在 Form_Load 事件中通过 AddItem 方法在列表框中自动生成有序的列表框数据项目。

②"插入"按钮：将文本框中输入的内容插入列表框，使列表框仍保持有序。

③"查找删除"按钮：删除列表框项目，要删除的值由文本框输入的值决定，通过循环查找，找到则删除。

④"删除选定内容"按钮：删除列表框中选定的项目。

程序：

```
Private Sub Form_Load()
    Dim a(), i%, k%, x%, n%
    a = Array(11, 13, 15, 17, 29, 32, 44, 57)
    n = UBound(a)
    For i = 0 To n
        List1.AddItem a(i)      '将数组中的元素加入列表框
    Next i
End Sub
Private Sub Command1_Click()
x = Val(Text1)
   For k = 0 To List1.ListCount - 1
       If x < Val(List1.List(k)) Then Exit For
   Next
   List1.AddItem x, k          '将 x 插在索引值为 k 的位置
End Sub
Private Sub Command2_Click()
    x = Val(Text1)
    For k = 0 To List1.ListCount - 1
```

- 159 -

```
            If x = Val(List1.List(k)) Then
List1.RemoveItem k            '找到项目值为 x 的索引值 k 删除
            End if
    Next
End Sub
Private Sub Command3_Click()
    If List1.ListIndex > -1 Then
        List1.RemoveItem List1.ListIndex        '删除选定项目
    End if
End Sub
```

【例 6-10】 设计一个利用简单组合框对安徽省各高校名称进行维护的应用程序。

要求：添加无重复的安徽省高校名称到组合框，对不正确的名称可修改，按拼音首字母顺序有序显示。运行界面如图 6-19 所示，共涉及两个控件：Combo1 和 Command1。

分析：

①有序显示只要将组合框的 Sorted 属性设置为 True 即可。

②添加无重复的安徽省高校名称，添加之前需在组合框项目中查找是否与文本框中新输入的内容相同，通过设置 Find 变量记录是否找到，如无重复则添加。

③修改组合框中高校名称有错误的项目，首先选定将要修改的项目，记录下该项目的序号（由 List.Index 属性确定），然后在文本框中对该项目进行编辑，单击"修改"，在原位置实现替换原有项目。

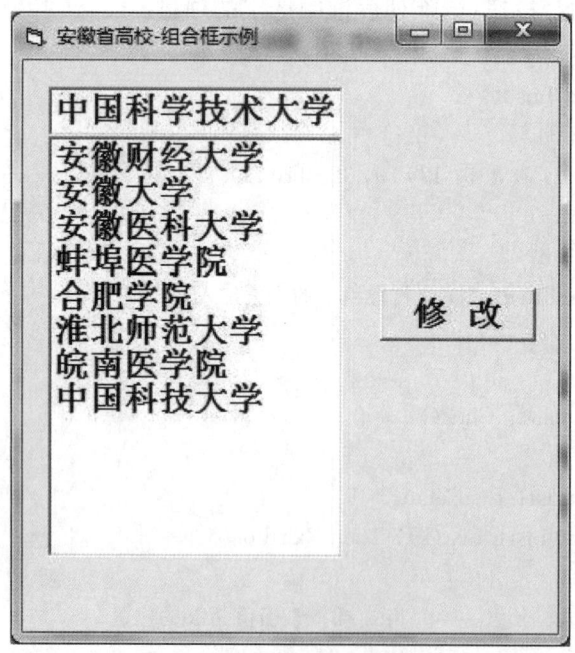

图 6-19　简单组合框操作

程序：

```
Dim index%        '通用段声明整型变量 index,用来记录替换项目索引
```

```
Private Sub Combo1_KeyPress(KeyAscii As Integer)
    Dim i%, find As Boolean
    If KeyAscii = 13 Then
        find = False         '组合框项目无重复添加
        For i = 0 To Combo1.ListCount - 1
            If Combo1.Text = Combo1.List(i) Then f = True
        Next
        If find = False Then
          Combo1.AddItem Combo1.Text
          Combo1.Text = ""
        End If
    End If
End Sub
Private Sub Command1_Click()
    Combo1.List(index) = Combo1.Text
End Sub
Private Sub Combo1_Click()
    index = Combo1.ListIndex
End Sub End Sub
```

6.3 控件数组

进行界面设计时，如果需要用到多个相同的控件（如命令按钮），并且这些控件都执行相同或相似的操作，就可以使用控件数组。控件数组具有相同的名称，可以共享同样的事件过程，控件数组元素通过各自的下标互相区分。

6.3.1 控件数组的概念

1. 什么是控件数组

控件数组是一组具有相同名称和类型的控件的集合，控件数组中的各个元素共用一个控件名称，共享同一个事件过程。控件数组名由控件的名称（Name）属性决定，其 Name 值即为数组名。控件数组中每个控件元素都有唯一的与之关联的索引号（Index 属性），即控件数组元素的下标。与普通数组相同，控件数组元素的下标也放在圆括号中，如 Command1(0)、Command1(1)等。

一个控件数组中至少应有一个元素，元素数目可在系统资源和内存允许的范围内增加。控件数组元素的 Index 属性表明了其在数组中的下标，如果 Index 属性值为空，则表示该控件不属于控件数组。控件数组中第一个元素的索引值为 0，控件数组元素可用的最大索引值为 32767。控件数组元素在使用时，都必须指明其索引号（即下标）。

2. 为何使用控件数组

当希望若干控件共享一段程序代码时，控件数组就非常有用。控件数组的事件过程与普通控件的事件过程不同,它带有 Index 参数,通过这个参数值可区分控件数组中哪个控件触发了事件。例如,如果创建了一个包含三个命令按钮的 Command1 控件数组,当双击窗体上的任意一个命令按钮时,都将打开程序代码窗口,其单击事件过程中添加了 Index 参数,如下所示。

    Private Sub Command1_Click (Index As Integer)
    ...
    End Sub

在程序运行时,无论单击哪一个命令按钮,都将执行同一个事件过程,按钮的 Index 属性值将传递给该事件过程中的 Index 参数,由 Index 参数确定哪一个命令按钮发生了单击事件,由此可以提高代码的复用率,简化程序代码设计。

使用控件数组的另一个好处是可以在程序运行时由语句创建新的控件。如果没有控件数组机制,就不可能在运行时创建新控件。这是因为新控件不具有任何事件过程,而控件数组解决了这个问题。每个控件数组元素都共享为数组编写好的事件过程,当创建的新控件是控件数组的成员时,它会继承这些事件过程。

6.3.2 控件数组的创建

创建控件数组的方法有两种,其中常用的方法是在设计窗体时创建控件数组。在设计阶段创建控件数组,最常用的方法是通过对控件的复制、粘贴操作实现,具体步骤为:

1. 创建控件数组方法一

①在窗体上添加一个控件,并根据需要设置其属性。

②选中该控件,并进行复制操作(按"Ctrl+C"组合键或选择"复制"命令)。

③进行粘贴操作(按"Ctrl+V"组合键或选择"粘贴"命令),此时将弹出确认提示,如图 6-20 所示(以创建命令按钮控件数组为例),单击"是"按钮窗体的左上角会生成一个同名的控件。

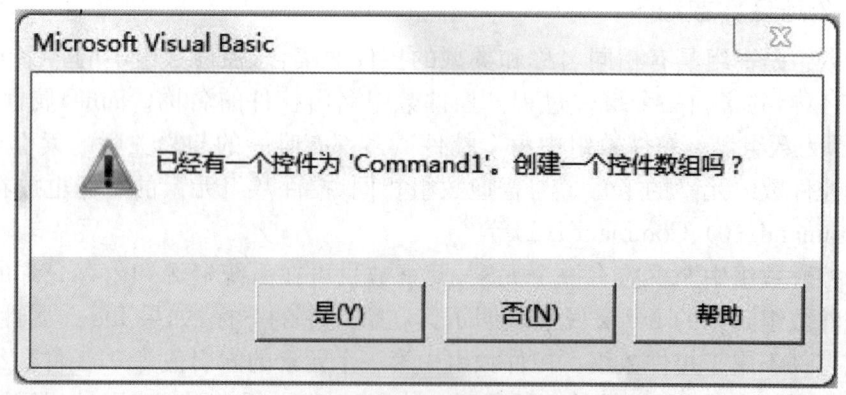

图 6-20 创建控件数组对话框

④在属性窗口中分别查看同名的两个控件的属性,可以发现,两者的名称相同。但最先建立的控件的 Index 属性值为 0,新生成的控件的 Index 属性值为 1,说明两个控件

已经属于同一个控件数组元素了。

⑤ 重复步骤②、③，可以创建多个控件数组成员，各成员的 Index 属性值按建立的次序依次增加。

⑥ 选择任意一个控件数组元素，编写其事件过程。

2. 创建控件数组方法二

从上述创建控件数组的过程可以看出，要成为控件数组，关键是控件同名且 Index 属性值各不相同。为此，也可以按以下步骤建立控件数组。

① 在窗体上添加控件，并将其 Index 属性值设为 0，则该控件成为控件数组的第一个元素。

② 继续添加同类型控件，并将其 Name 属性值改为与数组第一个元素的 Name 值相同。此时弹出图 6-20 所示的对话框，单击"是"按钮，则该控件成为第二个数组元素，且其 Index 属性值自动设置为 1。

③ 重复步骤②，可在控件数组中添加多个数组元素。

建立控件数组后，只要改变其中某个控件的名称，就能把该控件从控件数组中删除。

【例 6-11】 创建包含 4 个命令按钮的控件数组，如图 6-21 所示。当单击不同的命令按钮时，标签 Label1 中"蚌埠医学院"显示不同的颜色。

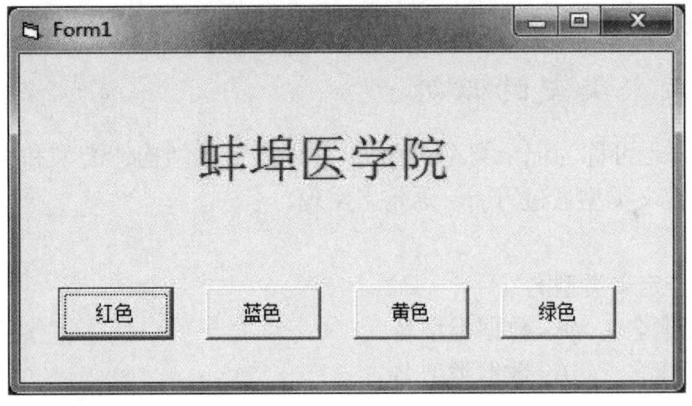

图 6-21 控件数组的应用

分析：将 4 个命令按钮定义为控件数组，这样就可以共享命令按钮的单击事件过程。根据 Index 参数可确定单击了哪个命令按钮。

新建工程，首先添加一个命令按钮，名称为 Command1，Caption 属性值为"红色"，然后依次复制并粘贴 3 次该按钮，创建控件数组，并将其拖动到适合的位置，分别修改其 Caption 属性值，然后在窗体上添加标签 Label1 控件。

双击任意一个命令按钮，在打开的代码窗口中编写其单击事件过程。程序代码如下。

```
Private Sub Command1_Click(Index As Integer)
    Select Case Index
        Case 0
            Label1.ForeColor = vbRed
        Case 1
```

```
            Label1.ForeColor = vbBlue
        Case 2
            Label1.ForeColor = vbYellow
        Case 3
            Label1.ForeColor = vbGreen
    End Select
End Sub
```

程序中的 vbRed、vbBlue 等均为代表颜色的系统常量。程序运行时,当单击某一个命令按钮后(如标题为"红色"的命令按钮,其 Index 值为 0),此时首先将按钮的 Index 值传递给 Command1_Click 过程的 Index 参数,通过 Select Case 语句可知标签文字前景颜色将被设置为红色。

6.4 自定义类型及其数组

数组是能够存放一组相同类型数据的集合。例如,一批学生某门课的考试成绩、某些产品的销售量等。若要同时记录学生的一些基本信息,例如,姓名、性别、出生年月、电话号码、所在学校等,由于每项信息的意义不同,数据类型也不尽相同,但还要同时作为一个整体来描述和处理,可通过用户自定义类型来处理。

6.4.1 自定义类型的概念

自定义类型,也可称为记录类型,类似于 C 语言中的结构体类型和 Pascal 中的记录类型。VB 中自定义类型通过 Type 语句来实现。

其形式为:

```
Type 自定义类型名
    元素名1    As 数据类型名
    元素名2    As 数据类型名
    ……
    元素名n    As 数据类型名
End Type
```

其中,元素名表示自定义类型的一个成员,可以是简单变量,也可以是数组类型说明符;数据类型名既可以是 VB 的基本数据类型,也可以是已经定义的自定义类型。若为字符串类型,则必须使用定长字符串。

注意:自定义类型一般在标准模块定义,默认为 Public 类型,若在窗体模块的通用声明段定义,则前面必须加 Private;自定义类型不能在过程内定义。

例如,下面是一个有关学生信息的自定义数据类型。

```
Type Student                     'Student 为自定义类型名
    Name As String * 5           '姓名
    Sex As String * 1            '性别
```

```
        Telephone As Long              '电话
        School As String * 10           '学校
    End Type
```

6.4.2 自定义类型变量的声明和使用

1. 自定义类型变量的声明

一旦定义了自定义类型，就可用 Dim 等语句声明该类型的变量。形式如下。

　　Dim 自定义类型变量名 As 自定义类型名

例如，

　　Dim Stud As Student，MyStud As Student

声明了 Stud、MyStud 为两个 Student 类型的变量。

注意：

① 不要将自定义类型名和该类型的变量名混淆，自定义类型名如同系统的 Integer、Single 等类型名；类型的变量名则是根据该类型声明，编译系统会分配所需的内存空间存储各元素数据。

② 自定义类型变量和数组的异同。二者的相同之处是，它们都是由若干个元素组成的。不同之处是，前者的元素可代表不同性质、不同类型的数据，以各个不同的元素项名罗列；而数组一般存放的是同种性质、同种类型的数据，以下标区别不同的元素。

2. 自定义类型变量元素的引用

要引用自定义类型变量中的某个元素，形式如下。

　　自定义类型变量.元素名

例如，要表示 Stud 变量中的姓名、性别，表示形式分别如下。

　　Stud.Name
　　Stud.Sex

3. With 语句的使用

为了简化自定义类型变量中逐一元素引用的表示，可利用 With 语句。
With 语句形式为：

　　With 变量名
　　　　语句块
　　End With

其中，变量名一般是自定义类型变量名，也可以是控件名。

作用： With 语句可以对某个变量执行一系列的语句，而不用重复指出变量的名称。

例如，对 Stud 变量的各元素项赋值，然后再把各元素的值赋给同类型的 MyStud 变量。有关操作语句如表 6-2 所示。

表 6-2　自定义类型 With 语句

方法一：用 With 语句赋值	方法二：不用 With 语句赋值
With Stud 　　.Name="李宁" 　　.Sex="女" 　　.Telephone=3175000 　　.School="蚌埠医学院" End With	Stud.Name="李宁" Stud.Sex="女" Stud.Telephone=3175000 Stud.School="蚌埠医学院"
MyStud=Stud	'相同自定义类型变量，直接赋值

说明：

①在 With 变量名和 End With 之间，可省略变量名，仅用点"."和元素名（包括控件的属性、方法等）表示即可，这样可省略对同一变量名的重复书写。

②在 VB 中，也提供了对同种自定义类型变量的直接赋值，它相当于将一个变量的各元素项的值对应地赋值给另一个变量的各对应元素项。

6.5　综合应用

本章介绍了数组的概念：定长数组、动态数组、自定义类型以及对数组的基本操作与应用。数组用于保存相同类型的批量数据，它们共享了同一个名字（数组名），用不同下标表示数组中的各个元素。在使用数组之前必须声明数组名、数组类型、数组维数和数组大小。在声明时确定了数组大小的为定长数组，否则为动态数组，要通过 ReDim 语句确定数组的大小，在使用时利用 LBound 和 UBound 系统函数可分别测定数组的下界和上界（在 VB 中默认下界为 0）。

在程序设计中使用最多的数据结构是数组，离开数组，程序的编写会很复杂。循环和数组结合使用，可简化编程的工作量，但必须要掌握数组的下标与循环控制变量之间的关系，这也是数组学习的难点。熟练地掌握数组的使用是学习程序设计的重要组成部分。

为了辅助数组的学习和相关控件的使用，本章同时介绍了列表框和组合框，这是因为这两个控件的共同特性是将多个项目存放在 List 字符数组中，通过下标存取操作任意选项。

下面通过一些综合应用举例，帮助巩固所学知识。

1. 分类统计

分类统计是指按分类条件统计一批数据中每一类包含的个数。例如，将学生成绩分为优、良、中、及格、不及格五类进行统计，将职工按职称分类统计等。这类问题一般要注意分类条件表达式的书写和各类中的计数器变量，进行相应的计数。

【例 6-12】　输入一串字符，统计各字母出现的次数（不区分字母大小写），运行效果如图 6-22 所示。

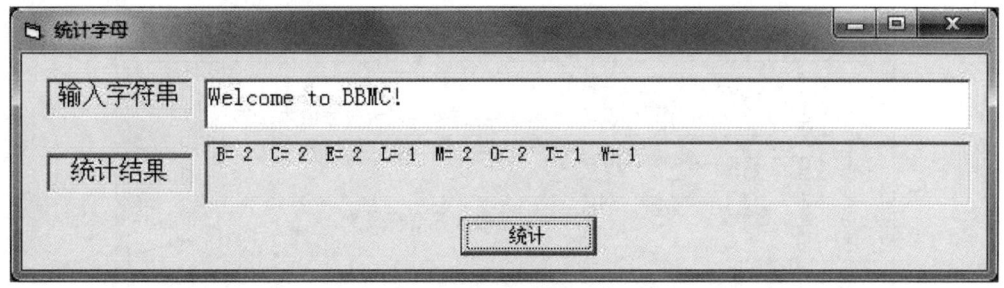

图 6-22　字符分类统计

①统计 26 个字母出现的次数,可声明一个具有 26 个元素的数组,每个元素的下标对应一个字母,数组元素的值记录对应字母出现的次数,如表 6-3 所示。

表 6-3　自定义类型 With 语句

统计对象	A	B	C	…	X	Y	Z
初始值	0	0	0	…	0	0	0
对应元素	a(1)	a(2)	a(3)	…	a(24)	a(25)	a(26)

②从输入的字符串中逐一取出字母,并转换成大写字母(使得不区分大小写)进行判断。

程序：

```
Private Sub Command1_Click()
    Dim a(1 To 26) As Integer, c As String * 1
    L = Len(Text1)                     '求字符串的长度
    For I = 1 To L
        c = UCase(Mid(Text1, I, 1))    '取一个字母,转换成大写
        If c >= "A" And c <= "Z" Then
            j = Asc(c) - 65 + 1        '将 A～Z 大写字母转换成 1～26 的下标
            a(j) = a(j) + 1            '对应数组元素加 1
        End If
    Next I
Rem 输出字母及其出现的次数
    For j = 1 To 26
        If a(j) > 0 Then Picture1.Print " "; Chr(j + 64); "="; a(j);
    Next j
End Sub
```

2. 矩阵计算(二维数组)

由于矩阵中的每个元素都要使用其行号、列标来标记其位置,因此在程序设计中,常常使用二维数组处理 N 行 M 列的矩阵。

【例 6-13】　输入一个 4×4 阶矩阵,分别求两条对角线元素之和、矩阵最大元素值及

其行号和列标。运行结果如图 6-23 所示。

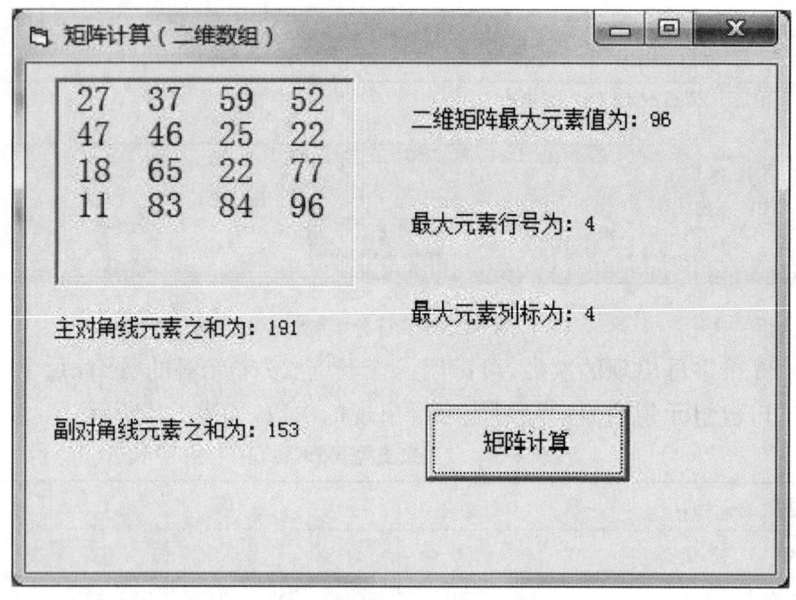

图 6-23　矩阵(二维数组)操作

分析：

定义二维数组 a 存储该矩阵,数组的行数与列数均为 4,矩阵的主对角线元素为 a(1,1)、a(2,2)、a(3,3)、a(4,4),副对角线元素为 a(1,4)、a(2,3)、a(3,2)、a(4,1)。易知主对角线上元素行号和列标相同,即 a(i,i),副对角线上数组元素的行号、列标之和为 5,可表示为 a(i,5−i)。求矩阵最大元素可以先假定一个初始最大比较对象,如 max= a(1,1),row=1,col=1。用二重循环对二维数组 a 元素逐个扫描比较,若 max<a(i,j),则重新给 max 赋值 a(i,j),row=i,col=j,到循环扫描结束,max 中记录的就是最大二维数组元素。row、col 中记录的就分别是最大数组元素的行号和列标。

程序：

```
Private Sub Command1_Click()
Dim a(1 To 4, 1 To 4) As Integer
Dim i As Integer, j As Integer
Dim s1 As Integer, s2 As Integer
Dim row As Integer, col As Integer, max As Integer
Randomize
For i = 1 To 4
    For j = 1 To 4
        a(i, j) = Int(Rnd * 90 + 10)
        Picture1.Print a(i, j);        '输出同一行矩阵元素
    Next j
    Picture1.Print                      '一行元素输出完毕后,换行
Next i
```

```
    s1 = 0: s2 = 0                          '变量初始化
    For i = 1 To 4
        s1 = s1 + a(i, i)                    '求主对角线元素之和
        s2 = s2 + a(i, 5 - i)                '求副对角线元素之和
    Next i
    max = a(1, 1): row = 1: col = 1          '变量初始化
    For i = 1 To 4
        For j = 1 To 4
            If max < a(i, j) Then
                max = a(i, j)
                row = i         '当找到更大元素时,给 max、row、col 等变量重新赋值
                col = j
            End If
        Next j
    Next i
        Label1.Caption = "主对角线元素之和为:" & s1
        Label2.Caption = "副对角线元素之和为:" & s2
        Label3.Caption = "二维矩阵最大元素值为:" & max
        Label4.Caption = "最大元素行号为:" & row
        Label5.Caption = "最大元素列标为:" & col
    End Sub
```

可以将数组理解为一组带下标的变量集合,系统分配一块连续的内存空间来存放数组中的元素。数组通常存放具有相同性质的一组数据,即数组中的数据必须是同一种类型。数组元素是数组中的某一个数据项,引用数组通常是引用数组元素。数组元素的使用和简单变量的使用相同。当所需处理的数据个数确定时,通常使用定长数组,否则应该考虑使用动态数组。数组必须先声明后使用。对于长度可变的动态数组,使用之前还必须通过 ReDim 语句确定其维数及每一维的大小。数组和 For 循环结合使用可以解决大量的实际问题。使用时在数组元素的下标与循环控制变量之间寻找相关线性联系,这样根据循环变量的变化,对数组元素进行处理。通过数组可以方便地进行数据排序、查找、统计、矩阵计算等应用。

控件数组是一组具有相同名称和类型控件的集合,控件数组中的各个元素共用一个控件名称,共享同一个事件过程。当希望若干控件共享程序代码时,控件数组就非常有用。控件数组的事件过程带有 Index 参数,通过这个参数值可以知道是控件数组中哪个控件触发的事件。

在 Visual Basic 中,除了基本数据类型外,还允许用户自定义数据类型,它是由若干标准数据类型构造的一个新的数据类型。在处理实际问题时,如果遇到包含多种不同数据类型的复杂数据结构,就可以定义一个自定义数据类型,用来将复杂的数据结构作为一个整体来描述与处理。自定义类型通过 Type 语句实现。

习 题 6

一、选择题

1. 在窗体模块的通用声明段有 Option Base 1 语句,以下不能正确定义1个4×3数组的语句是_____。
   A. Dim a(-2 To 1,3) As Integer B. Dim a(3,2) As Integer
   C. Dim a(4,3) As Integer D. Dim a(1 To 4,1 To 3) As Integer

2. 使用 Dim a(-1 to 3,2 to 5) As Integer 语句声明数组后,正确引用数组元素的是_____。
   A. a(-1,5) B. a(1) C. a[-1,2] D. a(0,6)

3. 根据内存区开辟的时机不同,可以把数组分为_____。
   A. 一维数组和多维数组 B. 一维数组和二维数组
   C. 静态数组和动态数组 D. 以上都不对

4. 默认数组下界为 0,并有数组声明语句:Dim a(3,-1 To 16),数组 a 包含元素的个数为_____。
   A. 36 B. 72 C. 54 D. 18

5. 重新定义动态数组,应使用_____定义关键字。
   A. Dim B. Private C. Public D. ReDim

6. 将数据项"Computer"添加到列表框 List1 中成为第 3 项,应使用_____语句。
   A. List1.AddItem "Computer",2 B. List1.AddItem "Computer",3
   C. List1.AddItem 2,"Computer" D. List1.AddItem 3,"Computer"

7. 使用_____可将列表框 List1 中的第 10 项内容删除。
   A. List1.RemoveItem 10 B. List1.RemoveItem 9
   C. List1.ClearItem 9 D. List1.ClearItem 10

8. _____表示列表框控件 List1 中被选中项的内容。
   A. List1.List B. List1.Text C. List1.Intdex D. List1.ListIndex

9. _____可将数据项"北京"添加为列表框 List1 中的第一项。
   A. List1.AddItem 0,"北京" B. List1.AddItem "北京",0
   C. List1.AddItem "北京",1 D. List1.AddItem 1,"北京"

10. _____可引用列表框 List1 中的最后一个数据项。
    A. List1.List(List1.ListCount) B. List1.List(List1.ListCount-1)
    C. List1.List(ListCount) D. List1.List(ListCount-1)

11. _____可将组合框 Combo1 中当前选中项删除。
    A. Combo1.Clear
    B. Combo1.Clear Combo1.ListIndex
    C. Delete Combo1.ListIndex
    D. Combo1.RemoveItem Combo1.ListIndex

12. 在 ReDim 保留字后加_____参数,用来保留数组中的数据。

A. Keep B. Preserve C. Save D. 以上都不对

13. List1.list(3)="北京"的功能是_____。
   A. 将列表框 List1 的内容设置为"北京"
   B. 将列表框 List1 的第四项内容设置为"北京"
   C. 将列表框 List1 的第三项内容设置为"北京"
   D. 以上说法均不正确

14. 列表框 List1 中列表项下标的范围区间可表示为_____。
   A. 1～Listindex B. 0～Listindex+1 C. 1～ListCount+1 D. 0～ListCount-1

15. 控件数组的元素是通过_____属性来区分的。
   A. Name B. TabIndex C. Index D. Enabled

二、程序设计题

1. 编写程序,将 2、4、6、……、98、100 共 50 个数据赋予一维数组,然后将所有数组元素逆序重新存储并输出。

2. 编程随机模拟生成 10 个学生的成绩存放在一维数组中,用冒泡法或选择法排序(升序)并输出。

3. 编写程序,将长度为 5 的一维数组中的数组元素循环向后移动一个位置,最后一个元素变动到第一个元素位置上。例如,若各个数组元素值为 1、2、3、4、5,则移动后的值为 5、1、2、3、4,并输出。

4. 编写程序,向一个 3×4 的二维数组随机输入两位整数(10～99),然后计算该二维数组中所有数组元素之和及平均值。

5. 编写程序,向一个 3×3 的二维数组输入任意三位整数(100～999),然后输出最大值及其行号与列号。

6. 利用动态数组,输出指定项数的 Fabonacci 数列,项数通过文本框输入。例如,如果在文本框中输入 10,则输出 Fabonacci 数列的前 10 项。

   注:Fabonacci 数列指的是这样一个数列:0、1、1、2、3、5、8、13、21、34……在数学上,Fabonacci 数列以如下递推的方法定义:

   $F(1)=1, F(2)=1, F(n)=F(n-1)+F(n-2)(n \geqslant 3, n \in \mathbf{N}^*)$

7. 使用控件数组,在窗体上添加三个文本框,分别用于存放两个数据运算数的输入及一个运算结果的输出显示;并添加一个包含四个命令按钮的控件数组,分别实现加、减、乘、除运算。

第 7 章 过 程

考核目标

- 了解：递归的概念。
- 理解：变量的作用域。
- 掌握：过程和函数的定义和调用，参数传递的几种方式。

编写程序时,往往把一个规模较大、复杂程度较高的程序划分为若干个模块(子任务),每个模块实现相对独立的、简单的功能。这种模块化编程,不但可以使程序结构更加清晰,而且可以简化代码,提高代码的利用率。例如,在同一程序的多项操作中,当均需执行某一个功能相同的子任务时,可将该子任务作为一个独立的模块进行单独编程,以供操作直接调用,避免重复编码。

VB中通过"过程"实现程序的模块化。将一个程序分成若干个相对独立的过程,每个过程实现单一功能。各个模块功能单一、代码简单,便于程序调用与维护,也易于阅读和理解。除第3章介绍的事件过程外,VB还允许自定义函数(Function)过程和子程序(Sub)过程。

7.1 函数过程和子程序过程

7.1.1 函数过程

【例 7-1】 函数过程示例。程序设计界面如图 7-1(a)所示。程序运行时,在两个文本框中分别输入 n 和 m 的值,单击"计算组合数"按钮后,计算并在"Label3"中显示在 n 个元素中取 m 个数的组合数结果,如图 7-1(b)所示,计算组合数的公式为:

$$组合数 = \frac{n!}{m! \times (n-m)!}$$

(a)界面设计

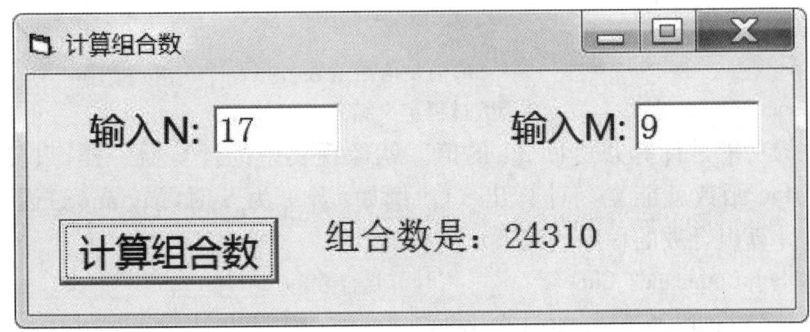

(b)运行结果

图 7-1 函数过程示例

程序:
```
Private Sub Command2_Click()           '计算组合数
    Dim n As Long, m As Long, i As Long
    Dim a As Double, b As Double, c As Double
    n=Val(Text1.Text)
    m=Val(Text2.Text)
    a=1
    For i=1 to n                       '计算 n 的阶乘
        a=a*i
    Next
    b=1
    For i=1 to m                       '计算 m 的阶乘
        b=b*i
    Next
    c=1
    For i=1 to n-m                     '计算 n-m 的阶乘
        c=c*i
    Next
    Label3.Caption="组合数是:" & a/(b*c)
End Sub
```

可以发现,程序中反复用到计算阶乘的代码,显得十分繁琐。因此,此时定义一个计算阶乘的函数 Myfac,再调用 Myfac(x),得到 x 的阶乘值,就可极大简化程序,也方便阅读。函数 Myfac 的完整代码为:

```
'自定义函数 Myfac,用于计算并返回 x 的阶乘值
Private Function Myfac(x As Long) As Double    '函数过程定义开始
    Dim s As Double
    Dim i As Long
    s=1
    For i=1 To x                       '计算 x 的阶乘,结果放入 s 中
        s=s*i
    Next
    fac=s                              '将 s 的值赋值给函数名 fac
End Function                           '函数过程定义结束
```

该函数的功能是计算并返回 $x!$ 的值。就像现实中的计算器一样,只要给出 x 的值,调用 Myfac 函数就能立刻计算出 $x!$。例如,当 x 为 5 时,Myfac(x)返回 5! 的值 120。此时,计算组合数的程序代码就可简化为:

```
Private Sub Command2_Click()           '计算组合数
    Dim n As Long, m As Long, i As Long
    Dim a As Double, b As Double, c As Double
    n=Val(Text1.Text)
```

```
        m=Val(Text2.Text)
        a=Myfac(n)              '计算 n 的阶乘
        b=Myfac(m)              '计算 m 的阶乘
        c= Myfac(n－m)          '计算 n－m 的阶乘
        Label3.Caption = "组合数是:" & a / (b * c)
    End Sub
```

说明:

① 由于函数 Myfac 的功能是计算阶乘值,因此组合数可以通过多次调用 Myfac 函数计算得到。

② 由于阶乘的计算结果增加幅度大,为防止数据溢出,本例题中将 s 定义为 Double 类型。

③ 函数过程由一段独立的代码组成,该过程可以被其他过程多次使用。自定义函数过程的一般格式是:

[Private | Public] [Static] Function 函数名([形式参数列表]) [As 类型]
　　语句组 1
　　　[函数名＝返回值
　　　　　Exit Function
　　　]
　　语句组 2
　　函数名＝返回值
End Function

其中,形式参数列表的书写形式为:

形式参数名 1 As 数据类型 1,形式参数名 2 As 数据类型 2……

说明:

A. 定义函数过程以 Function 语句开头,以 End Function 语句结尾,中间部分是描述操作过程的语句组,称为函数体。但程序执行到 End Function 语句时,退出此函数过程。在函数体中,语句 Exit Function 的作用是强制退出函数过程。

B. 可选关键字 Private 或 Public 用于指定函数的有效范围。选用 Private 时,表示该函数是私有的局部函数,只能被处于同一代码窗口(或标准模块)的过程所使用。在 Private 或 Public 中,只能选择其一,省略时默认为 Public。

C. 可选关键字 Static 表示该函数中使用的变量都是静态变量。

D. 函数名的命名规则与变量名相同。

E. 形式参数简称形参,其作用是接受使用函数时所提供的各参数值。

F. "As 数据类型 *"表示函数返回值(即函数的计算结果)的类型。省略时默认为变体型。本例题中,由于计算出的阶乘值可能会很大,故将 Myfac 函数返回值的类型指定为 Double 型。

G. 在函数体中,必须存在形式如"函数名＝返回值"的语句,其作用是将函数所产生的结果保存到函数名中,从而通过函数名返回该值。以本例题 Myfac 函数中的语句

"Myfac=s"为例,s中存放的是已经计算出来的 $x!$ 值,通过此语句便将 x 阶乘的值赋给了函数名 Myfac。函数的特点就是可以通过函数名返回一个值。

H. 在代码窗口中定义函数过程的方法有两种。其中,最常用的方法是直接在代码区域的空白位置(所有过程之外)手动输入函数的首行。输入回车后,将自动出现函数框架。例如,输入 Private Function Myfac(x As Integer) As Double 后回车,出现如下代码框架。

Private Function Myfac(x As Integer) As Double
End Function

然后在两行之间输入函数体语句即可。另外,也可以通过"工具"→"添加过程"命令添加过程框架。

④定义函数过程后,就可以像使用其他系统函数那样,直接使用该函数(称为函数调用)。调用自定义函数的方法与调用系统内部函数相同,其一般格式为:

函数名(实际参数列表)

其中,实际参数列表的格式为:

实际参数名1,实际参数名2……

说明:

A. 实际参数简称实参,是指使用函数时所提供的参数,其类型及个数必须与第一函数的形参对应一致,否则将产生编译错误。例如,在定义 Myfac 函数时,只提供了一个 Long 型的形参,那么在调用时,必须提供1个 Long 型的实参,如Command_Click事件过程中的 Myfac(n)、Myfac(m),其中的 n、m 均已定义为 Long 型。

B. 形参是用来接收实参值的,必须是变量;而实参是用来给形参提供具体值的,因而必须是具有确定值的变量、表达式或常量。

C. 在发生函数调用时,系统首先将各个实参值一一对应地传递给形参,然后根据程序流程跳转到被调用函数中,执行函数体语句。当执行到 End Function 语句或 Exit Function 语句时,程序流程在此返回到主调函数内调用该函数的地方,并且以函数名的形式返回一个函数值,继续执行下一条语句。在例 7-1 中,调用函数 Myfac(n)时,实参与形参间的传递过程如图 7-2 所示,图中带有斜线的形参 x 方格表示程序执行时形参 x 在内存中无实际存储空间。Command_Click 事件的执行流程如图 7-3 所示,图中①~⑤为程序执行的顺序。

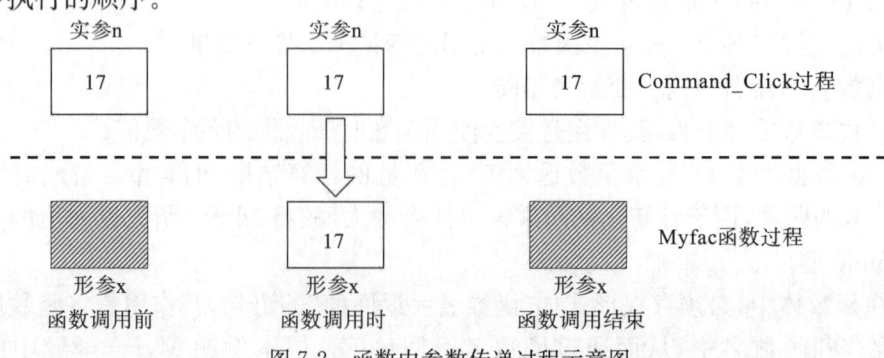

图 7-2 函数内参数传递过程示意图

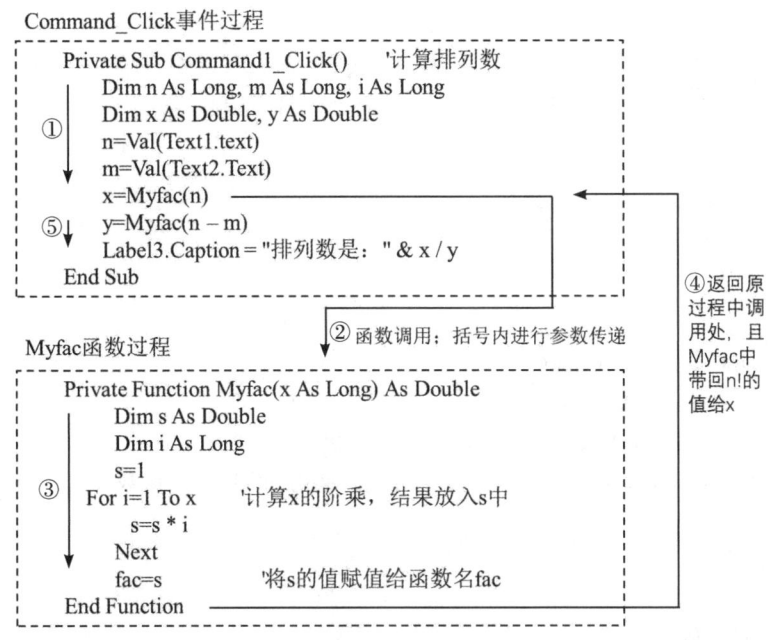

图 7-3 Command_Click 事件的执行流程

D. 调用函数时,形参 x 中的值等于实参中的值,但在函数 Myfac 中只能使用形参 x,不能使用实参 n。

E. 函数过程不因对象的某个事件而触发执行,不与任何特定的事件相联系,而是在执行某个过程时,通过语句调用来执行。这与事件过程不同。

【例 7-2】 统计奇数个数,用函数实现判断奇数的功能。先在窗体上添加 1 个列表框、2 个标签和 1 个命令按钮,设计界面如图 7-4(a)所示。程序运行时,随机产生 20 个 1~100 的整数并显示在列表框中,单击"统计"按钮,统计其中奇数的个数,并将结果显示在标签中,运行界面如图 7-4(b)所示。统计时调用函数 IsOddNum 判断奇数。

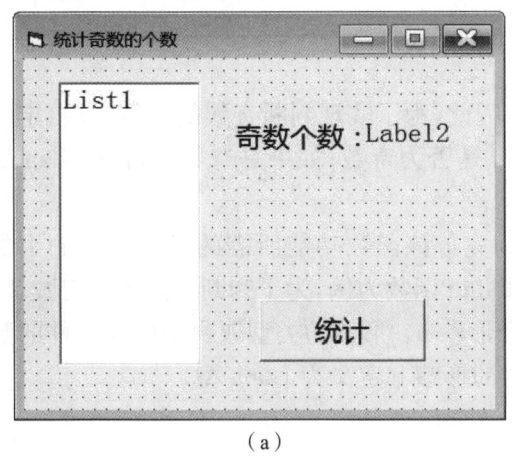
（a）

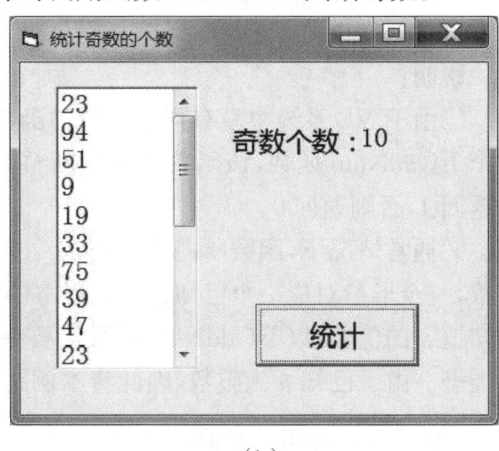
（b）

图 7-4 统计奇数个数

程序:
```
Private Sub Form_Load()
    Dim i As Long, a As Long
    Randomize
    For i = 1 To 20
        a = Int(Rnd * 100) + 1
        List1.AddItem a
    Next
End Sub
Private Sub Command1_Click()
    Dim i As Long, a As Long
    For i = 0 To List1.ListCount - 1
        If IsOddNum(List1.List(i)) = 1 Then    '调用 IsOddNum 函数
            c = c + 1
        End If
    Next
    Label2.Caption = c
End Sub
'定义一个名为 IsOddNum 的函数,用于判断奇数
Private Function IsOddNum(n As Long) As Long
    Dim flag As Long
    If n Mod 2 = 0 Then
        flag = 0
    Else
        flag = 1
    End If
    IsOddNum = flag
End Function
```

说明:

① 由于 VB 系统中没有判断奇数的函数,因此,为了实现判断奇数的功能,需自定义一个 IsOddNum 函数,该函数用于判断整数 n 是否为奇数;如果是奇数,就借助 flag 变量返回 1,否则返回 0。

② 通常情况下,函数所需要的形参个数与完成该函数功能所需的已知条件的个数一致,一个形参对应一个已知条件。以 IsOddNum 函数为例,为了判断 n 是否为奇数,需先知道 n 的值,所以 IsOddNum 函数需要一个形参 n。形参的类型取决于已知条件的数据类型。由于已知 n 为整数,因此将本例题中的形参 n 定义为 Long 型。

7.1.2 子程序过程

【例 7-3】 子程序过程示例。在窗体上添加 3 个命令按钮。程序运行时,单击命令按钮,在窗体上输出对应的"*"矩阵。程序运行界面如图 7-5 所示。

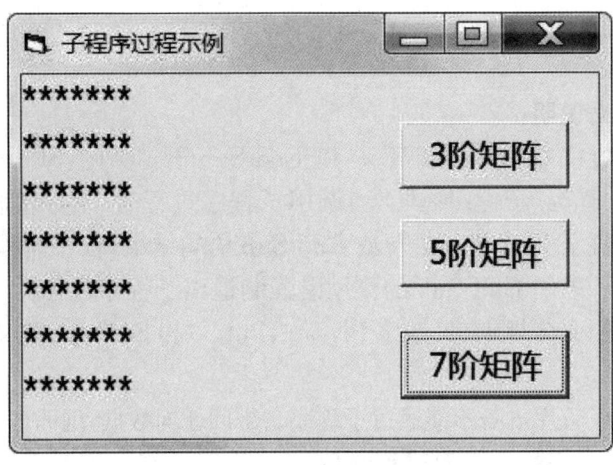

图 7-5　子程序过程示例运行界面

```
Private Sub MyMatrix(n As Long)
    For i = 1 To n
        For j = 1 To n
            Print " * ";
        Next
        Print
    Next
End Sub
Private Sub Command1_Click()
    Cls
    MyMatrix 3              '调用 MyMatrix 子程序过程,此时 n=3
End Sub
Private Sub Command2_Click()
    Cls
    MyMatrix 5              '调用 MyMatrix 子程序过程,此时 n=5
End Sub
Private Sub Command3_Click()
    Cls
    Call MyMatrix（7）       '调用 MyMatrix 子程序过程,此时 n=7
End Sub
```

说明：

①程序中定义了子程序过程 MyMatrix,其功能是在窗体上输出"＊"矩阵图形。与函数一样,定义子程序后,可以多次调用该子程序。在本程序中,共调用了 3 次。

②Sub 过程的一般定义格式为：

　　［Private ｜ Public］［ Static ］Sub 子程序过程名（［形参列表］）

　　　　语句组 1

　　［Exit Sub］

[语句组2]
End Sub

子程序过程定义说明：

①定义子程序过程以 Sub 语句开头,以 End Sub 语句结尾,Sub 和 End Sub 之间是描述过程的语句组,称为"子程序体"。当调用子程序过程时,程序流程跳转到子程序过程,执行子程序体,直至 Exit Sub 语句或 End Sub 语句结束,程序流程再次返回调用处,继续执行其后语句。语句 Exit Sub 的作用是强制退出子程序过程。

②子程序过程的命名规则、关键字 Private、Public 和 Static 的含义、实参和形参的要求等,都与函数一致。

③与函数不同,子程序本身不能通过子程序名带回任何数据,因而也不存在返回值类型。

(3)调用子程序过程的一般形式有两种。

第一种形式：

　　子程序名[实参列表]

第二种形式：

　　Call　子程序名[实参列表]

调用说明：

①在第一种调用形式中,各实参直接写在子程序名后面,不需要用括号；但子程序名和实参之间必须有空格。在第二种调用形式中,使用 Call 语句调用子程序,此时实参必须加上括号。本例题中3个事件过程分别采用 MyMatrix 3、MyMatrix 5,以及 Call MyMatrix (7)这两种形式调用了 MyMatrix 子程序过程。

②调用子程序时,形参和实参之间的传递方式,以及程序执行流程的跳转方式,都与函数一致。

【例7-4】　排序示例。利用随机函数模拟产生10名学生的《VB课程》期末考试成绩(0~100,取整数),然后将成绩按从大到小的次序排序输出。设计界面如图7-6(a)所示。程序运行时,单击"产生数据"按钮,随机生成10个期末考试成绩显示在标签中；单击"降序输出"按钮,则调用 MySort 子程序过程对这10个成绩进行降序排列,并输出在标签中,如图7-6(b)所示。

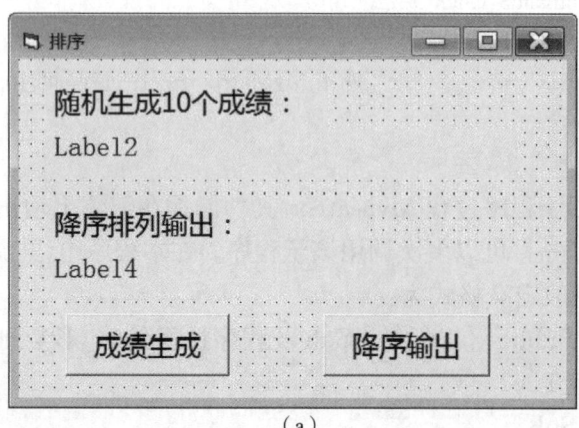

(a)

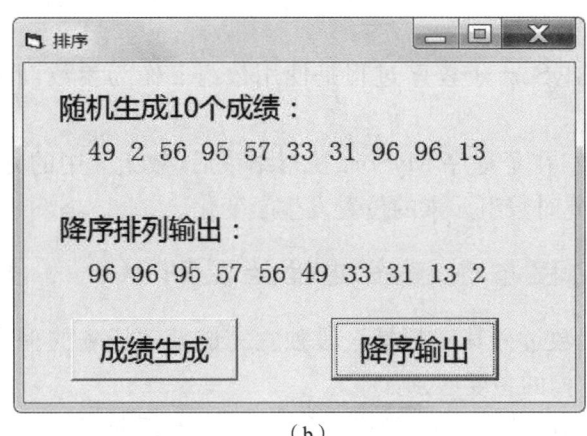

（b）

图 7-6 排　序

程序：

```
Dim a(9) As Long
Private Sub MySort(a() As Long)          '定义 MySort 子程序过程
    Dim i As Long, j As Long, t As Long
    For i = 0 To 9
      For j = i To 9
        If a(i) < a(j) Then
            t = a(i)：a(i) = a(j)：a(j) = t
        End If
      Next
    Next
End Sub
Private Sub Command1_Click()
    Label2.Caption = " "                 '清除 Label2 中的内容
    Dim i As Long
    Randomize
    For i = 0 To 9
        a(i) = Int(Rnd * 101)             '随机产生 10 个 0～100 的整数
        Label2.Caption = Label2.Caption & " " & a(i)
    Next
End Sub
Private Sub Command2_Click()
    Label4.Caption = " "                 '清除 Label4 中的内容
    Call MySort(a())                      '调用 MySort 子程序过程
    For i = 0 To 9
        Label4.Caption = Label4.Caption & " " & a(i)
    Next
End Sub
```

说明：

①本例题中的 MySort 子程序过程是使用数组 a 作为参数，此时只需要写数组名即可。

②数组作为参数，在子程序 MySort 执行结束后，数组 a 中的元素按照从大到小的顺序进行降序排列，此时数组元素的位置发生了变化。

7.1.3 函数过程与子程序过程的区别

子程序过程和函数过程其实都是一段独立完成某一任务的程序代码，目的是减少重复代码的输入。它们的主要区别如下。

①函数过程通常有返回值，而子程序过程通常没有返回值。

②函数过程在调用相应的代码后，再把结果返回到对应的变量中。

③子程序过程把需要用到的代码插入当前调用的位置。在 VB 中，如果需要子程序过程返回值，可采用两种方法：一是在过程中声明；二是设置一个公共变量。当公共变量的值改变后，再运行过程后面的代码就得到过程调用后的值。例如，例 7-4 中设置了一个长整型数组 a 作为公共变量。

7.2 参 数 传 递

7.2.1 形式参数和实际参数

参数是程序调用和被调用之间进行信息交换的中间变量，根据其用途和定义位置不同，可以把参数分为实际参数（简称"实参"）和形式参数（简称"形参"）两种类型。它们的主要区别如下。

①形参是在 Sub、Function 过程定义中出现的变量，位于过程名后的括号内。

②实参是在调用 Sub、Function 过程时，传递给被调用过程的量，位于调用语句中过程名的括号内。

③形参可以是变量或数组名（带一对小括号），实参可以是常数、变量、表达式或数组元素。

在使用实参和形参时，彼此对应的个数、类型必须一致。如例 7-1 中的阶乘定义函数语句的开头为：

　　Private Function Myfac(x As Long) As Double

那么对应定义和调用语句分别为：

　　Dim n As Long, m As Long, i As Long　　'定义语句

　　...

　　x=Myfac(n)　　　　　　　　　　　　　　'调用语句

其中，形参的个数为 1，变量名为 x，数据类型为长整型；此时，实参的个数也须为 1，变量名为 n，数据类型也须是长整型。这里需要注意的是，函数 Myfac 的返回值是双精

度型,不是长整型。

程序在调用函数过程或子程序过程时,并不需要知道函数过程或者子程序过程的形参名,只需要知道形参的个数、次序和数据类型。

7.2.2 参数传递

VB在调用过程时,通过使用参数传递的方式实现调用过程与被调用过程的数据通信。参数传递实际上就是借助形参(Sub或Function定义语句中)和实参(调用程序中)的"结合"来实现的。在VB中,向过程传递参数的方法有两种:按值传递(ByVal)和按地址传递(ByRef)。

1. 按值传递(ByVal)

VB进行按值传递时,实参和形参在内存中占用不同的内存单元。当调用一个过程时,系统自动把实参的值赋给形参,然后断开这两者之间的联系;函数过程或子程序调用结束后,形参所占用的内存单元被释放;整个调用过程中,形参值的改变对实参没有影响。

因此,按值传递是单向传递,即只能由实参传递给形参,而形参不能返回给实参。若要进行按值传递,则必须在形参前加上关键字ByVal。

【例7-5】 按值传递示例。

程序:

```
Private Sub Command1_Click()
    Dim a As Integer, b As Integer
    a = 11: b = 22
    Print "调用前 A="; a, "调用前 B="; b
    Call Swap(a, b)
    Print "调用后 A="; a, "调用后 B="; b
End Sub
Private Sub Command2_Click()
    End
End Sub
Public Sub Swap(ByVal x As Integer, ByVal y As Integer)
    Dim t As Integer
    t = x: x = y: y = t
End Sub
```

程序运行界面如图7-7所示。调用前实参变量A、B的值分别是11、22,运行子程序Swap过程(该子程序能够实现两个值互换功能)后,实参的值并没有交换,依旧分别是11、22。因此验证了按值传递是单向传递,形参的运行结果不能返回给实参。

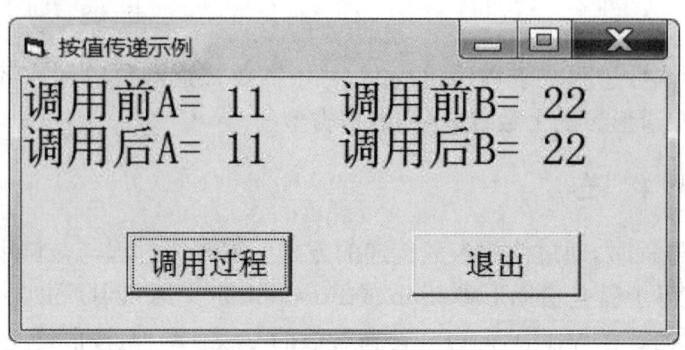

图 7-7　按值传递示例运行界面

2. 按地址传递（ByRef）

按地址传递使用 VB 系统默认的参数传递方式。在程序调用时，形参和实参共用同一个新的内存单元。因此，在形参发生改变时，实参也随之改变，这种传递方式是双向的。

在定义函数过程和子程序过程时，若形参前缺少关键字或者有关键字 ByRef，则说明此时形参和实参之间进行按地址传递。

【例 7-6】　按地址传递示例。

程序：

```
Private Sub Command1_Click()
    Dim a As Integer, b As Integer
    a = 11: b = 22
    Print "调用前 A="; a, "调用前 B="; b
    Call Swap(a, b)
    Print "调用后 A="; a, "调用后 B="; b
End Sub
Private Sub Command2_Click()
    End
End Sub
Public Sub Swap(ByRef x As Integer, y As Integer)
    Dim t As Integer
    t = x: x = y: y = t
End Sub
```

程序运行结果如图 7-8 所示。调用前实参变量 A、B 的值分别是 11、22，运行子程序 Swap 过程后，实参的值实现交换，分别变为 22、11。因此验证了按地址传递是双向传递，形参的运行结果返回给实参。

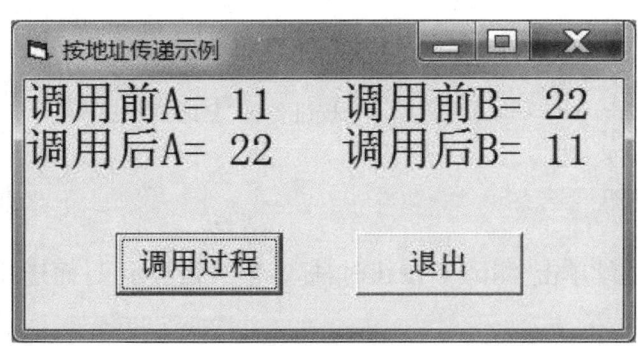

图 7-8　按地址传递示例运行界面

数组也可以作为形参或实参。数组作为参数时，只需要以数组名加圆括号表示即可（注意，圆括号不能省略），不用考虑数组的维数，参考例 7-4。

7.2.3　变量的作用域

一个 VB 程序包含若干个过程，而过程中必不可少地要使用变量。定义变量的位置不同，其使用范围也不同。将变量的有效范围称为变量的作用域。变量按照其作用域可分为过程级变量、窗体级变量和程序级变量。本节将分别介绍它们。

1. 过程级变量和作用域

在一个过程内部，使用 Dim 语句定义的变量称为过程级变量，也叫局部变量。此外，凡是采用隐式定义（即不定义而直接使用）的变量，VB 也将其视为过程级变量。过程级变量只在它所在的过程中有效。一旦过程运行结束，该变量将立刻被释放，其中的数据消失。

【例 7-7】　过程级变量示例。窗体中添加 1 个标签和 2 个命令按钮，并输入如下给定的程序代码。程序运行时，先连续单击"测试 1"按钮 10 次，观察标签显示内容的变化情况，再连续单击"测试 2"按钮 10 次，观察标签显示内容的变化情况。程序运行界面如图 7-9 所示。

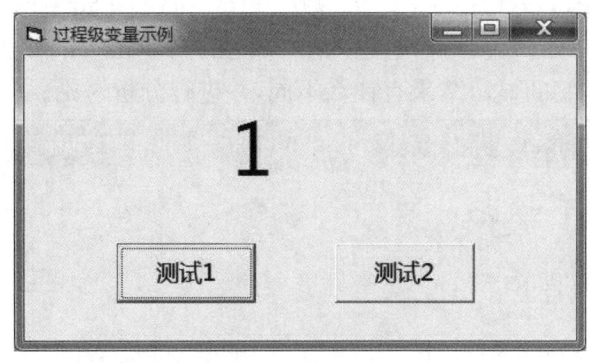

图 7-9　过程级变量示例运行界面

程序：
```
Private Sub Command1_Click()          '命令按钮 1（即"测试 1"按钮）
    Dim x As Long
    x = x + 1
```

```
        Label1.Caption = x
    End Sub
    Private Sub Command2_Click()        '命令按钮2(即"测试2"按钮)
        Dim x As Long
        Label1.Caption = x
    End Sub
```

可以发现,在连续单击"测试 1"按钮时,标签中总是显示 1;而连续单击"测试 2"按钮时,标签总是显示 0。

说明:

①对于过程级变量,只有程序执行到该过程时,这些变量才产生并赋初值,过程结束后,变量消失。例如,在本例中,单击"测试 1"按钮时,执行 Command1_Click 事件过程,VB 系统自动为 x 分配内存单元,并赋初值 0;执行 x=x+1 语句后,x 值变为 1,因此标签中显示 1;此后过程执行结束,系统立即释放变量 x,x 和 x 值都消失;再次单击"测试 1"按钮,程序流程再次执行 Command1_Click 事件过程,又重新为 x 分配内存并赋初值 0。所以,无论单击多少次"测试 1"按钮,变量 x 的值都从 0 开始,因而在标签中始终显示 1。

②本例分别在两个事件过程中各自定义了一个过程级变量 x,虽然名字相同,但却是两个不同的变量,分别在各自所在过程起作用,相互无关。

2. 窗体级变量和作用域

在一个窗体(或模块)所有过程之外,使用 Dim 语句或 Private 语句定义的变量称为窗体级变量,也称为模块级变量。通常书写在代码区域的开始部分。窗体级变量只在定义它的窗体或模块中有效,在其他窗体或模块中无效。一旦窗体被卸载(执行 UnLoad 事件),该变量就会被释放,其中的数据也随之消失。

【例 7-8】 窗体级变量示例。本程序有两个窗体:在第一个窗体中添加 1 个标签和 3 个命令按钮,如图 7-10 所示;在第 2 个窗体中添加 1 个标签和 2 个命令按钮,如图 7-11 所示,并输入以下代码。运行程序,单击 10 次"测试"按钮,单击"查看"按钮,观察此时标签中显示的内容;再单击"切换"按钮,进入第二个窗体,单击"显示"按钮,观察此时标签中的内容。请比较标签的显示结果有什么不同,并进行分析讨论。

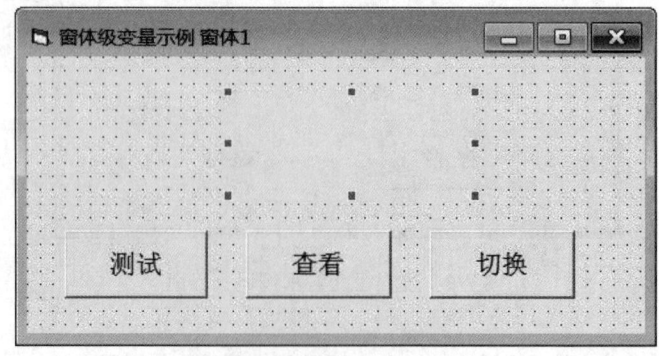

图 7-10 窗体级变量示例窗体 1

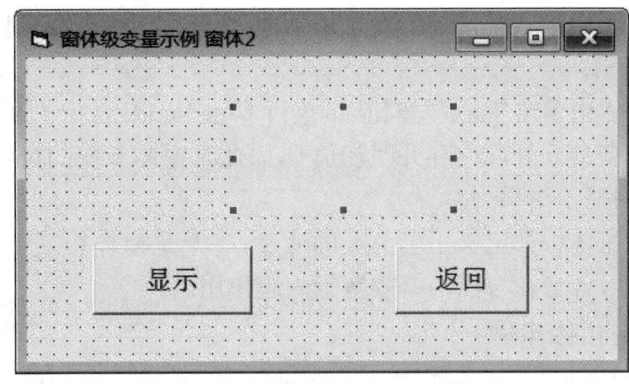

图 7-11 窗体级变量示例窗体 2

窗体 1 程序：
```
Dim x As Integer          '在所有过程外定义,x 为窗体级变量,在本窗体中使用
Private Sub Command1_Click()    '单击"测试"按钮
    x = x + 1             '窗体级变量 x,与 Command2_Click 事件中的 x 相同
End Sub
Private Sub Command2_Click()    '单击"查看"按钮
    Label1.Caption = x    '窗体级变量 x,与 Command1_Click 事件中的 x 相同
End Sub
Private Sub Command3_Click()    '单击"切换"按钮
    Form1.Hide
    Form2.Show
End Sub
```

窗体 2 程序：
```
Private Sub Command1_Click()    '单击"显示"按钮
    Dim x As Integer      '在过程内定义,x 为过程级变量,只在此过程中使用
    Label1.Caption = x    '过程级变量 x,与窗体 1 中的 x 完全不同
End Sub
Private Sub Command2_Click()    '单击"返回"按钮
    Form1.Show
    Form2.Hide
End Sub
```

程序运行时,单击 10 次"测试"按钮,再单击"查看"按钮,标签中显示 10。单击"切换"按钮进入窗体 2,单击"显示"按钮,标签中显示 0。

说明：

①程序运行时,两个窗体被加载(Load),系统自动为窗体 1 的窗体变量 x 分配内存单元,并赋初值 0;单击"测试"按钮后,执行语句 x=x+1,把 x 的值变为 1,此时过程结束,但窗体还在,故 x(=1)仍存在;当再次单击"测试"按钮后,再次执行语句 x=x+1,x 就在原有基础上再加 1,等于 2。以此类推,单击 10 次"测试"按钮后,x 的值变为 10。由于 Command1_Click 事件过程和 Command2_Click 事件过程位于同一窗体内,所以其过

程中出现的变量 x 引用的就是窗体级变量 x;此时单击"查看"按钮,显示了 x 变化 10 次的最终结果。

②在第 2 个窗体中单击"显示"按钮时,执行 Command1_Click 事件过程,系统为该过程定义的过程级变量 x 分配内存并赋初值 0,而此时窗体 1 中的窗体级变量 x 不起作用,因此此时标签内显示结果为 0。

③本例在两个窗体中都定义了名为 x 的变量,一个是窗体级变量,另一个是过程级变量,它们互不干涉,各自在自己的有效范围内起作用。

3. 程序级变量和作用域

在一个窗体或标准模块中的所有过程之外,使用 Public 语句定义的变量称为程序级变量,也称为全局变量。程序级变量在整个程序中有效,在同一程序的任何窗体或模块中均可使用,它的值始终保留。只有当整个应用程序全部运行结束后,程序级变量才会消失,并释放内存空间。

【例 7-9】 程序级变量示例。窗体设计与例 7-6 完全相同,改写部分程序后,同样,运行程序并单击 10 次"测试"按钮,分别单击"查看"和"显示"按钮,观察此时两个标签的显示内容。

窗体 1 程序:
```
Public x As Integer              '在所有过程外使用 Public 定义 x 为程序级变量
Private Sub Command1_Click()     '单击"测试"按钮
    x = x + 1                    '程序级变量 x,本程序中出现的所有 x 均为同一变量
End Sub
Private Sub Command2_Click()     '单击"查看"按钮
    Label1.Caption = x           '程序级变量 x
End Sub
Private Sub Command3_Click()     '单击"切换"按钮
    Form1.Hide
    Form2.Show
End Sub
```

窗体 2 程序:
```
Private Sub Command1_Click()           '单击"显示"按钮
    Label1.Caption = Form1.x           '引用程序级变量 x 的值进行赋值
End Sub
Private Sub Command2_Click()           '单击"返回"按钮
    Form1.Show
    Form2.Hide
End Sub
```

程序运行时,单击 10 次"测试"按钮后,再单击"查看"按钮,标签中显示 10,如图 7-12 所示;切换到窗体 2,单击"显示"按钮,在标签中也显示 10,如图 7-13 所示。

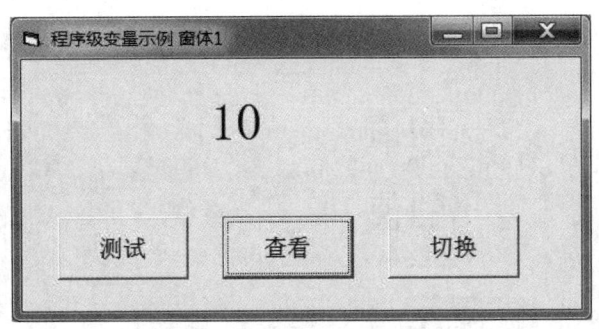

图 7-12　程序级变量示例窗体 1

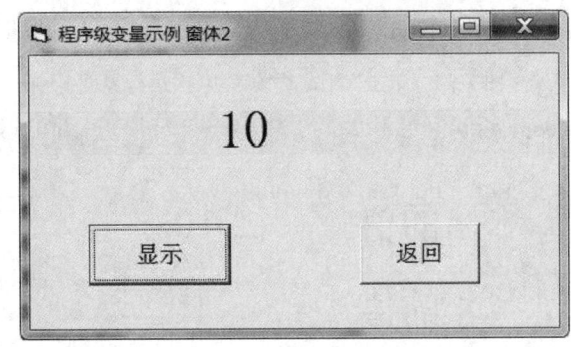

图 7-13　程序级变量示例窗体 2

说明：

①程序运行时，系统自动为程序级变量分配内存单元，并赋初值 0，该变量可在本程序中所有代码窗口使用，直至整个程序结束，才会释放其内存空间。

②在代码中使用其他窗体所定义的程序级变量时，必须在该变量名前指出其所在窗体名，如语句：Label1.Caption = Form1.x。

本节主要介绍了过程级、窗体级和程序级变量的定义和作用域。在编写较为复杂的程序时，可能涉及多个窗体和过程。在使用变量时，应当尽可能地多使用过程级变量，少使用程序级变量。这是因为过程级变量只在某一个过程中有效，不会影响该过程以外的其他代码，使用上比较安全，且便于程序调试；而过多地使用程序级变量，不但会增加系统开销，而且也容易造成变量关系混乱，产生各种无法预知的逻辑错误。

4. 静态变量

使用 Static 语句定义的变量称为静态变量，其特点是：在程序运行期间，静态变量始终占据着内存空间，最后一次变化后的值始终保留。

【例 7-10】　静态变量使用示例。在窗体上添加 4 个标签和 2 个命令按钮。程序运行时，单击"测试 1"按钮 10 次，结果如图 7-14 所示；单击"测试 2"按钮 10 次，结果如图 7-15 所示。观察标签显示内容的变化。

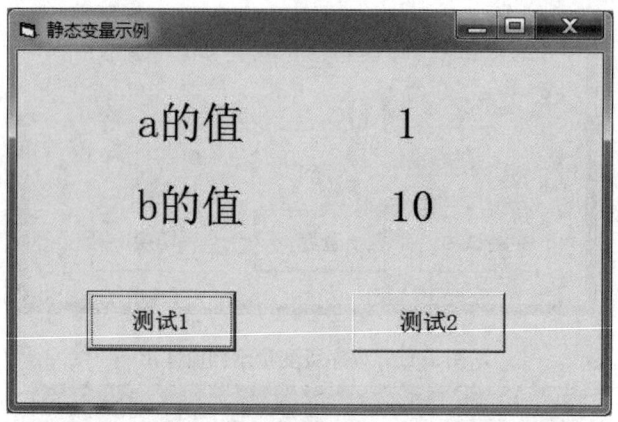

图 7-14 单击"测试 1"按钮 10 次运行界面

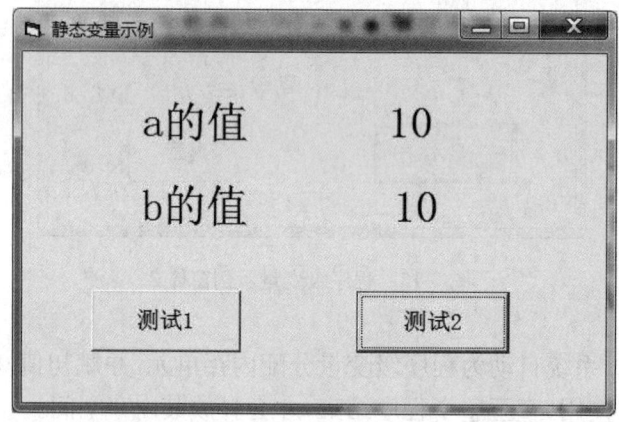

图 7-15 单击"测试 2"按钮 10 次运行界面

程序：

```
Private Sub Command1_Click()        '命令按钮 1("测试 1"按钮)
    Dim a As Integer
    Static b As Integer
    a = a + 1
    b = b + 1
    Label2.Caption = a
    Label4.Caption = b
End Sub
Private Static Sub Command2_Click()    '命令按钮 2("测试 2"按钮)
    Dim a As Integer
    Dim b As Integer
    a = a + 1
    b = b + 1
    Label2.Caption = a
    Label4.Caption = b
End Sub
```

说明：

①在 Command1_Click("测试 1")按钮事件中，分别使用 Dim 语句和 Static 语句定义了变量 a 和 b。由于是在过程内定义，所以它们都是过程级变量。因此，变量 a 和 b 一旦离开此过程就无效。变量 b 还是一个静态变量，虽然在过程外不能使用，但它没有被释放，值继续保留；当再次执行 Command1_Click 过程时，变量 a 重新赋初值 0，变量 b 仍为 1，继续使用。所以，单击 10 次"测试 1"按钮后，变量 a 始终为 1，而变量 b 则增大至 10。

②编写 Command2_Click 事件过程时，在子程序 Sub 前使用了关键字 Static。VB 规定，在定义过程时，若使用了关键字 Static，则系统将自动把该过程所有过程级变量处理为静态变量。因此，在 Command2_Click 事件过程中，变量 a 和 b 均为过程级静态变量；单击 10 次"测试 2"按钮后，变量 a 和 b 中的值都变为 10。

③虽然 Command1_Click 和 Command2_Click 事件过程中都分别定义了两个同名变量 a 和 b，但它们互不干涉，类似于不同楼房内的同一房间号。

④若过程级变量和窗体级变量重名，则在过程内部时，该过程级变量起作用，而窗体级变量（或程序级变量）被暂时屏蔽。

7.3　过程的递归调用

VB 允许在一个过程中，再次调用该过程本身，此即过程的递归调用。

【例 7-11】 过程的递归调用示例。编写程序 myFac，用递归的方法计算 n 的阶乘。在窗体上添加 1 个标签和 1 个命令按钮。程序运行时，单击"输入"按钮，在弹出的输入框中输入一个整数，调用自定义函数 myFac 计算其阶乘值，并显示在标签中。运行结果如图 7-16 所示。

图 7-16　计算阶乘示例

程序设计思路：

在第 4 章曾经介绍过循环语句求阶乘的方法，在此将采用另外一种处理方法。先看以下各式。

$n! = n \times (n-1)!$　　　　　求 $n!$ 结果，只要知道 $(n-1)!$ 的结果；

$(n-1)! = (n-1) \times (n-2)!$　　求 $(n-1)!$ 结果，只要知道 $(n-2)!$ 的结果；

$(n-2)! = (n-2) \times (n-3)!$　　　求$(n-2)!$结果,只要知道$(n-3)!$的结果;

……

$2! = 2 \times 1!$　　　求$2!$结果,只要知道$1!$的结果;

$1! = 1$　　　已知$1!$结果为1。

因此,计算$n!$可用以下式子表示:

$$n! = \begin{cases} 1, & \text{当} n = 0 \text{或} 1 \text{时}, \\ n \times (n-1)!, & \text{当} n > 1 \text{时}. \end{cases}$$

根据本公式,可编写出计算$n!$的函数myFac,具体步骤为:

①判断n的值是否为0或1,如果是,则返回1;

②若不是,则返回$n \times (n-1)!$的值。

在计算$(n-1)!$时,再次调用函数myFac,只是这时的参数值已由n变为$(n-1)$。不断执行上述步骤,将问题由求$n!$逐渐递推到求$1!$,而$1!$已知为1,因此,就可以把$1!$的值带回公式求出$2!$的值;在逐步回退的过程中,依次得到所有阶乘的值,并最终计算出$n!$。程序如下。

```
Private Function myFac(n As Integer) As Long   '函数 myFac 定义开始
    If n = 0 Or n = 1 Then
        myFac = 1                              '给函数名赋值,返回1
    Else
        myFac = n * myFac(n - 1)
    End If
End Function                                   '函数 myFac 定义结束
Private Sub Command1_Click()                   '命令按钮1("输入")代码
Dim m As Integer
m = Val(InputBox("请输入一个1~12的整数:", "计算阶乘"))
If m < 0 Or m > 12 Then                        '设定 m 的范围以防止数据溢出
    MsgBox ("非法数据,请重新输入!")
    Exit Sub
Else
    Label1.Caption = m & "! =" & myFac(m)      '调用函数 myFac
End If
End Sub
Private Sub Command2_Click()                   '命令按钮2("退出")代码
End
End Sub
```

说明:

①为了更好地理解递归调用,在此以输入整数3为例,即求$3!$的值,介绍程序执行的具体过程。具体步骤如下。

A. 在Command1_Click事件过程中,通过输入框给m赋值3,因此调用函数myFac时,实参为3。

B. 第一次调用函数 myFac 时，形参 n 为 3，执行语句 myFac = 3 * myFac(2)，但此时 myFac(2) 的值不知道，还要调用函数 myFac。

C. 第二次调用函数 myFac 时，形参 n 为 2，执行语句 myFac = 2 * myFac(1)，但此时 myFac(1) 的值不知道，再次调用函数 myFac。

D. 第三次调用函数 myFac 时，形参 n 为 1，执行语句 myFac = 1，此时函数 myFac 返回函数值 1，结束调用函数 myFac。

E. 程序流程从函数 myFac 的第 3 次调用返回到第 2 次调用的 myFac = 2 * myFac(1) 语句处，而此时 myFac(1) 的值为 1，因此得到 2 * myFac(1)=2。

F. 程序流程从函数 myFac 的第 2 次调用返回到第 1 次调用的 myFac = 3 * myFac(2) 语句处，而此时 myFac(2) 的值为 2，因此得到 3 * myFac(2)=6。

G. 程序流程从函数 myFac 的第 1 次调用返回到 Command1_Click 事件过程的语句 Label1.Caption = m & "! =" & myFac(m)，得到 myFac(3)=6，把这个 6 赋值给标签 1 的标题，在窗体上显示出来。

步骤 A～G 的执行过程，如图 7-17 所示。

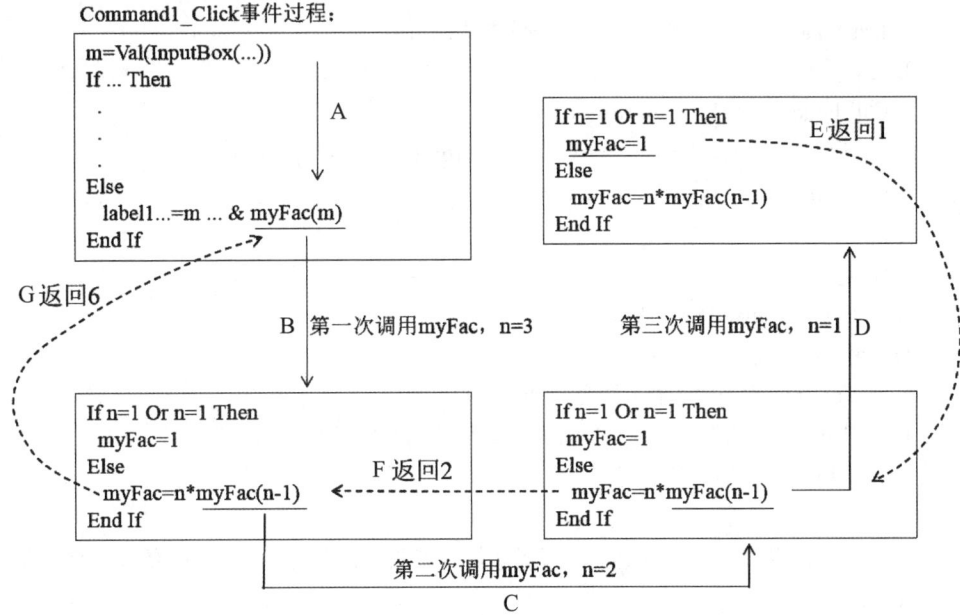

图 7-17 函数 myFac 递归调用示意图

②与本例相比，循环语句效率更高。在实际使用中，应当尽量避免使用递归算法。此处是为了介绍递归调用的原理和程序执行过程。其实，在实际生活中，有些问题必须使用递归算法才能解决。例如最经典的 Hanoi 塔问题。假设有三个分别名为 A、B、C 的塔座，如图 7-18 所示，在塔座 A 上插有 3 个直径大小不同，由小到大编号依次为 1、2、3 的圆盘，要求将塔座 A 上的圆盘移至塔座 C，并按同样的顺序叠排。圆盘移动必须遵守下列规则：

A. 每次只能移动一个圆盘；

B. 圆盘可以插在任意一个塔座上；

C. 任何时刻都不能将一个较大的圆盘放在一个较小的圆盘上。请同学们思考移动过程,并编写程序。

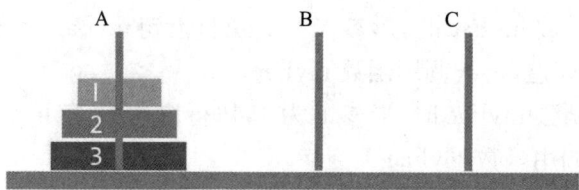

图 7-18　Hanoi 塔问题示意图

③其实递归调用本质上是一个反推过程,即要解决一个问题 a,必须先解决一个子问题 b;为解决 b,还要解决另一个子问题 c,以此类推;其中解决每一个子问题的方法都一样,并且最终一定能推到使递归调用结束的条件。

④语句 Exit Sub 的作用是提前结束当前过程。

【例 7-12】　Hanoi 塔问题示例。

```
Private Sub hanoi(n As Integer, one As String, two As String, three As String)
    If n = 1 Then
        Print Tab(5); one; "------>"; three
    Else
        Call hanoi(n - 1, one, three, two)
        Print Tab(5); one; "------>"; three
        Call hanoi(n - 1, two, one, three)
    End If
End Sub
Private Sub Command1_Click()
    Dim x As Integer
    x = Val(InputBox("请输入圆盘的个数:"))
    Print Tab(5); "将" & x & "个圆盘从 A 柱移到 C 柱的移动顺序为"
    Call hanoi(x, "A", "B", "C")
End Sub
```

程序运行后结果如图 7-19 所示。请同学们参照示例,校验自己所编写的代码,看看有什么不同,并讨论分析。

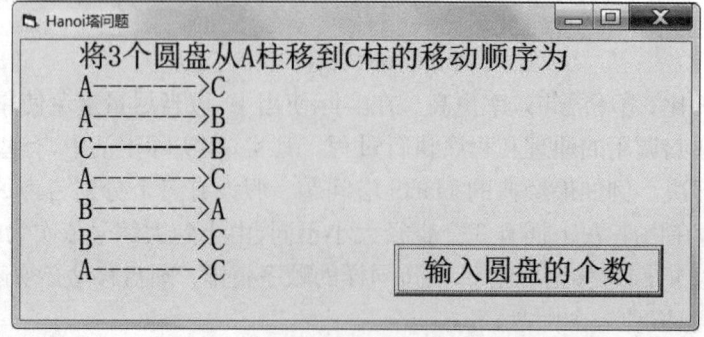

图 7-19　Hanoi 塔问题示例运行界面

7.4 标准模块

VB 的标准模块是由程序代码组成的独立模块,不属于任何一个窗口。它主要用于定义程序级变量和一些通用过程,从而可被当前应用程序中的所有窗体和模块使用。

【例 7-13】 计算 100 以内加法并验证示例,设计界面如图 7-20 所示。在窗体中单击"出题"按钮,调用自定义函数 MyData,随机产生两个 100 以内的整数,并显示在标签中,如图 7-21 所示;用户在文本框中输入结果后,单击"验证"按钮,调用子程序 MyJudge 判断是否正确,并弹出相应对话框,如图 7-22 所示;单击"退出"按钮,结束程序。

在工程资源管理器的空白处右击,在弹出的快捷菜单中选择"添加"→"添加模块"命令,如图 7-23 所示;打开"添加模块"对话框,如图 7-24 所示,单击"打开"按钮,即可添加 Module1 标准模块,此时在资源管理器中可看到新添加的模块,如图 7-25 所示。

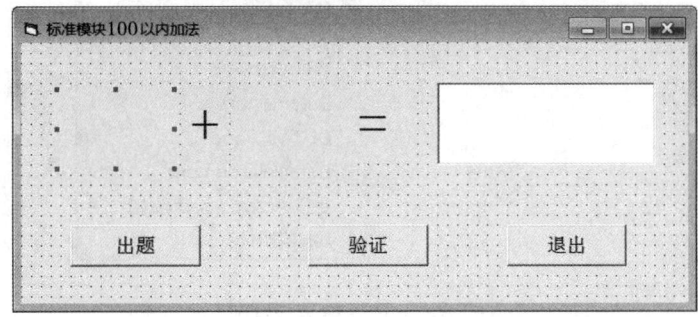

图 7-20 计算 100 以内加法并验证示例的设计界面

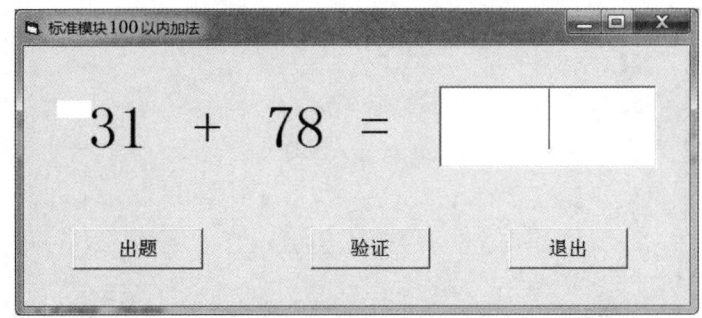

图 7-21 计算 100 以内加法并验证示例的运行界面

  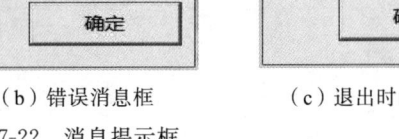

(a)正确消息框　　　　　(b)错误消息框　　　　　(c)退出时的消息框

图 7-22 消息提示框

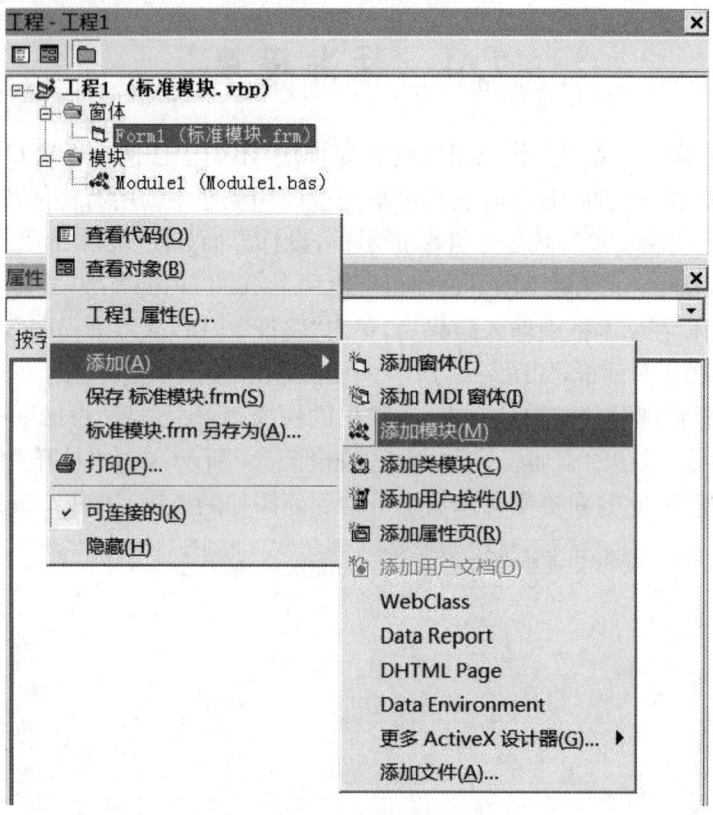

图 7-23 添加模块示意图

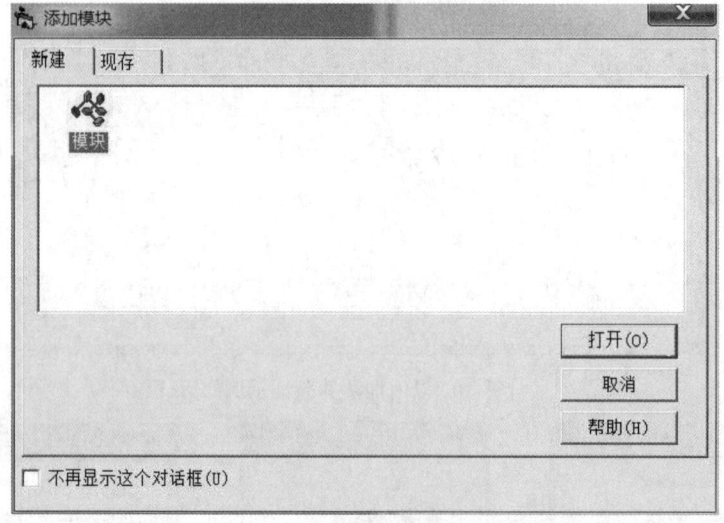

图 7-24 添加模块对话框

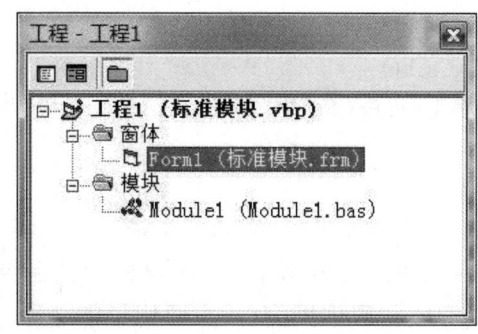

图 7-25 工程资源管理器界面

在图 7-23 资源管理器窗口中,直接双击 Module1 标准模块进入代码编辑区,编写函数 MyData 和子程序 MyJudge,分别用于产生 n 以内的随机整数和判断整数 a、b 是否相等,并根据判断结果,弹出"正确"或"错误"消息框。

Module1 标准模块完整代码:

```
Public num As Long                              '定义 num 为程序级长整型变量
Public Function MyData(n As Long) As Long       '定义通用函数
    Dim a As Long
    a = Int(Rnd * n) + 1
    MyData = a
End Function
Public Sub MyJudge(a As Long, b As Long)        '定义通用子程序
    If a = b Then
        MsgBox "正确", vbExclamation, "验证"
    Else
        MsgBox "错误", vbCritical, "验证"
    End If
End Sub
```

命令按钮 1("出题"按钮)完整代码:

```
Private Sub Command1_Click()
    num = num + 1                               '已做题目数量加 1
    Label1.Caption = MyData(100)                '调用函数 MyData,产生 100 以内的随机数
    Label3.Caption = MyData(100)
    Text1.Text = ""
    Text1.SetFocus
End Sub
```

命令按钮 2("验证"按钮)完整代码:

```
Private Sub Command2_Click()
    Dim ans As Long, data As Long
    ans = Val(Label1.Caption) + Val(Label3.Caption)
    data = Val(Text1.Text)
    MyJudge ans, data          '调用子程序 MyJudge,判断 ans 和 data 是否相等
End Sub
```

命令按钮 3("退出"按钮)完整代码：
```
Private Sub Command3_Click()
    MsgBox "已做题数为:" & num & "道"
    End
End Sub
```
说明：

①还可以使用菜单命令添加标准模块，单击菜单栏中的命令"工程"→"添加模块"，如图 7-26 所示。标准模块只有代码编辑窗口，主要用于定义程序级变量和通用过程等。本例在标准模块中定义了一个程序级变量 num，用于记录已做题目数量；还定义了函数 MyData 和子程序 MyJudge 两个子过程，它们可以被当前应用程序所有窗体使用。

图 7-26　菜单命令添加模块

②在标准模块里使用 Public 定义的程序级变量、函数或子程序，都可在其他窗体代码中直接调用；如语句 num = num + 1 和 Label1.Caption = MyData(100) 等。

③与保持窗体文件一样，标准模块也必须单独保持，其文件扩展名为 .bas。如果需要删除一个标准模块，在工程资源管理器中，鼠标右击对应模块，在弹出的快捷菜单中选择"移除模块"命令即可。

一、选择题

1. 下列关于 Sub 子程序过程和 Function 函数子过程的区别，正确的是＿＿＿＿。

　　A. Sub 子程序过程不能有参数，Function 函数子过程必须有参数

B. 两种过程的参数传递方式不同

C. Sub 子程序过程无返回值，Function 函数子过程有返回值

D. Sub 子程序过程是语句级调用，可以使用 Call 或直接使用过程名；Function 函数子过程是在表达式中调用

2. 不能脱离控件而单独存在的过程是_____。

  A. 事件过程   B. 通用过程   C. Sub 子程序过程   D. Function 函数子过程

3. 下列关于函数过程的说法，正确的是_____。

  A. 函数名在过程中只能被赋值一次

  B. 在函数体内，如果没有给函数名赋值，则函数过程没有返回值

  C. 函数过程是通过函数名带回函数值的

  D. 定义函数时，如没使用 As 定义函数类型，则该函数过程是无类型过程

4. 下列关于过程和函数的形参用法说明，不正确的是_____。

  A. ByVal 类别的形参属于按值传递

  B. ByRef 类别或无类别形参属于按地址传递

  C. 程序调用时，所给定的实参与形参的顺序、类型应当相容或相同

  D. 形参的类型可以用已知的或用户已定义的类型来指定，也可以不指定

5. 下列过程说明语句中，能实现过程调用后返回两个结果的是_____。

  A. Sub f1(ByVal n%, ByVal m%)   B. Sub f1(Byref n%, ByVal m%)

  C. Sub f1(ByRef n%, ByRef m%)   D. Sub f1(ByVal n%, ByRef m%)

二、程序改错题

以下程序有 2 处错误，错误均在"'*ERROR*"注释行，请直接在该行修改，不得增加或减少程序行数。

1. 随机产生一个[3,50]的一个正整数，找出所有大于或等于 3，小于或等于该数的素数，存入数组中。

```
Private a() As Integer, m As Integer
Private Sub Form_Click()
    Randomize
    m = 0
    n = Int(48 * Rnd) + 3
    Print "产生的随机数是 " & n & ",小于或等于该数的素数有:"
    For i = 3 To n
        Call prime(i)
    Next i
    For i = 1 To m
        Print a(i);
    Next i
    Print
End Sub
Private Sub prime(m)                    '*ERROR*
    For j = 2 To p - 1
```

```
            If j mod p = 0 Then        ' * ERROR *
                Exit Sub
            End If
        Next j
        If p = j Then
            m = m + 1
            ReDim Preserve a(m)
            a(m) = p
        End If
    End Sub
```

2. 计算表达式
```
    Private Function xn(a As Single, m As Integer)
    Dim i As Integer
    tmp = 1
    For i = 1 To m
        tmp = tmp * a
    Next
    xn = a                              ' * ERROR *
    End Function
    Private form_click()
    Dim n As Integer, i As Integer, t As Single, s, x As Single
    n = Val(InputBox("请输入 n 的值:"))
    x = Val(InputBox("请输入 x 的值:"))
    z = 0
    For i = 2 To n
         t = x + i
         z = z + t                      ' * ERROR *
    Next
    Print z
    End Sub
```

3. 随机生成10个两位正整数并输出,删除该数列中最大的数,再输出剩余的数。
```
    Private Sub Form_Click()
        Dim a(10) As Integer, i As Integer, max As Integer
        For i = 1 To 10
            a(i) = Int(Rnd * 90)        ' * ERROR *
            Print a(i);
        Next i
        Call zds(a, max)
        Print
        For i = 1 To 10
            If a(i) <> max Then
```

                Print a(i)；
            End If
        Next i
    End Sub
    Private Sub zds(a( ) As Integer，max As Integer)
        Dim i As Integer
        max = a(1)
        For i = 1 To UBound(a)   ′＊ERROR＊
            If a(i) ＞ max Then
                max = a(i)
            End If
        Next i
    End Sub

4. 输入一组整数，通过调用最小值函数查找并输出其中的最小值。
    Private Sub Form_Click()
        Dim m(5) As Integer，s As Integer
        For i = 1 To 5
            m(i) = Val(InputBox("请输入第" & i & "个数"))
            Print m(i)
            s = min(m，s)   ′＊ERROR＊
        Next
        MsgBox "已输入数据的最小值为" & s，vbOKOnly，"提示"
    End Sub
    Private Function min(a，b)
        If a ＞ b Then
            c = a：a = b：b = c
        End If
        s = a   ′＊ERROR＊
    End Function

5. 调用函数计算一个三角形的面积并输出结果。
    Public Sub calculate()
        Dim x As Double，y As Double，z As Double，area As Double
        x = 12：y = 23：z = 23   ′三角形的三个边长
        If x + y ＞ z Or y + z ＞ x Or x + z ＞ y Then   ′＊ERROR＊
            area = Tria(x)＋Tria(y)＋Tria(z)   ′＊ERROR＊
            menu1.Print "三角形的面积是:"；area
        Else
            MsgBox "您输入的数据不能构成三角形！"
        End If
    End Sub
    Public Function Tria(a As Double，b As Double，c As Double) As Double

```
    Dim p As Single
    p = (a + b + c) / 2
    Tria = Sqr((p - a) * (p - b) * (p - c) * p)
End Function
```

6. 分别统计一个数字字符串中每个数字字符出现的次数。
```
Public Sub calculate()
    Dim n(9) As Integer, s As String,  i As Integer, j As Integer, c As String
    s = InputBox("请输入一串数字:")
    For i = 1 To Len(s)
        c = i                          ' * ERROR *
        If c >= "0" And c <= "9" Then
            j = Val(c)
            n(i) = n(i) + 1            ' * ERROR *
        End If
    Next i
    For i = 0 To 9
        If n(i) > 0 Then
            Menu1.Print "数字" & i & "出现的次数为" & n(i)
        End If
    Next i
End Sub
```

7. 找出 1000～9999 中满足倒序后得到的数字是原数字倍数的数。
```
Public Sub calculate()
    Dim n As Integer, i As Integer, m As Integer
    For i = 1000 To 9999
        m = 0
        n = i
        Do While n > 0
    m = m * 10 + n                     ' * ERROR *
            n = n \ 10
        Loop
    If  m Mod i = 0 And m Mod i > 1 Then    ' * ERROR *
            Menu1.Print m & " = " & i & " * " & m \ i
        End If
    Next i
End Sub
```

8. 设置 5×5 数组的主、副对角线元素均为 1,其余均为 0。
```
Public Sub calculate()
Dim i As Integer, j As Integer, k As Integer, a(4, 4) As Integer
For i = 0 To 4
    For j = 0 To 4
```

```
            If i = j And i + j = 4 Then              ' * ERROR *
                a(i, j) = 1
            Else
a(j, i) = 0                                          ' * ERROR *
            End If
        Next j
    Next i
    For i = 0 To 4
        For j = 0 To 4
            Menu1.Print a(i, j); " ";
            If j = 4 Then Menu1.Print
        Next j
    Next i
End Sub
```

9. 计算 1+1/5+1/8+…+1/(3N−1),直到 1/(3N−1)小于 0.0001。

```
    Public Sub Calculate()
        Dim sum As Double ,n As Integer
        n = 1 : sum = 1
        Do
            n = n + 1
temp = 1 / ( n - 1 )                                 ' * ERROR *
            sum = sum + temp
        Loop Until 1 / ( 3 * n - 1 ) > 0.001          ' * ERROR *
        Menu1.Print "N="; n
        Menu1.Print "sum="; sum
    End Sub
```

10. 编写程序将 1～100 自然数中能同时被 3 和 5 整除的数打印出来,并统计其个数。

```
    Public Sub Calculate()
        Dim i As Integer, n As Integer
        For i = 1 To 100
            If i Mod 3 = 0 Or i Mod 5 = 0 Then        ' * ERROR *
                Menu1.Print i
n = n − 1                                             ' * ERROR *
            End If
        Next i
        Menu1.Print "1～100 自然数中能同时被 3 和 5 整除的数的个数为:"; n
    End Sub
```

11. 找出被 3、5、7 除,余数皆为 1 的最小的 5 个正整数。

```
    Public Sub calculate()
        Dim i As Integer, n As Integer, c As Integer
        c = 0 : n = 1
```

```
        Do
            n = n + 1
            If n Mod 3 = 1 Or n Mod 5 = 1 Or n Mod 7 = 1 Then    ' * ERROR *
                Menu1. Print n
                c = c + 1
            End If
        Loop   while c > 6                                        ' * ERROR *
    End Sub
```

12. 将任意长度的字符串中的字符顺序倒置。

```
    Public Sub calculate()
        Dim i As Integer, n As Integer, c As String , s As String, t As String
        t = ""
        s = InputBox("请输入字符串:")
        n = s                              ' * ERROR *
        For i = n To 1 Step -1
            c = Mid(s, i,0)                ' * ERROR *
            t = t & c
        Next i
        MsgBox (t)
    End Sub
```

13. 求 $s=1+(1+2)+(1+2+3)+\cdots+(1+2+3+\cdots+n)$ 的值。

```
    Public Sub Calculate()
        Dim n As Integer, s As Integer
        s = 0 : n = 10
        For i = 1 To n
            For j = 1 To n                 ' * ERROR *
                s = s + j                  ' * ERROR *
            Next j
        Next i
        Menu1. Print s
```

14. 随机产生 15 个不重复的小写英文字母(小写字母 a 的 ASCII 码值为 97)。

```
    Public Sub calculate()
        Dim s(1 To 15) As String, c As String
        Dim n As Integer, j As Integer, yes As Integer
        For n = 1 To 15
            Do
                c = Chr(Int(Rnd * (97) + 97 ))        ' * ERROR *
                yes = 0
                For j = 1 To n - 1
                    If s(j) = c Then yes = 1 : Exit For
                Next j
```

```
                Loop Until yes = 0
                s(j) = n                                        ' * ERROR *
            Next n
            Menu1.Print "15 个字母是:"
            For j = 1 To 15
                Menu1.Print s(j); " ";
            Next j
        End Sub
```

15. 随机产生 10 个 1~99(包含 1 和 99)之间的整数,找出其中的最大值、最小值和平均值。

```
        Public Sub Calculate()
            Menu1.Cls
            Dim a(1 To 10) As Integer, m_max As Integer, m_min As Integer, s As Single
            Randomize
            For i = 1 To 10
                a(i) = Int(Rnd * 99)                            ' * ERROR *
                Menu1.Print a(i)                                '打印数组元素
            Next i
            m_max = 0: m_min = 100
            For i = 1 To 10
                If a(i) > m_max Then m_max = a(i)
                If a(i) < m_min Then a(i) = m_min               ' * ERROR *
                s = s + a(i)                                    '10 个数相加
            Next i
            Menu1.Print "最大数是:"; m_max                      '输出最大数
            Menu1.Print "最小数是:"; m_min                      '输出最小数
            Menu1.Print "平均值是:"; s / 10                     '输出平均数
        End Sub
```

三、程序阅读题(请在横线上写出正确答案)

1. 执行下面程序后,输出的结果是_____。

```
        Function fun(a As Integer)
            b = 0
            Static c
            b = b + 1: c = c + 1: fun = a + b + c
        End Function
        Private Sub Command1_Click()
            Dim a As Integer
            a = 2
            For i = 1 To 3
                Sum = Sum + fun(a)
            Next
            Print Sum
```

End Sub
2. 执行以下程序后,输出的结果是_____。
```
Private Sub Command1_Click()
    Dim i As Integer
    s = 0
    For i = 1 To 5
        s = s + f(i)
    Next i
    Print s
End Sub
Private Function f(m As Integer)
    If m Mod 2 = 0 Then
        f = m
    Else
        f = 1
    End If
End Function
```
3. 执行下列程序后,输出的结果是_____。
```
Private Sub Form_Click()
    Dim i As Integer, s As Integer
    For i = 1 To 3
        s = sum(i)
        Print s;
    Next i
End Sub
Function sum(n As Integer)
    Static j As Integer          'j 是静态变量
    j = j + n + 1
    sum = j
End Function
```

四、综合应用题

1. ①新建一个工程文件 Sjt.vbp,将该工程文件的工程名称改为"spks",并将该工程中的窗体文件 Sjt.frm 的窗体名称改为"vbbc",窗体的标题为"足球强国"。②在窗体上添加以下控件：一个标签 Label1,标题为"足球强国列表";一个框架控件 Frame1,标题为"选项";三个复选框控件 Check1、Check2、Check3,标题分别为"巴西""德国""西班牙";三个图像框控件 Image1、Image2、Image3,通过 Picture 属性设置分别加载考生文件夹中的三个图标;一个列表框 List1(以上操作在属性窗口中完成)。③编写代码实现：在窗体 Load 事件中,向列表框中添加默认项"巴西——足球王国";一个通用子过程 add(),该过程首先将列表框清空,然后将所有复选框被选中的项添加到列表框中,若"德国"复选框被选中,则添加"德国——传统强国",若"西班牙"复选框被选中,则添加"西班牙——欧洲豪强";在每个复选框的 Click()事件中,调用通用子过程。程序运行界面如图 7-27 所示。

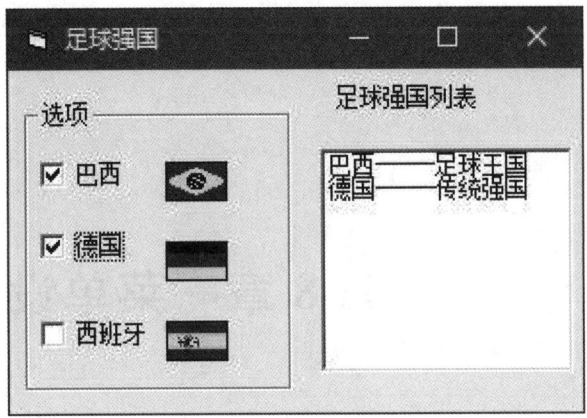

图 7-27 综合应用题运行界面

第 8 章 菜单设计

考核目标

- 了解:菜单编辑器。
- 理解:弹出式菜单的概念。
- 掌握:菜单编辑器的使用,菜单控件的常用属性和事件,下拉式菜单和弹出式菜单的建立方法。
- 应用:使用菜单编辑器设计下拉式菜单和弹出式菜单。

在 Windows 环境下,几乎所有的应用软件都通过菜单实现各种操作。而对于 Visual Basic 应用程序来说,当操作比较简单时,一般通过控件来执行;而当要完成较复杂的操作时,使用菜单具有十分明显的优势。

菜单的基本作用有两个:一是提供人机对话的界面,以便使用者选择应用系统的各种功能;二是管理应用系统,控制各种功能模块的运行。在实际应用中,菜单可分为两种基本类型,即弹出式菜单和下拉式菜单。例如,启动 Visual Basic 后,单击"文件"菜单所显示的就是下拉式菜单,而用鼠标右键单击窗体时所显示的菜单就是弹出式菜单。

8.1 菜单编辑器

对于可视化编程语言来说,菜单的设计要简单和直观得多,因为它省去了屏幕位置的计算,也不需要保存和恢复屏幕区域。全部设计都在一个窗口内完成。利用这个窗口,可以建立下拉式菜单,最多可达 6 层。

Visual Basic 中的菜单通过菜单编辑器,即菜单设计窗口建立。可以通过以下 4 种方式进入菜单编辑器。

①执行"工具"菜单中的"菜单编辑器"命令。
②使用热键 Ctrl+E 键。
③单击工具栏中的"菜单编辑器"按钮。
④在要建立菜单的窗体上单击鼠标右键,弹出一个菜单,如图 8-1 所示,然后单击"菜单编辑器"命令。

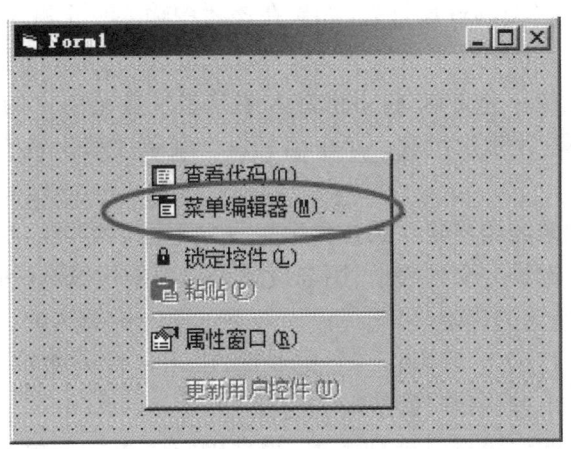

图 8-1 用弹出菜单打开菜单编辑器窗口

注意:只有当某个窗体为活动窗体时,才能用上面的方法打开菜单编辑器窗口。打开后的菜单编辑器窗口如图 8-2 所示。

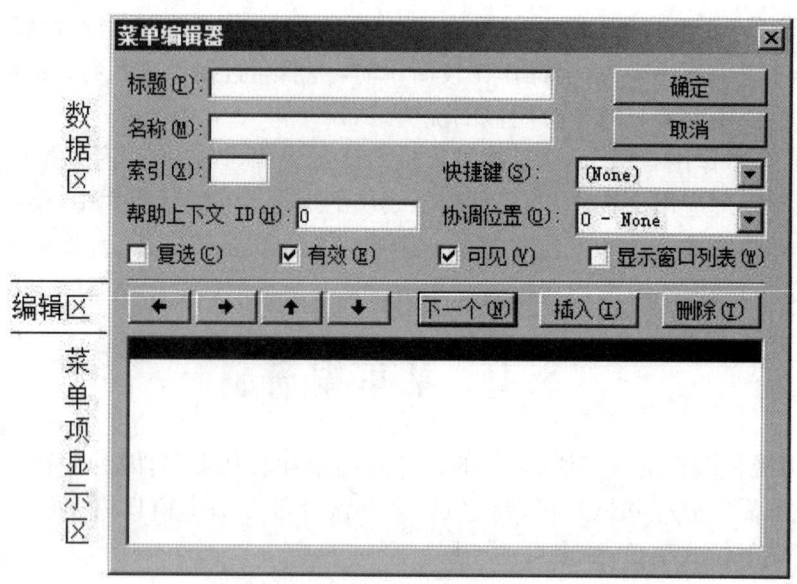

图 8-2 菜单编辑器窗口

菜单编辑器窗口分为 3 个部分,即数据区、编辑区和菜单项显示区。

8.1.1 数据区

数据区用来输入或修改菜单项,设置属性,分为若干栏,各栏的作用如下。

①标题。标题是一个文本框,用来输入所建立的菜单的名字及菜单中每个菜单项的标题(相当于控件的 Caption 属性)。如果在该栏中输入一个减号(一),则可在菜单中加入一条分隔线。

②名称。名称也是一个文本框,用来输入菜单名及各菜单项的控制名(相当于控件的 Name 属性),它不在菜单中出现。菜单名和每个菜单项都相当于一个控件,都要为其取一个控制名。

③索引。索引用来为用户建立的控件数组设立下标。

④快捷键。快捷键是一个列表框,用来设置菜单项的快捷键(热键)。单击右端的箭头,将下拉显示可供使用的热键,可选择输入与菜单项等价的热键。

⑤帮助上下文。帮助上下文是一个文本框,供用户输入数值,以便其在帮助文件(HelpFile 属性设置)中查找相应的帮助主题。

⑥协调位置。协调位置是一个列表框,用来确定菜单或菜单项是否出现或在什么位置出现。单击右端的箭头,将下拉显示一个列表,如图 8-3 所示。

第 8 章 菜单设计

图 8-3 选择菜单项显示位置

协调位置列表有 4 个选项。

0—None：菜单项不显示。

1—Left：菜单项靠左显示。

2—Middle：菜单项居中显示。

3—Right：菜单项靠右显示。

⑦复选：当选择该项时，可以在相应的菜单项旁加上指定的记号（例如"√"）。它不改变菜单项的作用，也不影响事件过程对任何对象的执行结果，只是设置或重新设置菜单项旁的符号。利用这个属性可以指明某个菜单项当前是否处于活动状态。

⑧有效：用来设置菜单项的操作状态。在默认情况下，该属性被设置为 True，表明相应的菜单项可以对用户事件作出响应。如果该属性被设置为 False，则相应的菜单项会"变灰"，不响应用户事件。

⑨可见：用来确定菜单项是否可见。一个不可见的菜单项是不能执行的。在默认情况下，该属性为 True，即菜单项可见。当一个菜单项的"可见"属性为 False 时，该菜单项不可见；如果把它的"可见"属性改为 True，则该菜单项将重新出现在菜单中。

⑩显示窗口列表：当该选项被设置为 On（框内有"√"）时，将显示当前打开的一系列子窗口，用于多文档应用程序。

8.1.2 编辑区

编辑区共有 7 个按钮，用来对输入的菜单项进行简单的编辑。菜单在数据区输入，在菜单项显示区显示。

①左、右箭头：用来产生或取消内缩符号。单击一次右箭头可以产生 4 个点，单击一次左箭头可删除 4 个点（它们是内缩符号，用来确定菜单的层次）。

②上、下箭头：用来在菜单项显示区移动菜单项的位置。把条形光标移到某个菜单项上，单击上箭头将使该菜单项上移，单击下箭头将使该菜单项下移。

③下一个：开始一个新的菜单项（与回车键作用相同）。

④插入：用来插入新的菜单项。当建立了多个菜单项后，如果想在某个菜单项前插入一个新的菜单项，可先把条形光标移到该菜单项上（单击该菜单项即可），然后单击"插

入"按钮。单击"插入"按钮后,条形光标覆盖的菜单项将下移一行,上面空出一行,可在这一行插入新的菜单项。

⑤删除:删除当前(即条形光标所在处)菜单项。

8.1.3 菜单项显示区

菜单项显示区位于菜单设计窗口的下部,输入的菜单项在这里显示出来,并通过内缩符号"····"表明菜单项的层次。条形光标所在的菜单项是"当前菜单项"。

"菜单项"是一个总的名称,它包括菜单名(菜单标题)、菜单命令、分割线和子菜单4个方面的内容。

内缩符号由4个点组成,它表明菜单项所在的层次,一个内缩符号(4个点)表示一层,两个内缩符号(8个点)表示两层……最多为5个内缩符号,即20个点,它后面的菜单项为第六层。如果一个菜单项前面没有内缩符号,则该菜单为菜单名,即菜单的第一层。

只有菜单名没有菜单项的菜单称为"顶层菜单"。

如果在"标题"栏内只输入一个"—",则表示产生一个分割线。

除分割线外,所有的菜单项都可以接收Click事件。

在输入菜单项时,如果在菜单项标题的后面加上"()",并在括号内的字母前加上"&",则显示菜单会在该字母下加上一条下划线(即设置热键的方法),可以通过Alt+带下划线的字母键打开菜单或执行相应的菜单命令。

8.2 下拉式菜单和弹出式菜单

8.2.1 下拉式菜单

下拉式菜单是常用的菜单类型之一,它有一个菜单栏,菜单栏上有一个或多个顶层菜单项,如Visual Basic集成开发环境中的"文件""编辑""视图""工程"等。当单击某个顶层菜单项时,会展开一个下拉的菜单列表,在下拉列表中可以包含分割线和子菜单等项目。单击右边含有三角形标记(▶)的菜单项时又会"下拉"出下一级菜单列表。

Visual Basic的菜单系统最多可达6层,但在实际应用中一般不超过3层,因为菜单层次过多会影响操作的方便性。建立下拉式菜单的步骤为:

①启动"菜单编辑器";

②输入菜单标题;

③输出菜单名称;

④选择快捷键、复选、有效和可见等属性;

⑤运用菜单项移动按钮调整菜单位置;

⑥重复步骤②～⑤,完成菜单输入;

⑦单击"确定"按钮。

下拉式菜单建立以后,需要为相应的菜单项编写 Click 事件过程,以便当程序运行时选择菜单实现具体的功能。

【例 8-1】 在窗体 Form1 上添加一个菜单,格式与内容如图 8-4 所示。

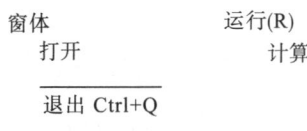

(a)菜单格式

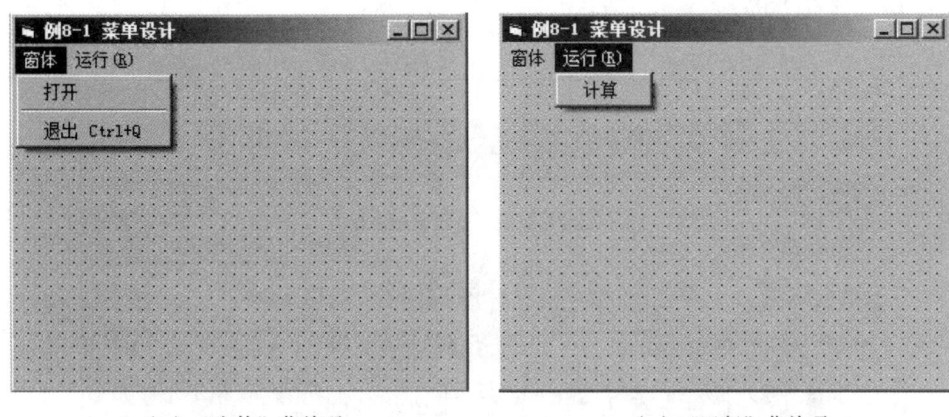

(b)"窗体"菜单项　　　　　　　　(c)"运行"菜单项

图 8-4　菜单界面效果图

括号内的字母 R 为热键;分隔条的名称为 fgt;其他菜单项的名称与标题相同,但不含热键;将 Ctrl+Q 设置为快捷键。

使菜单具有如下功能。

① 单击"计算"菜单项,求自然对数 e 的近似值(使用公式 $e=1+\dfrac{1}{1!}+\dfrac{1}{2!}+\cdots+\dfrac{1}{N!}$,要求累加的最后一项的值小于 0.000001),并在窗体 Form1 中输出计算结果,程序运行效果如图 8-5 所示。

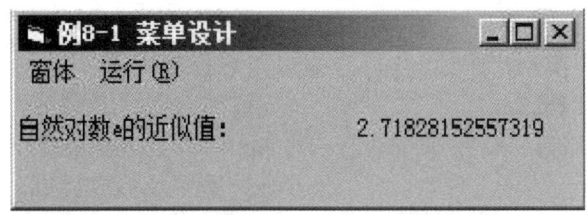

图 8-5　单击菜单项"计算"后的运行效果图

② 单击"退出"菜单项结束程序运行,其他菜单和子菜单不执行任何操作。

根据题意,进行界面设计和代码设计。

① 界面设计。打开"菜单编辑器",按照表 8-1 所列各菜单项的属性在"菜单编辑器"中进行输入或设置,效果如图 8-6 所示。

表 8-1 实例 8-1 的各菜单项属性

标题	名称	快捷键	内缩符号
窗体	窗体		无
打开	打开		....
—	Fgt		....
退出	退出	Ctrl+Q	....
运行(&R)	运行		无
计算	计算		....

图 8-6 编辑器窗口中例 8-1 的各菜单项属性

②代码设计。切换到代码设计窗口,编写如下程序代码。

```
Private Sub 计算_Click()
    Dim n As Long, sum As Double, t As Long
    n = 0
    sum = 0
    t = 1
    Do
        sum = sum + 1 / t          '累加求和
        n = n + 1                  'n 增 1
        t = n * t                  '求多项式中每一项 1/n!
    Loop Until 1 / t < 0.000001
    Form1.Print
```

```
        Form1.Print "自然对数 e 的近似值:", sum
    End Sub
Private Sub 退出_Click()
    End                              'End 是结束语句
End Sub
```

8.2.2 弹出式菜单

在实际应用中,除下拉式菜单外,Windows 还广泛使用弹出式菜单,几乎在每一个对象上单击鼠标右键都可以显示一个弹出式菜单。

弹出式菜单是一种小型的菜单,它可以在窗体的某个地方显示出来,对程序事件作出响应。通常用于对窗体中某个特定区域有关的操作或选项进行控制,例如用来改变某个文本区的字体属性等。与下拉式菜单不同,弹出式菜单不需要在窗口顶部下拉打开,而是通过鼠标右键在窗口(窗体)的任意位置打开,使用方便,具有较大的灵活性。

建立弹出式菜单通常分两步进行,首先用菜单编辑器建立菜单,然后用 PopupMenu 方法弹出显示。第一步的操作与前面介绍的基本相同,唯一的区别是,必须把菜单名(即主菜单项)的"可见"属性设置为 False(子菜单项不要设置为 False)。

PopupMenu 方法用来显示弹出式菜单,其格式为:

   对象.PopupMenu 菜单名,Flags,x,y,BoldCommand

其中,"对象"是窗体名,"菜单名"是在菜单编辑器中定义的主菜单项名,x,y 是弹出式菜单在窗体上的显示位置(与 Flags 参数配合使用),BoldCommand 用来在弹出式菜单中显示一个菜单控制。Flags 参数是一个数值或符号常量,用来指定弹出式菜单的位置及行为,其取值分为两组,一组用于指定菜单位置(如表 8-2 所示),另一组用于定义特殊的菜单行为(如表 8-3 所示)。

表 8-2 指定菜单位置

定位常量	值	作 用
vbPopupMenuLeftAlign	0	x 坐标指定菜单左边位置
vbPopupMenuCenterAlign	4	x 坐标指定菜单中间位置
vbPopupMenuRightAlign	8	x 坐标指定菜单右边位置

表 8-3 定义菜单行为

定位常量	值	作 用
vbPopupMenuLeftButton	0	通过单击鼠标左键选择菜单命令
vbPopupMenuRightButton	8	通过单击鼠标右键选择菜单命令

说明:

①PopupMenu 方法有 6 个参数,除"菜单名"外,其余参数均是可选的。当省略"对象"时,弹出式菜单只能在当前窗体显示。如果需要弹出式菜单在其他窗体显示,则必须加上窗体名。

②Flags 的两组参数可以单独使用，也可以联合使用。当联合使用时，每组取一个值，两个值相加；如果使用符号常量，则用 Or 连接两个值。

③x 和 y 分别用来指定弹出式菜单显示位置的横坐标和纵坐标，如果省略，则弹出式菜单在鼠标光标的当前位置显示。

④弹出式菜单的"位置"由 x,y 及 Flags 参数共同指定。如果省略这几个参数，则在单击鼠标右键弹出菜单时，鼠标光标所在位置为弹出式菜单左上角的坐标。在默认情况下，以窗体的左上角为坐标原点。如果省略 Flags 参数，不省略 x,y 参数，则 x,y 为弹出式菜单左上角的坐标；如果同时使用 x,y 及 Flags 参数，则弹出式菜单的位置分别为以下几种情况。

Flags=0　x,y 为弹出式菜单左上角的坐标。

Flags=4　x,y 为弹出式菜单顶边中间的坐标。

Flags=8　x,y 为弹出式菜单右上角的坐标。

⑤为了显示弹出式菜单，通常把 PopupMenu 方法放在 MouseDown 事件中，该事件响应所有的鼠标单击操作。按照惯例，一般通过单击鼠标右键显示弹出式菜单，这可以用 Button 参数来实现。对于两个键的鼠标来说，左键的 Button 参数值为 1，右键的 Button 参数值为 2。因此，可以用下面的语句强制通过单击鼠标来响应 MouseDown 事件，显示弹出式菜单。

If Button=2 then PopupMenu 菜单名

下面通过一个实例来具体说明建立弹出式菜单的一般过程。

【例 8-2】 建立一个弹出式菜单，用来设置文本框中字体的属性。

解题步骤如下：

①执行 File 菜单中的"新建工程"命令，建立一个新的标准 EXE 工程。

②执行"工具"菜单中的"菜单编辑器"命令，进入菜单编辑器窗口。

③设置各菜单项的属性（见表 8-4），建立如图 8-7 所示菜单。注意，主菜单项 popFormat 的"可见"属性应设置为 False，其余菜单项的"可见"属性应设置为 True。

表 8-4　菜单项属性设置

标　题	Name	内缩符号	可见性
字体格式化	popFormat	无	False
粗体	popBold	…．	True
斜体	popItalic	…．	True
下划线	popUnder	…．	True
20 号	Font20	…．	True
黑体	fontHt	…．	True
退出	Quit	…．	True

第 8 章 菜单设计

图 8-7 建立弹出式菜单

④编写窗体的 MouseDown 事件过程。

Private Sub Form_MouseDown(Button As Integer, Shift As Integer, X As Single, Y As Single)
    If Button = 2 Then
     PopupMenu popFormat
    End If
End Sub

注意：MouseDown 事件过程带有多个参数，其含义请查阅该事件的帮助信息。上述过程中的条件语句用来判断所按下的是否是鼠标右键，如果是，则用 PopupMenu 方法弹出菜单。PopupMenu 方法省略了对象参数，指的是当前窗体。运行程序，然后在窗体内的任意位置单击鼠标右键，将弹出一个菜单，如图 8-8 所示。

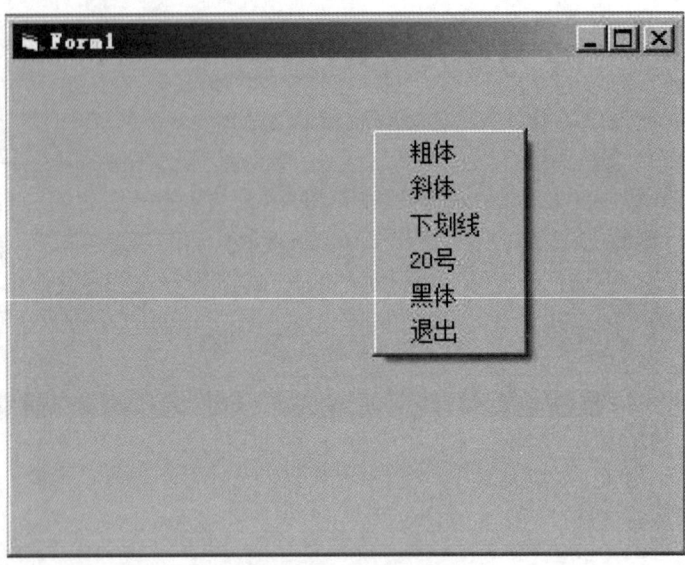

图 8-8 显示弹出式菜单

至此,弹出式菜单已经建立完成。根据题目要求,要用这个弹出式菜单来改变文本框的属性。下面继续完成其相关菜单项的操作。

⑤在窗体中画一个文本框,并编写如下窗体事件(Load 事件)过程。

```
Private Sub Form_Load()
    Text1.Text = "可视化高级程序设计语言"
End Sub
```

⑥对各个子菜单项编写事件过程。前面已经看到,为了编写下拉式菜单的事件过程,通常是在窗体中单击主菜单项,下拉显示子菜单,然后双击某个子菜单项,进入代码窗口,编写该菜单项的事件过程。对于弹出式菜单来说,由于主菜单项的"可见"属性为 False,不能在窗体顶部显示,因而不能像下拉式菜单那样通过双击子菜单项的方式进入代码窗口,必须先进入代码窗口(执行"视图"菜单中的"代码窗口"命令,按 F7 键或双击窗体),然后单击"对象"框右端的箭头,下拉显示各子菜单项,再单击某个子菜单项,在显示的该子菜单项的事件过程代码框架内编写如下代码。

```
Private Sub popBold_Click()
    Text1.FontBold = True
End Sub
Private Sub popItalic_Click()
    Text1.FontItalic = True
End Sub
Private Sub popUnder_Click()
    Text1.FontUnderline = True
End Sub
Private Sub Font20_Click()
    Text1.FontSize = 20
```

```
End Sub
Private Sub fontHt_Click()
    Text1.FontName = "黑体"
End Sub
Private Sub Quit_Click()
    End
End Sub
```

运行上面的程序,用弹出式菜单设置文本框的属性,显示结果如图 8-9 所示。

图 8-9 程序运行结果

习 题 8

一、选择题

1. 菜单控件只有一个事件,是_____。
   A. DBClick　　　　B. Click　　　　　C. KeyPress　　　　D. MouseUp
2. 设菜单项名称为 MenuCut,为了在运行时使该菜单项失效(变灰),应使用的语句是_____
   ____。
   A. MenuCut.Enabled = False　　　　B. MenuCut.Enabled = True
   C. MenuCut.Visible = False　　　　　D. MenuCut.Visible = True
3. 以下关于菜单的描述,错误的是_____。
   A. 菜单项是控件,也具有属性
   B. 菜单项只有 Click 事件
   C. 不能在顶层菜单加快捷键
   D. 在程序运行过程中,可以通过赋值语句设置菜单项的所有属性
4. 在使用菜单设计器设计菜单时,一般不能省略的输入项是_____。
   A. 名称和标题　　B. 标题和索引　　C. 索引和快捷键　　D. 标题和快捷键
5. 在窗体上显示弹出式菜单,应使用_____方法打开指定的菜单。
   A. Hide　　　　　B. Show　　　　　C. PopupMenu　　　D. Clear
6. 下列关于菜单的描述不正确的是_____。

A. 除了 Click 事件之外,菜单项也可以响应其他事件
B. 每个菜单项都是一个对象,也有属性和事件
C. 每个菜单项必须有个名称
D. 菜单项的 Enabled 属性为 False 时,该菜单项不可用

7. _____ 属性可控制菜单项是否可见。

A. Hide　　　　　B. Checked　　　　　C. Enabled　　　　　D. Visible

8. 在两个菜单命令项之间设置分隔条,应在标题文本框中输入_____。

A. &　　　　　B. -　　　　　C. #　　　　　D. +

二、综合应用题

1. 设计一个"文本编辑器",并具有如图 8-10 所示的菜单。文本内容的对齐方式通过"左对齐""右对齐""居中"菜单项实现相应的功能;文本内容的字体设置利用"字体"菜单项调用通用对话框控件实现;其他菜单项不作要求。

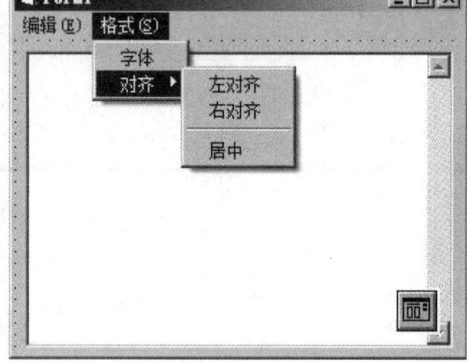

（a）"编辑"菜单　　　　　　　　（b）"格式"菜单

图 8-10　菜单设计界面

2. "三十六计"前四计的内容如表 8-5 所示。建立一个弹出式菜单,该菜单包含 4 个菜单项,分别为"瞒天过海""围魏救赵""借刀杀人""以逸待劳"。程序运行后,单击弹出式菜单中的某个菜单项,在窗体标签中显示相应的"计"的标题,并在窗体文本框中显示相应"计"的内容。

表 8-5　"三十六计"前四计的内容

序　号	标　题	内　容
1	瞒天过海	备周则意怠,常见则不疑。阴在阳之内,不在阳之外。太阳,太阴。
2	围魏救赵	共敌不如分敌,敌阳不如敌阴。
3	借刀杀人	敌已明,友未定,引友杀敌,不自出力,以损推演。
4	以逸待劳	困敌之势,不以战,损则益柔。

第 9 章 文 件

考核目标

- 了解:常用文件的分类。
- 理解:文件的基本操作。
- 掌握:文件系统控件。
- 应用:使用文件进行数据的读写操作。

VB的输入输出既可以在标准输入输出设备上进行,也可以在其他外部设备(如磁盘、磁带等后备存储器)上进行。由于后备存储器上的数据是由文件构成的,因此非标准的输入输出通常称为文件处理。在目前的微机系统中,除终端外,使用最广泛的输入输出设备就是磁盘。本章将介绍 Visual Basic 的文件处理功能以及与文件系统有关的控件。

9.1 常用文件分类

"文件"是指记录在外部介质上的数据的集合。例如,用 Word 或 Excel 编辑制作的文档或表格就是一个文件,把它存放到磁盘上就是一个磁盘文件,输出到打印机上就是一个打印机文件。在程序设计中,文件是十分有用且不可缺少的。这是因为:①文件是使一个程序可以对不同的输入数据进行加工处理、产生相应的输出结果的常用手段;②使用文件可以方便用户,提高上机效率;③使用文件可以不受内存大小的限制。因此,文件是十分重要的。

9.1.1 文件结构

为了有效地存取数据,必须以某种特定的方式存放数据,这种特定的方式称为文件结构。Visual Basic 文件由记录组成,记录由字段组成,字段由字符组成。

1. 字符(character)

字符是构成文件的最基本单位,可以是数字、字母、特殊符号或单一字节。

2. 字段(field)

字段也称域,由若干个字符组成,用来表示一项数据。例如,邮政编码"100084"就是一个字段,它由 6 个字符组成;姓名"李庆国"也是一个字段,它由 3 个汉字组成。

3. 记录(record)

记录由一组相关的字段组成。例如,学生信息表中每位学生的姓名、学号、性别、出生日期、专业、家庭地址、联系方式等构成一个记录,见表 9-1。在 Visual Basic 中,以记录为单位处理数据。

表 9-1 记 录

姓名	学号	性别	出生日期	专业	家庭住址	联系方式
李庆国	2020001	男	2002.10.1	临床医学	建国路 16 号	18856262321

4. 文件(file)

文件由记录构成,一个文件含有一个以上的记录。例如,在学生信息表文件中有 60 位学生的信息,每位学生的信息是一个记录,60 个记录构成一个文件。

9.1.2 文件分类

根据不同的分类标准,文件可分为不同的类型。

(1) 根据数据的性质划分

根据数据的性质划分,文件可分为程序文件和数据文件。

① 程序文件(program file):存放可以由计算机执行的程序,包括源文件和可执行文件。在 Visual Basic 中,扩展名为. exe,. frm,. vbp,. vbg,. bas,. cls 等的文件都是程序文件。

② 数据文件(data file):用来存放普通的数据。例如,学生考试成绩、职工工资、商品库存等。这类数据必须通过程序来存取和管理。

(2) 根据数据的存取方式和结构划分

根据数据的存取方式和结构划分,文件可分为顺序文件和随机文件。

① 顺序文件(sequential file):顺序文件的结构比较简单,文件中的记录一条接一条地存放。在这种文件中,只知道第一个记录的存放位置,其他记录的位置无从知道。当要查找某个数据时,只能从文件头开始,逐条记录地顺序读取,直到找到要查找的记录为止。

顺序文件的组织比较简单,只要把数据记录一条接一条地写到文件中即可,但维护困难。为了修改文件中的某条记录,必须把整个文件读入内存,修改完后再重新写入磁盘。顺序文件不能灵活地存取和增减数据,因而适用于有一定规律且不经常修改的数据。顺序文件的优点是占空间少,容易使用。

② 随机存储文件(random access file):又称直接存取文件,简称随机文件。与顺序文件不同,在访问随机文件中的数据时,不必考虑各条记录的排列顺序或位置,可以根据需要访问文件中的任一条记录。在随机文件中,每条记录的长度是固定的,记录中的每条字段的长度也是固定的。此外,随机文件的每条记录都有一条记录号。在写入数据时,只要指定记录号,就可以把数据直接存入指定位置。而在读取数据时,只要给出记录号,就能直接读取该记录。在随机文件中,可以同时进行读、写操作,因而能快速地查找和修改每条记录,不必为修改某条记录而对整个文件进行读、写操作。随机文件的优点是数据的存取灵活、速度快、容易修改。

(3) 根据数据的编码方式划分

根据数据的编码方式划分,文件可分为 ASCII 文件和二进制文件。

① ASCII 文件:又称为文本文件,它以 ASCII 方式保存文件。这种文件可以用字处理软件建立和修改,按纯文本文件保存。

② 二进制文件(binary file):以二进制方式保存的文件。它不能用普通的字处理软件编辑,占空间小。

9.1.3 文件的打开与关闭

在 Visual Basic 中,数据文件的操作按以下步骤进行。

① 打开或建立文件:一个文件必须先打开或建立后才能使用。如果一个文件已经存在,则打开该文件;如果不存在,则建立该文件。

② 进行读写操作:在打开或建立的文件上执行所要求的输入输出操作。在文件处理中,把内存中的数据传输到相关联的外部设备(例如磁盘)并作为文件存放的操作称为写数据,而把外部设备数据文件中的数据传输到内存程序中的操作称为读数据。一

一般来说,在主存与外设的数据传输中,由主存到外设称为输出或写,而由外设到主存称为输入或读。

③关闭文件:文件处理一般需要以上3步。在 Visual Basic 中,数据文件的操作通过有关的语句和函数来实现。

1. 文件的打开或建立

Visual Basic 用 Open 语句打开或建立一个文件,其格式为:

  Open 文件名 [For 方式] [Access 存取类型] [锁定] As [♯] 文件号 [Len = 记录长度]

其功能是为文件的输入输出分配缓冲区,并确定缓冲区所使用的存取方式。

说明:

①格式中的 Open、For、Access、As 以及 Len 为关键字,"文件名"是要打开(或建立)的文件的名称(包括路径)。

A. 方式:指定文件的输入输出方式,可以是下述操作之一。

• Output 指定顺序输出方式。

• Input 指定顺序输入方式。

• Append 指定顺序输出方式。与 Output 不同的是,当用 Append 方式打开文件时,文件指针被定位在文件末尾。如果对文件执行写操作,则写入的数据附加到原来文件的后面。

• Random 指定随机存取方式,也是默认方式。在 Random 方式中,如果没有 Access 子句,则在执行 Open 语句时,Visual Basic 试图按读/写、只读、只写顺序打开文件。

• Binary 指定二进制方式。在这种方式下,可以用 Get 和 Put 语句对文件中任何字节位置的信息进行读写。在 Binary 方式中,如果没有 Access 子句,则打开文件的类型与 Random 方式相同。

"方式"是可选的,如果选择默认方式,则为随机存取方式,即 Random。

B. 存取类型:放在关键字 Access 之后,用来指定访问文件的类型,可以是下列类型之一。

• Read:打开只读文件;

• Write:打开只写文件;

• Read:打开读写文件。这种类型只对随机文件、二进制文件及用 Append 方式打开的文件有效。

C. 锁定:该子句只在多用户或多进程环境中使用,用来限制其他用户或其他进程对打开的文件进行读写操作。

D. 文件号:一个整型表达式,其值为 1~511。执行 Open 语句时,打开文件的文件号与一个具体的文件相关联,其他输入输出语句或函数通过文件号与文件发生关系。

E. 记录长度:一个整型表达式。当选择该参量时,为随机存取文件设置记录长度。对于用随机访问方式打开的文件,该值是记录长度;对于顺序文件,该值是缓冲字符数。"记录长度"的值不能超过 32767 字节。对于二进制文件,将忽略 Len 子句。

在顺序文件中,"记录长度"不需要与各个记录的大小相对应,因为顺序文件各个记录的长度可以不相同。当打开顺序文件时,在把记录写入磁盘或从磁盘读出记录之前,

"记录长度"指出要装入缓冲区的字符数。缓冲区越大,占用空间越多,文件的输入输出操作越快。反之,缓冲区越小,剩余的内存空间越大,文件的输入输出操作越慢。默认时缓冲区的容量为 512 字节。

②为了满足不同存取方式的需要,对同一个文件可以用几个不同的文件号打开,每个文件号有自己的缓冲区。对不同的访问方式采用不同的缓冲区。但是,当使用 Output 或 Append 方式时,必须先将文件关闭,才能重新打开文件。而当使用 Input,Random 或 Binary 方式时,不必关闭文件就可以用不同的文件号打开文件。

③Open 语句兼有打开文件和建立文件两种功能。在对一个数据文件进行读、写、修改或增加数据之前,必须先用 Open 语句打开或建立该文件。如果为输入(Input)打开的文件不存在,则产生"文件未找到"错误;如果为输出(Output)、附加(Append)或随机(Random)访问方式打开的文件不存在,则建立相应的文件;此外,在 Open 语句中,任何一个参量的值如果超出给定的范围,则产生"非法功能调用"错误,而且文件不能被打开。

下面给出一些打开文件的例子。

  Open "program.txt" For Output As #1

建立并打开一个新的数据文件,使记录可以写到该文件中。如果文件"program.txt"已存在,则该语句打开已存在的数据文件,新写入的数据将覆盖原来的数据。

  Open "program.txt" For Append As #1

打开已存在的数据文件,新写入的记录附加到文件的后面,原来的数据仍在文件中。如果给定的文件名不存在,则 Append 方式可以建立一个新文件。

  Open "program.txt" For Input As #1

打开已存在的数据文件,以便从文件中读出记录。

以上例子中打开的文件都按顺序方式输入输出。

  Open "program.txt" For Random As #1

按随机方式打开或建立一个文件,然后读出或写入定长记录。

  Open "Records" For Random Access Read As #1

为读取"Records"文件以随机存取方式打开该文件。

  Open "c:\abc\program.txt" For Random As #1 Len=256

用随机方式打开 C 盘上 abc 目录下的文件,记录长度为 256 字节。

  Filename $ = "c:\abc\program.txt"
  Open Filename For Append As #3

先把文件名赋给一个变量,然后打开该文件。

2. 文件的关闭

文件的读写操作结束后,应将文件关闭,一般通过 Close 语句来实现,其格式为:

  Close [[#]文件号][,[#]文件号]…

例如,用下面的语句打开文件。

  Open "program.txt" For Output As #1

可以用下面的语句关闭该文件。

  Close #1

9.1.4 常用函数

1. Loc 函数

格式:

    Loc(文件号)

Loc 函数返回由"文件号"指定文件的当前读写位置。格式中的"文件号"是在 Open 语句中使用的文件号。

对于随机文件,Loc 函数返回一个记录号,它是对随机文件读或写的最后一条记录的记录号,即当前读写位置上的一条记录;对于顺序文件,Loc 函数返回的是从该文件被打开以来读或写的记录条数,一条记录是一个数据块。

在顺序文件和随机文件中,Loc 函数返回的都是数值,但它们的意义是不一样的。对于随机文件,只有知道记录号,才能确定文件中的读写位置;而对于顺序文件,只要知道读或写的记录个数,就能确定该文件当前的读写位置。

2. LOF 函数

格式:

    LOF(文件号)

LOF 函数返回给文件分配的字节数(即文件的长度),"文件号"的含义同前。在 Visual Basic 中,文件的基本单位是记录,每个记录的默认长度是 128 字节。因此,对于由 Visual Basic 建立的数据文件,LOF 函数返回的将是 128 的倍数,不一定是实际的字节数。假如,假定某个文件的实际长度是 257 字节(由 128×2+1 算得),则用 LOF 函数返回的是 384 字节(由 128×3 算得)。对于用其他编辑软件或字处理软件建立的文件,LOF 函数返回的将是实际分配的字节数,即文件的实际长度。

用下面的程序段可以确定一个随机文件中记录的条数。

```
RecordLen=60
OpenApp.Path & "\studentinfo.bat" For Random As #1
x=LOF(1)
NumberOfRecords=x\ RecordLen
```

3. EOF 函数

格式:

    EOF(文件号)

EOF 函数用来测试文件的结束状态,"文件号"的含义同前。利用 EOF 函数可以避免在文件输入时出现"输入超出文件尾"错误。因此,它是一个很有用的函数。在文件输入期间,可以用 EOF 测试是否到达文件末尾。对于顺序文件来说,如果已到文件末尾,则 EOF 函数返回 True,否则返回 False。对于随机文件,如果最后执行的 Get 语句未能读到一条完整的记录,则 EOF 函数返回 True,这通常发生在试图读文件结尾以后的部分时。

EOF 函数常用来在循环中测试是否已到文件尾,一般结构如下。

```
Do While Not EOF(1)
   '文件读写语句
Loop
```

9.2 顺序文件

在顺序文件中,记录的逻辑类型与存储顺序一致,对文件的读写操作只能逐条记录地顺序进行。

9.2.1 顺序文件的写操作

文件的写操作分3步:打开文件、写入文件和关闭文件。打开文件和关闭文件分别由 Open 和 Close 语句来实现,写入文件由 Print ♯ 或 Write ♯ 语句来实现。

1. Print ♯ 语句

格式:

　　　　Print ♯文件号,[[Spc(n)|Tab(n)][表达式表][;|,]]

功能:把数据写入文件。Print ♯ 语句与 Print 方法的功能是类似的,Print 方法所"写"的对象是窗体、打印机或图片库,而 Print ♯ 语句所"写"的对象是文件。例如,

　　Print ♯1,A,B,C

把变量 A,B,C 的值写到文件号为 1 的文件中。

说明:

①格式中的"表达式表"可以省略,此时将向文件中写入一个空行。例如,

　　Print ♯1

②和 Print 方法相同,Print♯语句中的各数据项之间可以用分号分隔,也可以用逗号分隔,二者分别对应紧凑格式和标准格式。由于数值数据前有符号位,后有空格,因此使用分号不会给以后读取文件造成麻烦。但是,对于字符串数据,特别是变长字符串数据来说,用分号分隔就有可能引起麻烦,因为输出的字符串数据之间没有空格。例如,

　　Dim a As String,b As String,c As String
　　a= "Beijing":b="Shanghai":c="Tianjin"

则执行

　　Print ♯1,a;b;c

后,写到磁盘上的信息为"BeijingShanghaiTianjin"。为了使输出的各字符串明显地分开,可以人为地插入逗号,将上述主句改为:

　　Print ♯1,a,",";b,",";c

【例 9-1】 编写程序,用 Print ♯ 语句向文件中写入数据。

```
Private Sub Form_Click()
    Dim name As String, tel As String, addr As String
    Open App. Path & "\tel. txt" For Output As ♯1
    name = InputBox("请输入姓名:","数据输入")
```

```
tel = InputBox("请输入电话号码:", "数据输入")
addr = InputBox("请输入地址:", "数据输入")
Print #1, name, tel, addr
Close #1
End Sub
```

该程序首先在当前目录(应用程序保存的目录)下建立一个名为"tel.txt"的文件,文件号为1;然后在三个输入对话框中分别输入姓名、电话号码和地址,程序用 Print #语句把输入的数据写入文件"tel.txt"中;最后用 Close 语句关闭文件。

2. Write #语句

格式:

　　　　Write #文件号,表达式表

和 Print #语句一样,用 Write #语句可以把数据写入顺序文件中。例如,

　　Write #1,a,b,c

将把变量 a,b,c 的值写入文件号为 1 的文件中。

说明:

①"文件号"和"表达式表"的含义同前。当使用 Write #语句时,文件必须以 Output 或 Append 方式打开。"表达式表"中各项用逗号分开。

②Write #语句和 Print #语句的功能基本相同,主要区别有以下两点。

A. 当用 Write #语句向文件写数据时,数据在磁盘上以紧凑格式存放,能自动地在数据项之间插入逗号,并给字符串加上双引号。最后一项被写入后,就插入新的一行。

B. 用 Write #语句写入的正数的前面没有空格。

【例 9-2】 从键盘上输入 4 个学生的数据,然后把它们存放到磁盘文件中。学生的数据包括姓名、学号、年龄、专业,用记录类型来定义。

①执行"工程"菜单中的"添加模块"命令,建立标准模块(以"例 9-2.bas"存盘),定义如下记录类型。

```
Type stu
    stname As String * 10
    num As Integer
    age As Integer
    major As String * 20
End Type
```

②在窗体层输入如下代码。

```
Option Base 1
```

③编写窗体事件过程。

```
Private Sub Form_Click()
    Static stud() As stu
    Open App.Path & "\stu_list.txt" For Output As #1
    n = InputBox("enter number of student:")
```

```
    ReDim stud(n) As stu
    For i = 1 To n
        stud(i).stname = InputBox("enter name:")
        stud(i).num = InputBox("enter number:")
        stud(i).age = InputBox("enter age:")
        stud(i).major = InputBox("enter major:")
        Write #1, stud(i).stname, stud(i).num, stud(i).age, stud(i).major
    Next i
    Close #1
End Sub
```

程序运行后,输入 4,并依次输入 4 位学生的数据后结束程序,查找存盘文件,如图 9-1 所示。

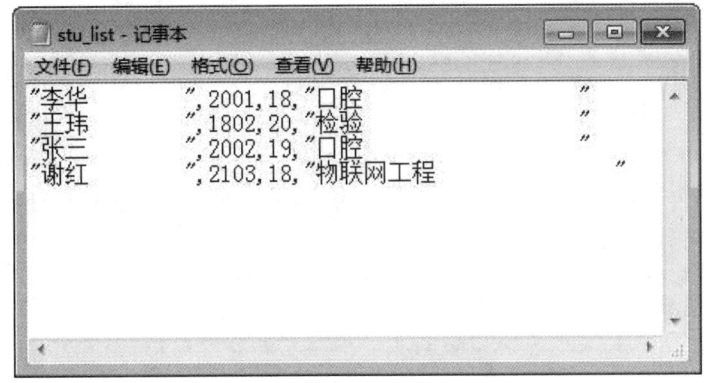

图 9-1　例 9-2 运行结果

9.2.2　顺序文件的读操作

顺序文件的读操作分打开文件、读数据文件和关闭文件 3 步。其中打开文件和关闭文件的操作如前所述,读数据的操作由 Input #语句和 Line Input #语句来实现。

1. Input #语句

格式:

　　Input #文件号,变量表

Input #语句从一个顺序文件中读出数据项,并把这些数据项赋给程序变量。例如,

　Input #1,a,b,c

从文件中读出 3 个数据项,分别把它们赋给 a,b,c 3 个变量。

说明:

①"文件号"的含义同前。"变量表"由一个或多个变量组成,这些变量既可以是数值变量,也可以是字符串变量或数组元素,从数据文件中读出的数据赋给这些变量。文件中数据项的类型应与 Input #语句中变量的类型匹配。

②在用 Input #语句把读出的数据赋给数值变量时,将忽略前导空格、回车或换行

符,把遇到的第一个非空格、非回车和换行符作为数值的开始,遇到空格、回车或换行符则认为数值结束。对于字符串数据,同样忽略开头的空格、回车或换行符。如果需要把开头带有空格的字符串赋给变量,则必须把字符串放在双引号中。

③Input # 与 InputBox 函数类似,但 InputBox 函数要求从键盘上输入数据,而 Input # 语句要求从文件中输入数据,而且执行 Input # 语句时不显示对话框。

【例9-3】 把例9-2建立的学生数据文件 stu_list.txt 中的内容读到内存,并在窗体上显示出来。

```
Private Sub Form_Click()
    Static stud() As stu
    Open App.Path & "\stu_list.txt" For Input As #1
    n = InputBox("enter number of student:")
    ReDim stud(n) As stu
    Print "姓 名";Tab(15);"学号";Tab(30);"年龄";Tab(40);"专业"
    Print
    For i = 1 To n
        Input #1, stud(i).stname, stud(i).num, stud(i).age, stud(i).major
        Print stud(i).stname;Tab(15);stud(i).num;ab(30);stud(i).age;Tab(40);stud(i).major
    Next i
    Close #1
End Sub
```

该过程首先以输入方式打开文件 stu_list.txt,数组定义方式与前面的程序相同。在 For 循环中,用 Input # 语句读入4个学生数据文件,并在窗体上显示出来。程序运行后,单击窗体,在输入对话框中输入4,然后单击"确定"按钮,程序运行结果如图9-2所示。

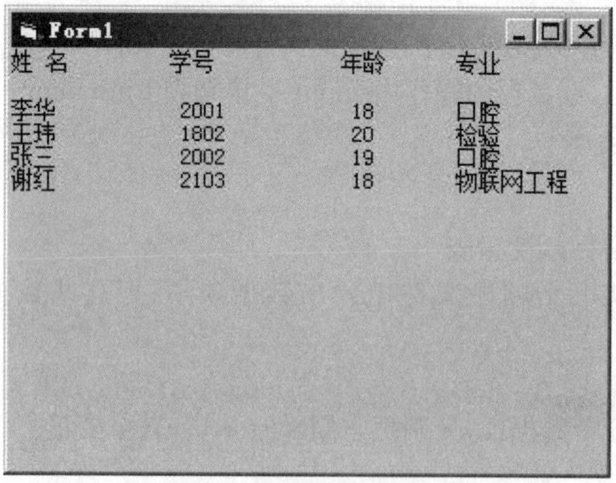

图 9-2 读数据文件结果

2. Line Input

格式:

Line Input #文件号,字符串变量

Line Input#语句从顺序文件中读取一个完整的行,并把它赋给一个字符串变量。

"文件号"的含义同前。"字符串变量"是一个字符串简单变量名,也可以是一个字符串数组元素名,用来接收从顺序文件中读出的字符行。

在文件操作中,Line Input#是十分有用的语句,它可以读取顺序文件中一行的全部字符,直至遇到回车符。Line Input#与Input#语句功能类似,只是Input#语句读取的是文件中的数据项,而Line Input#语句读取的是文件中的一行,常用来复制文本文件。

【例9-4】 把一个磁盘文件的内容读到内存并在文本框中显示出来,然后把该文本框中的内容存入另一个磁盘文件。

首先用记事本建立一个名为"xc1.txt"的文件,输入时每行均以回车键结束,如图9-3所示。

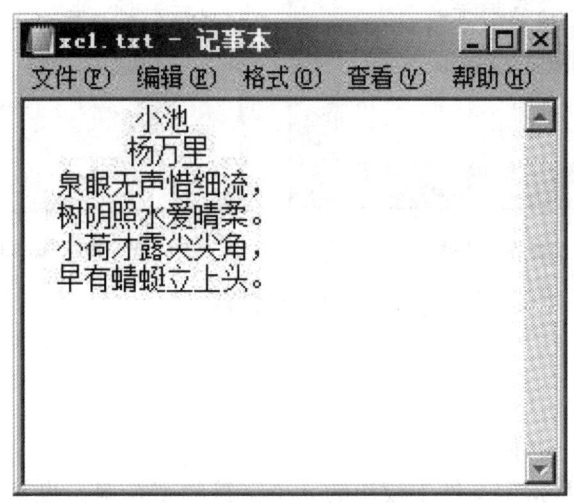

图9-3 "xc1.txt"文件内容

新建应用程序,然后在窗体上画一个文本框,在属性窗口中把该文本框的MultiLine属性设置为True,然后编写如下代码。

```
Private Sub Form_Click()
    Dim s As String, all As String
    Open App.Path & "\xc1.txt" For Input As #1
    Text1.FontSize = 14
    Text1.FontName = "幼圆"
    Do While Not EOF(1)
        Line Input #1, s
        all = all + s + Chr$(13) + Chr$(10)
    Loop
    Text1.Text = all
    Close #1
    Open App.Path & "\xc2.txt" For Output As #1
    Print #1, Text1.Text
```

```
        Close #1
    End Sub
```

上述代码首先打开一个磁盘文件 xc1.txt,用 Line Input #语句把该文件的内容一行一行地读到变量 s 中,每读一行,就把该行连接到 all 变量,加上回车换行符号。然后把变量 all 的内容放到文本框中,并关闭该文件。此时文本框中分行显示文件 xc1.txt 中的内容,如图 9-4(a)所示。同时建立一个名为"xc2.txt"的文件,并把文本框的内容写入该文件,结果如图 9-4(b)所示。

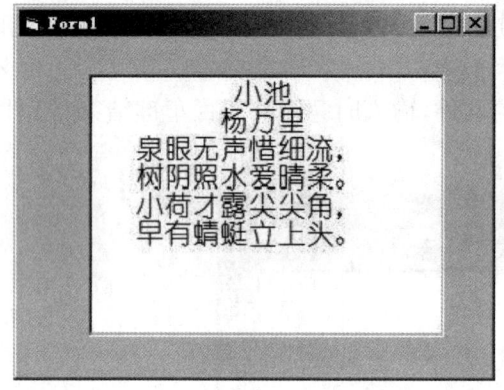
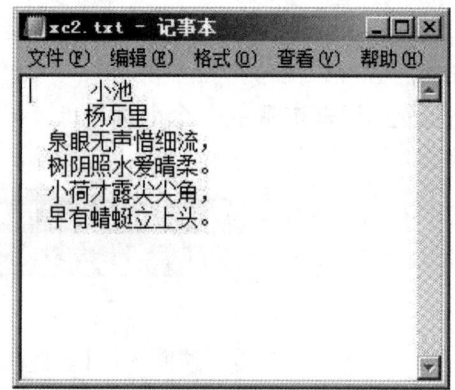

(a) 窗体界面结果　　　　　　　　　(b) 文件"xc2.txt"菜单项

图 9-4　运行结果

3. Input 函数

格式:

　　Input (n,#文件号)

Input 函数返回从指定文件中读出的 n 个字符的字符串。也就是说,它可以从数据文件中读取指定数目的字符,例如,

　　x$ = Input (100,#1)

从文件号为 1 的文件中读取 100 个字符,并把它赋给字符串变量 x。

Input 函数执行所谓"二进制输入"。它把一个文件作为非格式的字符流来读取。例如,它不把回车换行序列视为一次输入操作的结束标志。当需要用程序从文件中读取单个字符时,或者是用程序读取一个二进制的或非 ASCII 码文件时,使用 Input 函数比较合适。

【例 9-5】 编写程序实现在 windows\system32 目录下的"autoexec.nt"文件中查找指定的字符串。

```
Private Sub Form_Click()
    Dim q As String, s As String, y As Integer
    q= InputBox("请输入要查找的字符串:")
    Open "c:\ windows\system32\ autoexec.nt " For Input As #1
    x=Input(LOF(1),1)
    close(1)
```

```
    y=InStr(1,x,q)
      If y<>0 Then
          Print "找到字符串";q
      Else
          Print "未找到字符串";q
      End If
End Sub
```

9.3 随机文件

随机文件与顺序文件的读写操作类似,但通常把需要读写的记录中的各字段放在一个记录类型中,同时指定每条记录的长度。

9.3.1 随机文件的写操作

随机文件的写操作分以下4步。

①定义数据类型。随机文件由固定长度的记录组成,每个记录含有若干个字段。可以把记录中的各个字段放在一个记录类型中,记录类型用 Type…End Type 语句定义。Type…End Type 语句通常在标准模块中使用,如果放在窗体模块中,则应加上关键字 Private。

②打开随机文件。与顺序文件不同,打开一个随机文件后,既可用于写操作,也可用于读操作。打开随机文件的一般格式为:

　　　　Open "文件名称" For Random As ♯文件号 [Len=记录长度]

"记录长度"等于各字段长度之和,以字符(字节)为单位。如果省略"Len=记录长度",则记录的默认长度为128字节。

③将内存中的数据写入磁盘。随机文件的写操作通过 Put 语句来实现,其格式为:

　　　　Put ♯文件号,[记录号],变量

这里的"变量"是除对象变量和数组变量外的任何变量(包括含有数组元素的下标变量)。Put 语句把"变量"的内容写入由"文件号"指定的磁盘文件中。

说明:

A. "文件号"的含义同前。"记录号"的取值范围为 $1 \sim 2^{31}-1$。对于用 Random 方式打开的文件,"记录号"是需要写入记录的编号。如果省略"记录号",则写到下一个记录的位置,即最近执行 Get 或 Put 语句后或由最近的 Seek 语句所指定的位置。省略"记录号"后,逗号不能省略。例如,

　　Put ♯2,,FileBuff

B. 如果所写的数据的长度小于在 Open 语句的 Len 子句中所指定的长度,则 Put 语句仍然在记录的边界后写入后面的记录,当前记录的结尾和下一条记录开头之间的空间用文件缓冲区现有的内容填充。由于填充数据的长度无法确定,因此最好使记录长度与要写的数据的长度相匹配。

④关闭文件。关闭文件的操作与顺序文件相同。

9.3.2 随机文件的读操作

从随机文件中读取数据的操作与写文件操作步骤类似,只是把第三步中的 Put 语句用 Get 语句来代替。其格式如下。

    Get ♯文件号,[记录号],变量

Get 语句把由"文件号"所指定的磁盘文件中的数据读到"变量"中。"记录号"的取值范围同前,它是要读的记录的编号。如果省略,则读取下一条记录,即最近执行 Get 或 Put 语句后的记录,或由最近的 Seek 函数指定的记录。省略"记录号"后,逗号不能省略。例如,

    Get ♯1, ,FileBuff

9.3.3 随机文件举例

【例 9-6】 以随机存取方式创建学生基本信息数据库文件,然后读取文件中的记录。

操作步骤:

①定义数据类型,每个记录都包含 4 个字段,其数据类型和长度见表 9-2。

表 9-2 记录结构

字段名称	数据类型	长度(字节)
姓名(StuName)	字符串	6
学号(StuNum)	字符串	11
年龄(age)	整型	2
专业(Major)	字符串	10

根据表 9-2 规定的字段长度和数据类型,在窗体层定义记录类型。

  Private Type RecordType
    StuName As String * 6
    StuNum As String * 11
    age As Integer
    Major As String * 10
  End Type

同时在窗体层定义该类型的变量。

  Dim recordvar As RecordType

②打开文件并指定记录长度。由于随机文件的长度是固定的,因此应在打开文件时用 Len 子句指定记录长度。如果不指定,则记录长度默认为 128 字节。因此可以用下面的语句打开文件。

  Open App. Path & "\studentinfo. bat" For Random As ♯1 Len = Len(recordvar)

注意: 上面语句中有两个 Len,其中等号左边的 Len 是 Open 语句的子句,等号右边

的 Len 是一个函数。

③从键盘上输入记录中的各个字段，对文件进行读写操作。

　　recordvar.StuName = InputBox("学生姓名：")
　　recordvar.StuNum = InputBox("学号：")
　　recordvar.age = Val(InputBox("年龄："))
　　recordvar.Major = InputBox("专业：")
　　recordnumber = recordnumber + 1
　　Put #1, recordnumber, recordvar

用上面的程序段可以把一条记录写入磁盘文件"studentinfo.dat"。把这段程序放在循环中，就可以把指定数量的记录写入文件中。

④关闭文件。以上是建立和读取学生基本信息文件的一般操作，在具体实现时，应设计好文件的结构。

完整程序代码如下。

①在通用声明段定义以下类型和变量。

```
Private Type RecordType
    StuName As String * 6
    StuNum As String * 11
    age As Integer
    Major As String * 10
End Type
Dim recordvar As RecordType
Dim position As Integer
Dim recordnumber As Integer
```

②编写写文件的通用过程 File_Write()。

```
Sub File_Write()              '写文件
    Dim aspect As String
    Do
        recordvar.StuName = InputBox("学生姓名：")
        recordvar.StuNum = InputBox("学号：")
        recordvar.age = Val(InputBox("年龄："))
        recordvar.Major = InputBox("专业：")
        recordnumber = recordnumber + 1
        Put #1, recordnumber, recordvar
        aspect = InputBox("继续输入吗(Y/N)?")
    Loop Until UCase(aspect) = "N"
End Sub
```

随机文件建立后，可以从该文件中读取数据。从随机文件中读数据有两种方法：一种是顺序读取，一种是通过记录号读取。由于顺序读取不能直接访问任意指定的记录，因此速度较慢。

③编写顺序读文件通用过程 File_Read1()。

```
Sub File_Read1()                    '顺序读文件
    Dim Getmorerecords As Boolean
    Dim rec As String
    Debug.Print " 姓名        学号        年龄        专业"
    For i = 1 To recordnumber
        Get #1, i, recordvar
        rec = rec & recordvar.StuName & "   " & recordvar.StuNum _
            & "   " & Str(recordvar.age) & "    " & recordvar.Major & vbCrLf
    Next i
    Debug.Print rec
End Sub
```

该过程从前面建立的随机文件"studentinfo.dat"中顺序地读出全部记录,从头到尾读取,并在立即窗口中显示。

④编写读取指定记录的通用过程 File_Read2()。随机文件的主要优点之一就是可以通过记录号直接访问文件中的任一记录,从而大大提高存取速度。在用 Put 语句向文件写记录时,就把记录号赋给了该记录。在读取文件时,通过把记录号放在 Get 语句中可以从随机文件取回一个记录。

```
Sub File_Read2()                    '随机读文件——读指定记录
    Dim Getmorerecords As Boolean
    Dim rec As String
    Do
        recordnum = Val(InputBox("输入需要查看的记录编号(输入0结束):"))
        If recordnum > 0 And recordnum <= recordnumber Then
            Get #1, recordnum, recordvar
            rec = rec & recordvar.StuName & "   " & recordvar.StuNum _
                & "   " & Str(recordvar.age) & "    " & recordvar.Major & _
                vbCrLf
            Debug.Print rec
            MsgBox "单击"确定"按钮继续"
        ElseIf recordnum = 0 Then
            Getmorerecords = False
        Else
            MsgBox "输入的值超出范围,请重新输入!"
        End If
    Loop While Getmorerecords
End Sub
```

⑤编写删除指定记录通用过程 Deleterec()。在随机文件中删除一条记录时,并不是真正删除记录,而是把下一条记录重写到要删除的记录,其后的所有记录依次前移。这样,最后一条记录是多余的。为了解决这个问题,可以把原来的记录个数减1,这样,当再向文件中增加新记录时,多余的记录即被覆盖。

```
Sub Deleterec(position As Integer)            '删除指定记录
repeat:
    Get #1, position + 1, recordvar
    If Loc(1) > recordnumber Then GoTo finish
    Put #1, position, recordvar
    position = position + 1
    GoTo repeat
finish:
    recordnumber = recordnumber - 1
End Sub
```

最后在窗体的 Form_Click()事件过程中调用以上 4 个通用过程。

```
Private Sub Form_Click()
    Dim newline As String, msg As String, n As Integer
    Open App.Path & "\studentinfo.bat" For Random As #1 Len = Len(recordvar)
    recordnumber = LOF(1) / Len(recordvar)      '计算随机文件的记录个数
    newline = Chr(13) + Chr(10)
    msg = "1.新建文件"
    msg = msg + newline + "2.顺序方式读记录"
    msg = msg + newline + "3.通过记录号读文件"
    msg = msg + newline + "4.删除记录"
    msg = msg + newline + "0.退出程序"
    msg = msg + newline + newline + "     请输入数字选择:"
begin:
    resp = InputBox(msg, "选择")
    Select Case resp
        Case 0
            Close #1
            End
        Case 1
            File_Write
        Case 2
            File_Read1
        Case 3
            File_Read2
        Case 4
            n = Val(InputBox("请输入要删除的记录号"))
            Deleterec (n)
    End Select
    GoTo begin
End Sub
```

上述程序运行后,单击窗体,弹出一个输入对话框,如图 9-5 所示。此时输入 0 到 4

的数字,即可调用相应的通用过程执行。

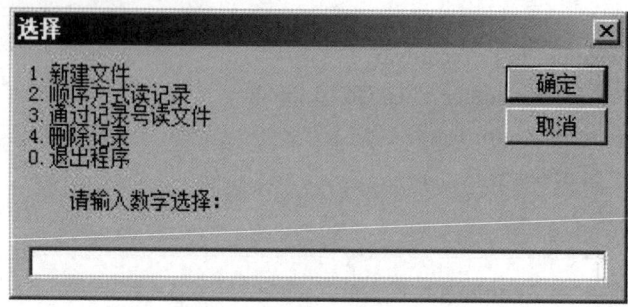

图 9-5　输入对话框

执行情况如下。

①在输入对话框中输入 1,单击"确定"按钮,调用 File_Write()通用过程,执行写文件操作,输入表 9-3 所列的数据。

表 9-3　输入数据

StuName	StuNum	age	Major
张国庆	12011810001	18	物联网工程
刘翠翠	12011610001	18	制药工程
闫娜娜	12011010001	19	临床医学
李保华	12011110001	19	口腔

每输入完一个记录,都要询问"More(Y/N)?",输入 Y 继续。输入完最后一个记录后,输入 N 并单击"确定"按钮,退出 File_Write()过程,回到图 9-5 所示的对话框。

②输入 2,单击"确定"按钮,调用 File_Read1()通用过程,顺序读取文件中的每个记录,并在立即窗口显示出来,如图 9-6 所示。单击信息对话框中的"确定"按钮,返回输入对话框。

```
立即
姓名        学号              年龄      专业
张国庆      12011810001       18       物联网工程
刘翠翠      12011610001       18       制药工程
闫娜娜      12011010001       19       临床医学
李保华      12011110001       19       口腔
```

图 9-6　顺序读取文件中的记录

③输入 3,并单击"确定"按钮,调用 File_Read2()通用过程,通过记录号读文件记录。输入 2 后,在立即窗口中显示记录号为 2 的记录,如图 9-7 所示。

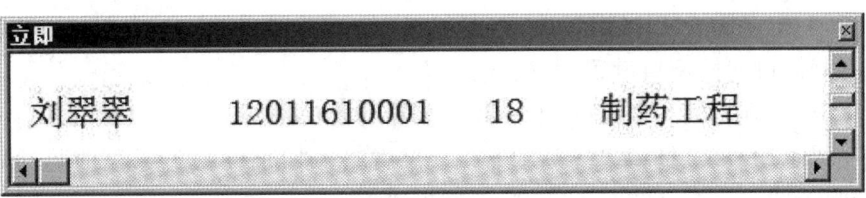

图 9-7 通过记录号读取文件中的记录

④输入 4,并单击"确定"按钮,将显示一个对话框,要求输入要删除的记录的记录号,输入 2 并单击"确定"按钮,第 2 条记录即被删除,回到选择对话框,此时如果输入 2,单击"确定"按钮,就可看到该记录被删除,如图 9-8 所示。

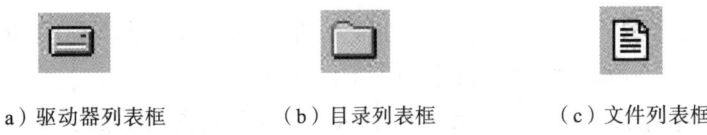

图 9-8 删除记录

⑤输入 0,并单击"确定"按钮,结束程序运行。

9.4 文件系统控制

计算机的文件系统包括用户建立的数据文件、系统软件以及应用软件的文件。为了管理计算机中的文件,Visual Basic 提供了文件系统控制。这一节将介绍这些控件的功能和用法,并介绍如何用它们开发应用程序。

在 Windows 应用程序中,当打开文件或将数据存入磁盘时,通常要打开一个对话框。利用这个对话框,可以指定文件、目录及驱动器名,方便地查看系统的磁盘、目录及文件等信息。为了建立这样的对话框,Visual Basic 提供了 3 个控件,即驱动器列表框(DriveListBox)、目录列表框(DirListBox)和文件列表框(FileListBox),它们在工具箱中的图标如图 9-9 所示。利用这 3 个控件,可以编写文件管理程序。

(a)驱动器列表框　　　　(b)目录列表框　　　　(c)文件列表框

图 9-9 文件系统控制控件图标

9.4.1 驱动器列表框

驱动器列表框及后面介绍的目录列表框、文件列表框有许多标准属性,包括:Enabled,FontBold,FontItalic,FontSize,Height,Left,Name,Top,Visible,Width 等。此

外它有一个 Drive 属性,用来设置或返回所选择的驱动器名。Drive 属性只能用程序代码设置,不能通过属性窗口设置,其格式为:

  驱动器列表框名称.Drive[=驱动器名]

这里的"驱动器名"是指定的驱动器。如果省略,则 Drive 属性是当前驱动器。如果所选择的驱动器在当前系统中不存在,则产生错误。

在程序执行期间,驱动器列表框下拉显示系统所拥有的驱动器名称。在一般情况下,只显示当前的磁盘驱动器名称。如果单击列表框右端的箭头,则把计算机所有的驱动器名称全部下拉显示出来,如图 9-10 所示。单击某个驱动器名,即可把它变为当前驱动器。

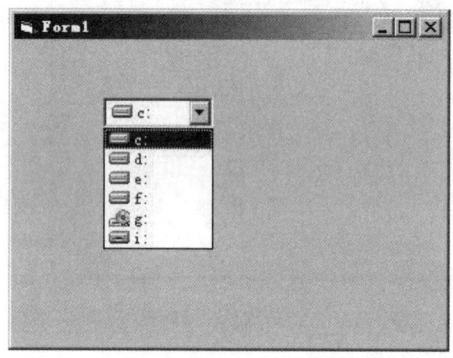
图 9-10　驱动器列表框运行时的状态

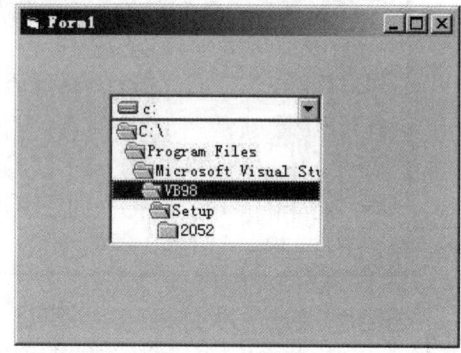
图 9-11　目录列表框运行时的状态

每次重新设置驱动器列表框的 Drive 属性时,都将引发 Change 事件。假定驱动器列表框的名称为 Drive1,则其 Change 事件过程的开头为 Drive1_Change()。

9.4.2　目录列表框

目录列表框用来显示当前驱动器上的目录结构。刚建立时显示当前驱动器的顶层目录和当前目录。顶层目录用一个打开的文件夹表示,当前目录用一个加了阴影的文件夹表示。当前目录下的子目录用合着的文件夹来表示,如图 9-11 所示。

程序运行后,双击顶层目录(这里是"C:\"),就可以显示根目录下的子目录名,双击某个子目录,就可以把它变为当前目录。

1. 常用属性

在目录列表框中只能显示当前驱动器上的目录。如果要显示其他驱动器上的目录,就必须改变路径,即重新设置目录列表框的 Path 属性。

Path 属性适用于目录列表框和文件列表框,用来设置或返回当前驱动器的路径,其格式为:

  [窗体.]目录列表框.|文件列表框.Path[="路径"]

"窗体"是目录列表框所在的窗体,如果省略则为当前窗体。"路径"的格式与 DOS 下相同,如果省略"=路径",则显示当前路径。例如,

  Print Dir1.Path

将显示当前路径,Dir1 是目录列表框的默认控件名。而
　　Dir1.Path="c:\temp"
将重新设置路径,目录列表框中显示 C 盘上 temp 目录下的目录结构。

Path 属性只能在程序代码中设置,不能在属性窗口中设置。它的功能类似于 DOS 下的 ChDir 命令,用来改变目录路径。对于目录列表框来说,当 Path 属性值改变时,将引发 Change 事件。对于文件列表框,如果改变 Path 属性,就会引发 PathChange 事件。

驱动器列表框与目录列表框有着密切关系。在一般情况下,改变驱动器列表框中的驱动器名后,目录列表框中的目录应当随之变为该驱动器上的目录,也就是使驱动器列表框和目录列表框产生同步效果。这可以通过一个简单的语句来实现。

　　Private Sub Drive1_Change()
　　　　Dir1.Path = Drive1.Drive
　　End Sub

当改变驱动器列表框的 Drive 属性时,产生 Change 事件。当 Drive 属性改变时,Drive1_Change 事件过程就发生反应。因此,只要把 Drive1.Drive 的属性值赋给 Dir1.Path,就可产生同步效果(如图 9-12 所示)。这样,每当改变驱动器列表框的 Drive 属性时,就会产生 Change 事件,使目录列表框中的目录变为该驱动器的目录。

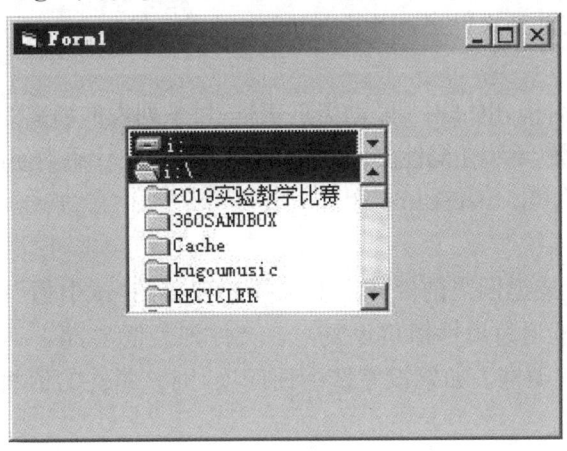

图 9-12　驱动器列表框和目录列表框的同步效果

2. 常用事件

①Click。该事件在用户单击目录列表框的某文件夹时触发。需要注意的是,单击目录列表框只能选中其中的某个文件夹,并不能打开选择的文件夹,即单击不会改变目录列表框的 Path 属性值。

②Change。该事件在用户双击目录列表框或目录列表框的 Path 属性值发生改变时触发。

9.4.3　文件列表框

用驱动器列表框和目录列表框可以指定当前驱动器和当前目录,而文件列表框可以用来显示当前目录下的文件(可以通过 Path 属性改变)。

1. 常用属性

(1) Pattern

该属性用来设置在执行时要显示的某一种类型的文件,可以在设计阶段通过属性窗口设置,也可以通过程序代码设置。默认情况下,它的值为 *.*(所有文件)。如果把它改成 *.exe,则在执行时文本框中显示的是所有扩展名为 exe 的文件。在程序代码中设置 Pattern 属性的格式如下:

[窗体.]文件列表框名.Pattern[=属性值]

如果省略"窗体",则指当前窗体的文件列表框。如果省略"=属性值",则显示当前文件列表框的 Pattern 属性值。例如,

Print File1.Pattern

将显示文件列表框 File1 的 Pattern 属性值。

当 Pattern 属性值改变时,将产生 Pattern_Change 事件。

(2) FileName

该属性用来在文件列表框中设置或返回某一选定的文件名称。文件名称可以带有路径,可以有通配符,因此可用它设置 Drive、Path 或 Pattern 属性。格式如下:

[窗体.][文件列表框名.]FileName[=文件名]

(3) ListCount

该属性可用于组合框,也可用于驱动器列表框、目录列表框和文件列表框。它用来返回控件内所列项目的总数,不能在属性窗口中设置,只能在程序代码中使用,其格式如下:

[窗体.]控件名.ListCount

(4) ListIndex

该属性用来设置或返回当前控件上所选择的项目的"索引值"(即下标)。它只能在程序代码中使用,不能通过属性窗口设置。在文件列表框中,第一项的索引值是 0,第二项的索引值是 1,以此类推。如果没有选中任何项,则该属性的值将被设置为 −1。其格式如下:

[窗体.]控件名.ListIndex[=索引值]

这里的"控件名"可以是组合框、列表框、驱动器列表框、目录列表框或文件列表框。

(5) List

该属性中存有文件列表框中所有项目的数组,可用来设置或返回各种列表框中的某一项目。其格式如下:

[窗体.]控件名.List(索引)[=字符串表达式]

这里的"控件名"可以是组合框、列表框、驱动器列表框、目录列表框或文件列表框。"索引"是某种列表框中项目的下标(从 0 开始)。

2. 常用事件

(1) Click

该事件在用户单击文件列表框的某个文件时触发。需要注意的是,单击文件列表

框的文件只能选中它,并不能真正打开它。

(2)DbClick

该事件在用户双击文件列表框中的文件时触发。

3. 驱动器列表框、目录列表框和文件列表框的同步操作

在实际应用中,驱动器列表框、目录列表框和文件列表框往往需要同步操作,这可以通过 Path 属性的改变引发 Change 事件来实现。例如,

```
Private Sub Dir1_Change()
    File1.Path = Dir1.Path
End Sub
```

该事件过程实现窗体上的目录列表框 Dir1 和文件列表框 File1 的同步效果。

类似地,增加 Drive1_Change 事件过程,就可以使 3 种列表框产生同步操作。

```
Private Sub Drive1_Change()
    Dir1.Path = Drive1.Drive
End Sub
```

9.4.4 应用程序举例

【例 9-7】 建立一个文件控制对话框,利用这个对话框可以打开并显示磁盘上的图片文件以及图片文件所在的路径。运行效果如图 9-13 所示。

图 9-13 例 9-7 运行效果图

1. 界面设计

在窗体上画两个图片框、一个驱动器列表框、一个目录列表框和一个文件列表框,设计界面如图 9-14 所示。

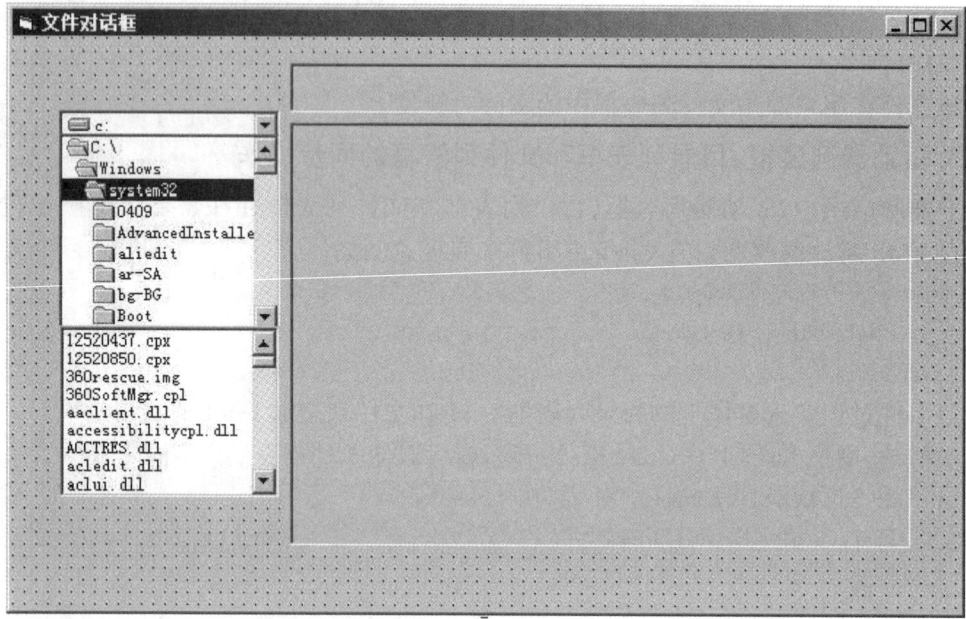

图 9-14　例 9-7 界面设计图

界面中窗体及各控件的属性设置见表 9-4。

表 9-4　对象属性设置

控件	Name	Caption	AutoSize
窗体	Form1	文件对话框	/
图片框 1	Picture1	/	True
图片框 2	Picture2	/	False
驱动器列表框	Drive1	/	/
目录列表框	Dir1	/	/
文件列表框	File1	/	/

2. 编写程序代码

```
Private Sub Dir1_Change()
    File1.Path = Dir1.Path
End Sub
Private Sub Drive1_Change()
    Dir1.Path = Drive1.Drive
End Sub
Private Sub File1_Click()
    Picture1.Picture = LoadPicture(File1.Path + "\" + File1.FileName)
    Picture2.Cls
    Picture2.Print File1.Path + "\" + File1.FileName
End Sub
```

习题 9

一、选择题

1. 执行语句 Open "student.dat" For _____ As #2,可以从 student.dat 文件中读取数据。
   A. Append B. Input C. Output D. Random

2. 若读取顺序文件"C:\Data1.txt"的内容,应先使用_____语句打开该文件。
   A. F = "C:\Data1.txt": Open F For Output As #1
   B. F = "C:\Data1.txt": Open F For Input As #1
   C. Open #1, "C:\Data1.txt", Output
   D. Open C:\Data1.txt For Input As #1

3. 随机文件打开后,使用_____命令可对随机文件进行读操作。
   A. Input B. Line Input C. Put D. Get

4. 执行语句 File1.Pattern = "*.txt"后,File1 文件列表框中所显示的是_____。
   A. 扩展名为.txt 的文件 B. 第一个 txt 文件
   C. 所有文件 D. 显示磁盘路径

5. 限制在文件列表框 File1 中只显示扩展名为.txt 和.doc 两类文件,正确的是_____。
   A. File1.Pattern = "*.txt;*.doc"   '分隔符为分号
   B. File1.Pattern = "*.txt,*.doc"   '分隔符为逗号
   C. File1.Pattern = "*.txt:*.doc"   '分隔符为冒号
   D. File1.Pattern = "*.txt *.doc"   '分隔符为空格

6. 执行语句 Open "C:\ini.txt" For Input As #1 后,可对文件"C:\ini.txt"进行的操作是_____。
   A. 只能读不能写 B. 只能写不能读
   C. 既可以写,也可以读 D. 既不能读,也不能写

7. 执行语句 Open "log.txt" For Input As #1 后,可对"log.txt"文件进行的操作是_____。
   A. 可读不可写 B. 可写不可读 C. 既可读又可写 D. 追加

8. 执行语句 Open "f1.dat" For Random As #1 Len =25,文件 f1.dat 中每条记录的长度等于_____。
   A. 25 个字符 B. 25 个字节
   C. 或小于 25 个字符 D. 或小于 25 个字节

9. 读取 C 盘根目录下的数据文件 f1.dat,应使用_____。
   A. Open "c:\f1.dat" For Input As #1
   B. Open c:\f1.dat For Output As #1
   C. Open "c:\f1.dat" For Output As #1
   D. Open c:\f1.dat For Input As #1

10. 下列几个关键字均表示文件的打开方式,只能读不能写的是_____。
    A. Input B. Output C. Random D. Append

11. 目录列表框的 Path 属性的作用是_____。
    A. 显示当前驱动器或指定驱动器上的路径
    B. 显示当前驱动器或指定驱动器上的某目录下的文件名
    C. 显示根目录下的文件名
    D. 只显示当前路径下的文件名
12. 改变驱动器列表框的 Drive 属性值,将触发_____事件。
    A. Scroll　　　　B. KeyPress　　　　C. Change　　　　D. KeyUp
13. 下列四个控件中,具有 FileName 属性的是_____。
    A. 驱动器列表框　B. 文件列表框　　　C. 目录列表框　　D. 列表框
14. 执行语句 File1.Pattern = "*.txt"后,File1 文件列表框中所显示的是_____。
    A. 扩展名为.txt 的文件　　　　　　B. 第一个 txt 文件
    C. 所有文件　　　　　　　　　　　D. 显示磁盘路径
15. 文件列表框的 Path 属性的作用是_____。
    A. 显示当前驱动器或指定驱动器上的目录结构
    B. 显示当前驱动器或指定驱动器上某目录下的文件名
    C. 设置或返回根目录下的文件名
    D. 设置或返回文件列表框中显示的文件所在的目录路径
16. 下列_____属性可返回目录列表框的路径。
    A. Drive　　　　B. Initdir　　　　C. Path　　　　D. PathRoad

第 10 章　数据库编程

考核目标

➢ 了解：关系数据库的定义与特点，结构化查询语言 SQL 基本语句，数据库访问技术，使用 DAO 的 Data 控件访问数据库的基本方法。

数据库是具有一定组织结构的相关信息的集合,它将一些相关数据表组织在一起,并通过功能设置,使数据表之间建立关系,从而构成一个完整模型。

通常将数据库的结构形式(即数据之间的联系)称为数据模型。常见的数据模型有三类:层次模型、网状模型和关系模型。与此对应,数据库也分为三类:层次数据库、网状数据库和关系数据库。目前最流行的是基于关系模型构建的关系数据库。主流的关系数据库有 Oracle、DB2、MySQL、Microsoft SQL Server、Microsoft Access 等。

10.1 关系数据库

10.1.1 关系数据库的基本概念

关系数据库(Relational Database,RDB)建立在严谨的数学理论基础上,采用二维表格形式存储数据。二维表中的每一列称为一个字段,也称为属性;表中第一行是字段名称(或属性名称)。从表中第二行开始,每一行代表一条记录,每条记录含有相同类型和数量的字段。例如,学生课程成绩相关属性可用关系表"学生成绩表"来描述,如表 10-1 所示。

表 10-1 学生成绩表

学号	姓名	性别	专业	课程	成绩
2020001000001	张三	男	临床医学	大学语文	89
2020001000002	李四	男	临床医学	大学语文	90
2020002000001	王五	男	预防医学	社交礼仪	85
2020003000001	马六	男	药学	社交礼仪	71

关键字是表中为快速检索而使用的字段。关键字可以是表的一个字段或多个字段的组合。每张数据表有且只有一个主关键字,也称为主键,用来唯一标识表中的记录,可以加快系统对数据表中数据的检索速度。作为主键字段,不能出现重复数据且不能为空。例如,在表 10-1 中,唯一不具有重复可能性的只有字段"学号",因此可以将"学号"设置为主键。

10.1.2 数据库和表的建立

VB 6.0 支持 Access 2000 和 Access 2003 创建的".mdb"类型的数据库文件,不支持更高版本的".accdb"类型的数据库文件。如果使用高版本的 Access,则需要将创建的数据库保持为 VB 6.0 支持的格式。

【例 10-1】 建立一个学生成绩数据库,库中包含如表 10-1 所示的学生成绩表。

构建步骤:

①启动 Microsoft Access。执行"开始"→"程序"→"Microsoft Office"→"Microsoft Office Access"命令,启动数据库应用程序。

②建立数据库。执行"文件"→"新建"命令,并在"新建文件"窗体中选择"空数据库…"选项,在随后弹出的"文件新建数据库"对话框中指定数据库名称 Database1.mdb 和保存路径,单击"创建"按钮后出现图 10-1 所示界面。

③设置数据表字段名称和主键。新建的 Database1.mdb 是一个不含任何数据表的空数据库,需要添加数据表。单击"设计"命令,新建一个名为"student1"的数据表,参照表 10-1 设计表的字段名称。由于主键不能出现重复数据,本表将"学号"设置为主键。设置的初始和结果界面分别如图 10-2 和图 10-3 所示。

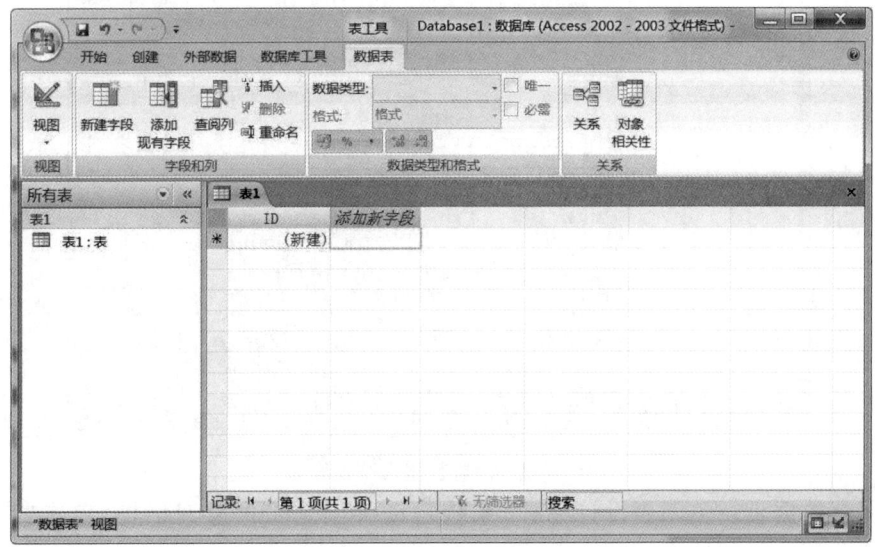

图 10-1　Access 数据库创建界面

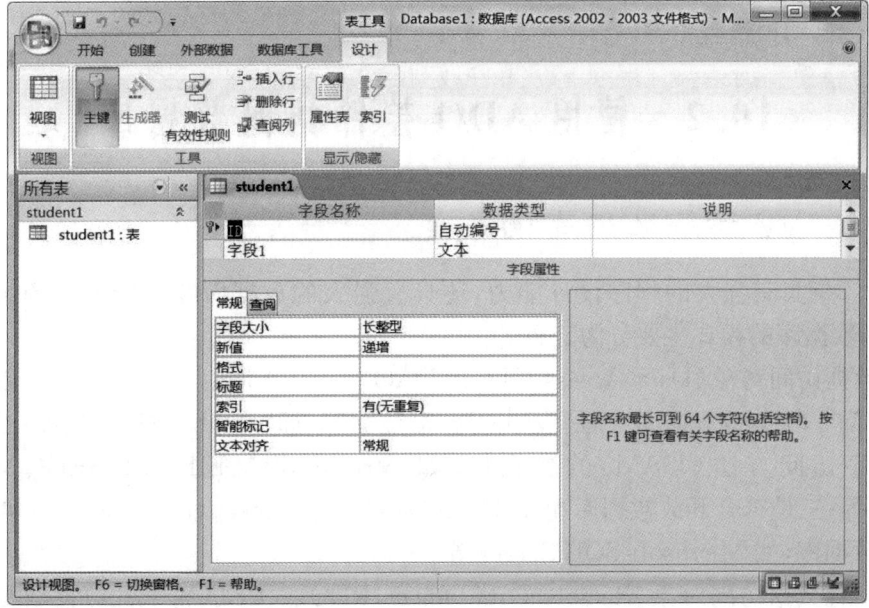

图 10-2　设置数据表初始界面

图 10-3 设置数据表结果界面

④保存数据表。关闭表设计窗口,系统自动弹出是否保存对话框,单击"是"按钮。重复步骤①～④可创建多张数据表。

⑤编辑数据。单击"数据表视图",编辑数据。由于"学号"是主键,一旦出现重复数据,系统会自动报错。

10.2 使用 ADO 控件访问数据库

10.2.1 VB 访问数据库模式

VB 不但具有强大的程序设计能力,还具有强大的数据库编程能力。Visual Basic 6.0 访问数据库的模式主要分为三种。

①数据访问对象(Data Access Object,DAO)。DAO 是由 VB 提供的应用程序接口,可访问三种类型数据库:一是 VisualBasic 数据库,即".mdb"类型数据库;二是使用索引顺序访问方法(ISAM)的数据库,如 Btrieve、dBASEIII、dBASEIV、Microsoft FoxPro 等;三是符合开放数据库互连(Open Database Connectivity,ODBC)标准的客户/服务器数据库,如 Microsoft SQL Server 等。

②远程数据访问对象(Remote Data Object,RDO)。RDO 属于开放性数据库连接(Open Database Connectivity,ODBC),是一个面向对象的数据访问接口,通过 RDO 可以直接与数据库服务器交互。RDO 数据库模式是专门为存取诸如 Oracle、SQL Server

等数据库服务器数据源而设计的,RDO 无法实现多种数据库连接。

③ActiveX 数据访问接口(ActiveX Data Object,ADO)。ADO 是基于组件的数据库编程接口,可以访问多种数据源,如 SQL Server、Oracle、Access 等关系数据库。ADO 实质上是一种提供访问各种数据类型的连接机制,且易学易用、运行速度快、存储空间小。

10.2.2 用 ADO 访问数据库

在此以学生成绩管理系统为例,介绍 ADO 控件访问数据库的方法。

【例 10-2】 该系统包含 3 个命令按钮,1 个 ADO 控件和 1 个 DataGrid 控件,如图 10-4 所示。程序运行时,在 DataGrid 中显示表中全部数据,如图 10-5 所示。

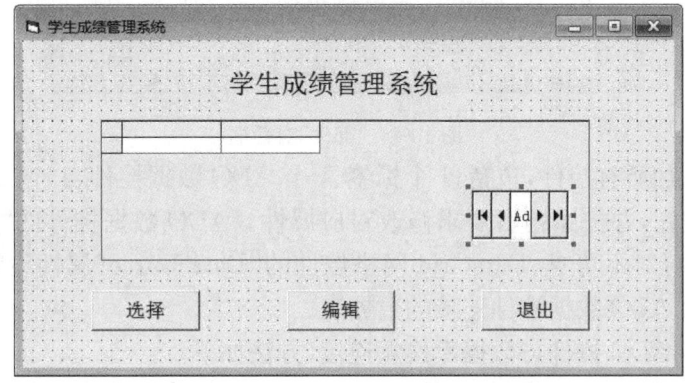

图 10-4　学生成绩管理系统设计界面 1

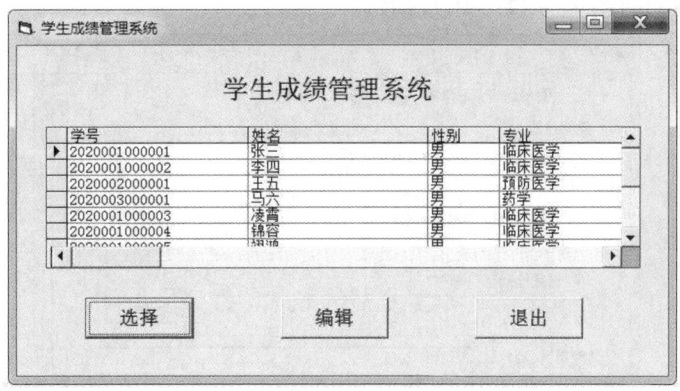

图 10-5　学生成绩管理系统运行界面 2

分析:ADO 数据控件和 DataGrid 网格控件属于外部控件,使用前需要在"部件"对话框中选择"Microsoft ADO Data Control 6.0(SP6)(OLEDB)"和"Microsoft DataGrid Control 6.0(SP6)(OLEDB)"这两个选项,如图 10-6 所示;单击"确定"按钮添加到工具箱中。ADO 数据控件和 DataGrid 网格控件在工具箱中的图标分别为 和 。

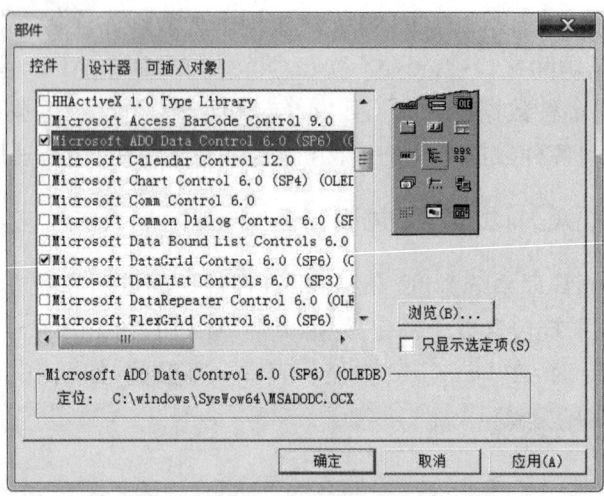

图 10-6 "部件"对话框

在窗体上添加所有控件,包括,1个标签、1个 ADO 数据控件、1个 DataGrid 网格控件和3个命令按钮,并按照题目要求修改对应属性。ADO 数据控件的"Visible"属性设置为"False",运行时不可见;DataGrid 网格控件的"DataSource"属性设置为"Adodc1",运行时自动显示 ADO 数据控件连接的数据表。

然后需要将 ADO 控件与数据库建立连接,方法如下。

①进入连接界面。在 ADO 数据控件上右击,在弹出的快捷菜单中选择"ADODC 属性"命令,打开如图所示的"属性页"对话框。

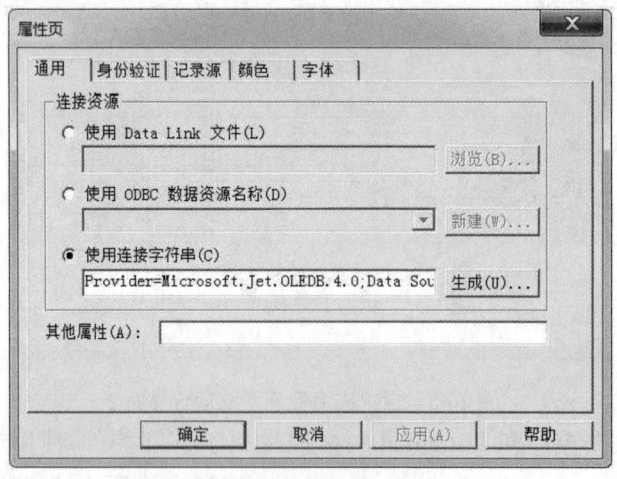

图 10-7 ADO 控件的"属性页"对话框

②选择数据库提供者。在属性页对话框的"通用"选项卡中,选择"使用连接字符串"单选按钮,单击"生成"按钮,进入"数据连接属性"对话框,然后在"提供程序"选项卡中选择"Microsoft Jet 4.0 OLE DB Provider"作为数据提供者,如图 10-8 所示。

图 10-8 "数据连接属性"对话框选择数据库提供者

③连接数据库。单击"下一步"按钮进入"连接"选项卡,单击其中的"…"按钮,选择要连接的数据库 Database1.mdb,如图 10-9 所示。单击"测试连接"按钮,弹出"测试连接成功"对话框,表示 ADO 数据空间与数据库连接成功,单击"确定"按钮返回"属性页"窗口。

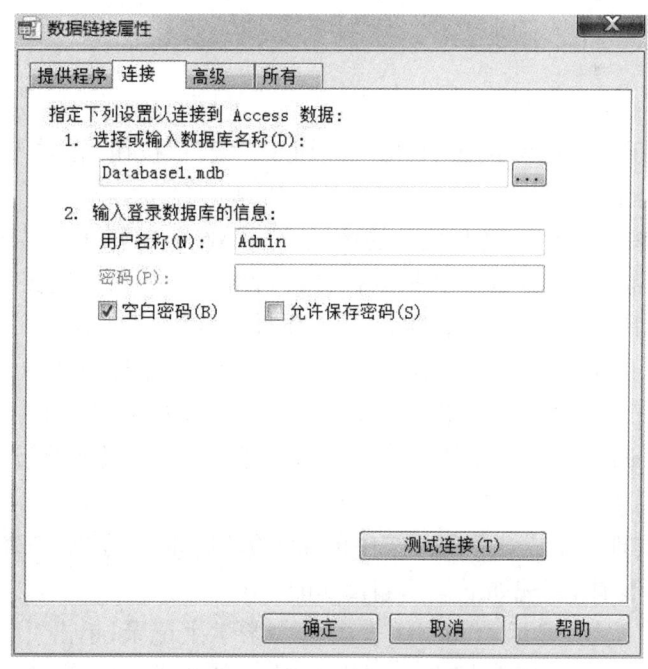

图 10-9 "数据连接属性"对话框选择数据库连接

④连接数据表。数据库中可能包含多张数据表,但 ADO 空间只能连接一张表。在"属性页"对话框中选择"记录源"选项卡,选择"命令类型"为"2 — adCmdTable",表示 ADO 控件与数据库中的表连接,在"表或存储过程名称"中选择数据表 student1,如图 10-10 所示。

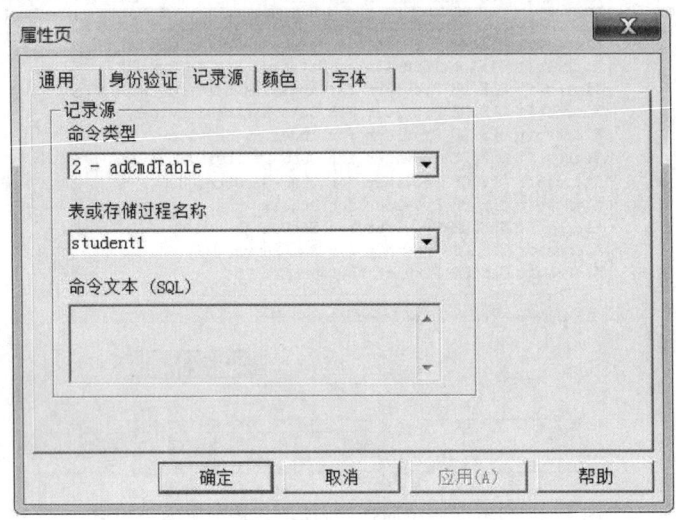

图 10-10 连接数据表

至此,虽还没编写任何代码,但运行程序后已在 DataGrid 网格控件中列出 student1 表中的全部信息,运行界面如图 10-5 所示。

在命令按钮 3("退出"按钮)编写如下代码。

  Private Sub Command3_Click()
    End
  End Sub

注意:命令按钮 1("选择"按钮)和命令按钮 2("编辑"按钮)暂时无法编写,因此,这两个按钮暂时不起作用。

说明:为了在窗体上显示数据表中的数据,除了要将 ADO 控件与数据库中的数据表建立连接外,还需要与用于显示数据的控件进行绑定。如果使用文本框、标签等控件显示数据,需设置其 DataSource 和 DataField 属性。其中,DataSource 属性用于指定显示数据来源,如本例中的 Adodc1(即 Database1.mdb 数据库中的 student1 数据表);DataField 属性用于指定显示数据在数据表中的字段名,如 student1 数据表中的"学号"字段。本例是 DataGrid 控件,可以显示表的所有信息,所以只需要设置 DataSource 属性即可。

【**例 10-3**】 实现学生成绩管理系统中的菜单编辑功能。在例 10-2 的工程里添加如图 10-11 所示的新窗体,实现如下菜单编辑功能。

单击"上一个"按钮,显示 student1 表中上一条学生记录;单击"下一个"按钮,显示下一条学生记录;单击"添加"按钮,在文本框中输入新的学生信息;单击"保存"按钮,将输入的新学生信息保存至 student1 表中;单击"删除"按钮,删除表中当前学生记录;单击"浏览"按钮,切换到学生成绩管理系统窗体,DataGrid 控件显示编辑后的学生成绩新信息。

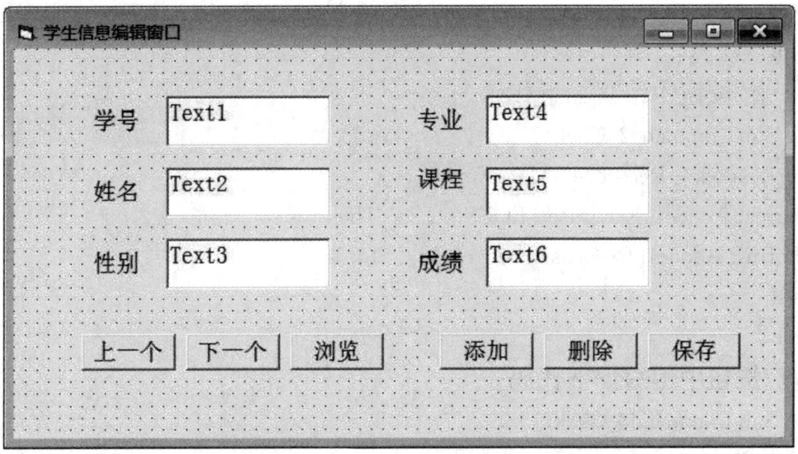

图 10-11 学生信息编辑窗口设计界面

在窗体 1(标题属性为"学生成绩管理系统"窗体)内的"编辑"按钮中,编写如下代码,切换到"学生信息编辑窗口"窗体。

　　Private Sub Command2_Click()
　　　Form2.Show
　　　Form1.Hide
　　End Sub

在"学生信息编辑窗口"窗体的 Load 事件中,将 6 个文本框分别绑定 ADO 数据表中 6 个字段,代码如下。

　　Private Sub Form_Load()
　　　Set Text1.DataSource = Form1.Adodc1
　　　　Text1.DataField = "学号"
　　　Set Text2.DataSource = Form1.Adodc1
　　　　Text2.DataField = "姓名"
　　　Set Text3.DataSource = Form1.Adodc1
　　　　Text3.DataField = "性别"
　　　Set Text4.DataSource = Form1.Adodc1
　　　　Text4.DataField = "专业"
　　　Set Text5.DataSource = Form1.Adodc1
　　　　Text5.DataField = "课程"
　　　Set Text6.DataSource = Form1.Adodc1
　　　　Text6.DataField = "成绩"
　　End Sub

在"上一个"按钮中编写如下代码。

　　Private Sub Command1_Click()
　　　Form1.Adodc1.Recordset.MovePrevious

```
        If Form1.Adodc1.Recordset.BOF = True Then
            Form1.Adodc1.Recordset.MoveFirst
        End If
    End Sub
```
在"下一个"按钮中编写如下代码。
```
    Private Sub Command2_Click()
        Form1.Adodc1.Recordset.MoveNext
        If Form1.Adodc1.Recordset.EOF = True Then
            Form1.Adodc1.Recordset.MoveLast
        End If
    End Sub
```
在"浏览"按钮中编写如下代码。
```
    Private Sub Command3_Click()
        Form1.Show
        Form2.Hide
    End Sub
```
在"添加"按钮中编写如下代码。
```
    Private Sub Command4_Click()
        Form1.Adodc1.Recordset.AddNew
    End Sub
```
在"删除"按钮中编写如下代码。
```
    Private Sub Command5_Click()
        Form1.Adodc1.Recordset.Delete
        Form1.Adodc1.Recordset.Update
    End Sub
```
在"保存"按钮中编写如下代码。
```
    Private Sub Command6_Click()
        Form1.Adodc1.Recordset.Update
    End Sub
```

说明：

①在第一个窗体中，要先将 ADO 控件与文本框控件进行绑定。但是，二者不在同一个窗体中，无法在设计阶段通过属性窗口进行设置。为此需要在该窗体的 Load 事件过程中，通过类似的语句 Set Text1.DataSource = Form1.Adodc1 和 Text1.DataField="学号"等将数据表中的 6 个字段名分别绑定 6 个文本框。由于 DataSource 的属性值是对象，因此赋值需要使用 Set 语句。可以进行数据绑定的控件不仅可以是文本框，还可以是标签、复选框、列表框、组合框、OLE 控件、图像框和图片框等。

②工程中每个窗体都要用到 ADO 控件，为了数据操作的一致性，整个工程最好使用同一个 ADO 控件。因此，本例在第一个窗体使用 ADO 控件后，当其他窗体引用时，都指明其所在窗体，如 Form1.Adodc1。

③当 ADO 数据控件连接到数据库的某个数据表之后,ADO 控件的 Recorder 记录集就是该数据表内容。代码 Form1.Adodc1.Recordset 即数据表 student。相关代码及含义解释如下。

Form1.Adodc1.Recordset.MoveFirst:移动 student 表中的记录指针,使其指向第一条记录;

Form1.Adodc1.Recordset.MoveLast:移动 student 表中的记录指针,使其指向最后一条记录;

Form1.Adodc1.Recordset.MoveNext:移动 student 表中的记录指针,使其指向下一条记录;

Form1.Adodc1.Recordset.MovePrevious:移动 student 表中的记录指针,使其指向上一条记录;

Form1.Adodc1.Recordset.Fields(0):引用表中记录指针当前所指记录的第一个字段值;

Form1.Adodc1.Recordset.Fields("学号"):引用表中记录指针当前所指记录的第一个字段值。

应用 Fields 属性时,可以提供字段的索引号或字段名。

注意:数据表中第一个字段(即"学号")的索引号是 0,第二个字段(即"姓名")的索引号是 1,以此类推。

④数据表有 2 个重要标志:BOF(开始标志)和 EOF(结束标志),值为 True 时意味着表中记录指针当前指向 BOF 或 EOF 标志;否则,记录指针所指位置为当前记录。常用 EOF 判断是否完成数据表的全部访问。

⑤单击"上一个"按钮时,通过语句 Form1.Adodc1.Recordset.MovePrevious 可以移动指针指向上一条记录。反复单击该按钮时,记录指针不断上移。为防止指针溢出记录集,当指针指向 BOF 标志时,应使其停留在第一条记录上,即 Form1.Adodc1.Recordset.MoveFirst。同样,单击"下一个"按钮时,当指针指向 EOF 标志时,应使其停留在最后一条记录上,不再移动。

⑥调用 Recordset 对象的 AddNew、Delete 和 Update 方法,可以分别为其创建一条新记录、删除指定记录和保存当前记录所进行的修改。此时需要注意,单击"添加"按钮只是添加一条空记录,并没有把文本框内容添加到数据库中,所以还要在"保存"按钮中进行更新。其实,在 Recordset 对象进行添加、删除、修改等操作后,都应该使用 Update 方法及时更新数据库。

10.3 使用 DAO 控件访问数据库

DAO(Data Access Objects)数据访问对象是一种面向对象的界面接口。在 VB 中提供了两种与 Jet 数据库引擎接口的方法:Data 控件和数据访问对象(DAO)。Data 控件给出有限的且不需编程就能访问现存数据库的功能,而 DAO 模型则是全面控制数据库的完整编程接口。Data 控件将常用的 DAO 功能封装在其中。DAO 的 Data 控件专门用于访问本地数据库,其访问远程数据库性能较差,因此现在 VB 数据库编程大都使用 ADO,而较少使用 DAO。Data 控件在标准工具栏中的图标为  ,在窗体设计界面的效果如图 10-12 所示。

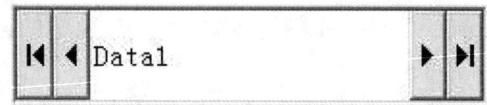

图 10-12 Data 控件外观

Data 控件中四个箭头分别代表着到数据集的第一条记录、上一条记录、下一条记录和最后一条记录,点击箭头可以移动记录。

使用 Data 控件基本不用编程,只需要通过属性设置,就可以实现与数据库的连接,完成对数据库的编辑操作。

10.3.1 Data 控件常用属性

①Connect 属性。Connect 属性用于指定访问的数据库类型,在该属性名后的列表框中,列出所有可供使用的数据库类型(默认为 Microsoft Office Access),如图 10-13 所示。

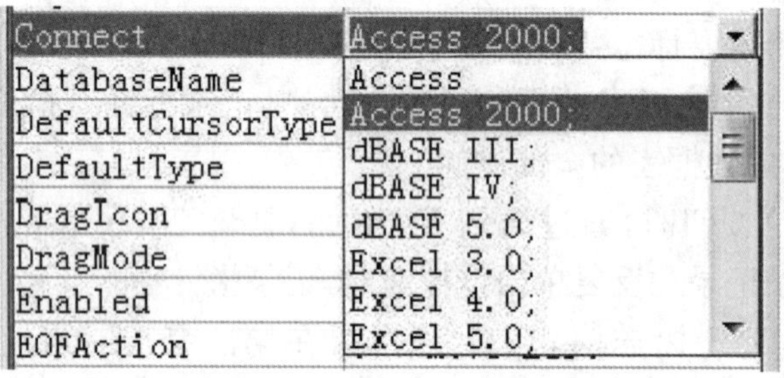

图 10-13 Data 控件的 Connect 属性列表

②DatabaseName 属性。DatabaseName 属性用于指定具体使用的数据库。通过该属性返回或设置 Data 控件数据源的名称和位置,可以包含路径。该属性也可以通过代码编程设置。但如果在窗体运行时改变该属性的值,就必须使用 Refresh 方法来打开新的数据库。

③RecordSource 属性。RecordSource 属性用于确定具体访问的数据。与 Data 控件相关联的数据可以是表、SQL 语句或 QueryDef 对象。用户可以在程序运行时改变该属性值,再用 Refresh 方法保存生效。

注意:要使得 Data 控件生效,必须至少设置 DatabaseName 属性和 RecordSource 属性。先设置 DatabaseName 属性后,VB 将自动检索该数据库中所有可用的数据表和查询,显示在 RecordSource 属性的列表里。

④RecordSetType 属性。Data 控件可以用 Recordset 对象对存储在数据库中的数

据进行访问，Recordset 对象可以是数据库中的一组记录，也可以是整个数据表，还可以是表的一部分。RecordSetType 属性用于返回/设置 Data 控件要创建的记录集的类型，可以设置三种，如表 10-2 所示。

表 10-2 **RecordSetType 属性类型**

属性值	记录集类型	含 义
0	Table	表类型记录集
1	Dynaset	动态集类型记录集
2	Snapshot	快照类型记录集

该属性默认值为 1，即在默认状态下，数据控件从数据库中的一个或多个表中创建一个动态类型的记录集，能对不同类型数据库中的数据表进行可更新的链接查询。

⑤Exclusive 属性。Exclusive 属性用于返回/设置 Data 控件所链接的数据库是为单用户打开（属性值为 True）还是为多用户打开（属性值为 False）。

⑥ReadOnly 属性。ReadOnly 属性用于返回/设置控件的 Database 是否以只读方式打开。当其值为 True 时表示以只读方式打开。

⑦EOFAction 属性。EOFAction 属性用于决定当数据移动超过 Data 控件记录集终点时，程序将执行的操作。该属性有三种类型，如表 10-3 所示。

表 10-3 **EOFAction 属性类型**

属性值	设置值	含 义
0	VbEOFActionMoveLast	默认值，将最后一条记录设置为当前记录
1	VbEOFActionEOF	指定当前记录为无效的（EOF）记录，并使 Data 控件上的 MoveNext 按钮失效
2	VbEOFActionAddNew	使最后记录有效和自动调用 AddNew 方法，然后指定 Data 控件位于新记录上

⑧BOFAction 属性。BOFAction 属性用于确定当数据移动超过 Data 控件记录集的起始点时，程序将执行的操作。该属性有两种类型，如表 10-4 所示。

表 10-4 **BOFAction 属性类型**

属性值	设置值	含 义
0	VbBOFActionMoveFirst	默认值，将最后一个记录设置为当前记录
1	VbBOFActionBOF	指定当前记录为无效的（BOF）记录，并使 Data 控件上的 MoveNext 按钮失效

10.3.2 Data 控件中 Recordset 对象的常用属性

①RecordCount 属性。RecordCount 属性表示的是表的记录总数。对于快照集或动态集类型，该属性表示的是已经访问过的记录条数。

②Nomatch 属性。Nomatch 属性仅对 Microsoft Jet 数据库的数据表有效,用于标识通过 Seek 或 Find 方法是否找到一条相匹配的记录,若找到,则指针指向该记录,此时属性值为 True。

③Bookmark 属性。Bookmark 属性保存当前记录的指针,并直接返回到特定记录。

④LastModified 属性。LastModified 属性用于返回一条 Bookmark 属性标识,为最近添加或改变的记录。

10.3.3 Data 控件中 Recordset 对象的常用方法

①Refresh 方法。Refresh 方法用于关闭/并重新建立/显示数据库中的记录集。当数据库表发生改变时,需使用该方法更新记录集。

②Update 方法。Update 方法用于将修改的记录保存到数据库中。格式为:

　　Data1.RecordSet.Update

③UpdateControls 方法。UpdateControls 方法用于从数据控件的记录集中取出原先的记录内容,即取消修改,恢复原值。格式为:

　　Data1.UpdateControls

④AddNew 方法。AddNew 方法用于在数据库表末尾添加一条空的新记录,新纪录各字段的值为空或默认值。格式为:

　　Data1.Recordset.AddNew

⑤Find 方法。Find 方法用于在记录集中查找满足条件的记录,若满足指定条件,则记录指针指向该记录,使之成为当前记录。RecordSet 有四种查找记录的方法,如表 10-5 所示。

表 10-5　RecordSet 对象查找记录的四种方法

方 法 名	含 义
FindFirst	查找第一个满足条件的记录
FindLast	查找最后一个满足条件的记录
FindNext	查找满足条件的下一条记录
FindPrevious	查找满足条件的上一条记录

⑥Seek 方法。Seek 方法可在数据表中查找与指定索引规则相符合的第一条记录,同时将该记录设为当前记录。该方法每次从记录集头部开始检索。需要注意的是,要使用 Seek 方法,必须先通过 Index 属性设置索引字段。

⑦Move 方法。Move 方法用于指定记录为当前记录,常用于浏览数据表中的数据,主要有五种格式:MoveFirst 方法,定位到首记录;MoveLast 方法,定位到末尾记录;MoveNext 方法,定位到下一条记录;MovePrevious 方法,定位到上一条记录;Move[n] 方法,当 n 为正数时,向前移动 n 条记录,当 n 为负数时,向后移动 n 条记录。

⑧Delete 方法。Delete 方法用于删除当前记录的内容,在删除当前记录后移动到下一条记录。若数据表中无记录,则引发一个实时运行错误的信息。

10.3.4 Data 控件的事件

Data 控件作为访问数据库的接口,除了具有标准控件所有的事件之外,还有几个与数据库访问相关的独特事件。这里主要介绍三个事件。

①Error 事件。Error 事件是数据库常用的验证事件,在用户读取数据库发生错误时被触发。其语法格式为:

　　Private Sub Data1_Error (DataErr As Integer, Response As Integer)

其中,参数 DataErr 和 Response 均为整型变量。DataErr 用于返回错误编号,Response 用于指定发生错误时将如何操作,默认值为 1,表示发生错误时显示错误信息。若其值为 0,则表示发生错误时程序继续运行。

②Reposition 事件。当用户单击 Data 控件上某个按钮时,或者在应用程序中使用了某个 Move 或 Find 方法时,某一条新记录称为当前记录,就会触发 Reposition 事件。其语法格式为:

　　PrivateSub Object_Reposition( )

③Validate 事件。当激活另一条记录时,会触发 Validate 事件。如:用 Update、Delete、Unload 或 Close 方法之前,均会触发该事件。其语法格式为:

　　Private Sub Data1_Validate (Action As Integer, Save As Boolean)

其中,参数 Action 为整型变量,用于指定引发此事件的操作。参数 Save 为逻辑型变量,用于表明被连接数据是否已经改变。其值为 True 时,表示被连接数据已经改变,而其值为 False 时,表示被连接数据未被改变。

10.4 结构化查询语言 SQL

结构化查询语言(Structured Query Language,SQL)是一种数据库查询和程序设计语言,用于存取数据以及查询、更新和管理关系数据库系统。

结构化查询语言是高级的非过程化编程语言,允许用户在高层数据结构上工作。它不要求用户指定对数据的存放方法,也不需要用户了解具体的数据存放方式,因此,具有完全不同底层结构的数据库系统可以使用相同的结构化查询语言作为数据输入与管理的接口。SQL 属于嵌入式语言,语句能够嵌入高级语言(如 VB、C、C♯、JAVA 等)程序,供程序员设计程序时使用。因此,SQL 具有极大的灵活性。

SQL 功能极强,设计巧妙,语言十分简洁,完成数据定义、数据操纵、数据控制的核心功能只用了 9 个动词:CREATE、ALTER、DROP、SELECT、INSERT、UPDATE、DELETE、GRANT、REVOKE,且接近英语口语,因此容易学习,也容易使用。本节只是简要介绍 SQL 的部分功能。

1. 数据定义

建立表的命令格式如下。

　　CREATE TABLE 表名(<列名1> <列类型> <列的完整性>,<列名2>

<列类型> <列的完整性>,…)

列的完整性约束有六种。

DEFAULT<常量表达式>,默认值约束;

NULL/NOT NULL,空值/非空值约束,若不标注,则代表允许空值;

PRIMARY KEY,主键约束;

UNIQUE,单值或唯一值约束;

REFERNCES<父表名>(<主码>),外码约束;

CHECK(<逻辑表达式>),检查约束,主要用于限制取值范围。

例如,创建表10-1所示的student1数据表,可以使用如下语句。

```
CREATE TABLE student1 (
    学号 CHAR(13) PRIMARY KEY,
    姓名 CHAR (10),
    性别 CHAR (2),
    专业 CHAR (14),
    课程 CHAR (14),
    成绩 INT CHECK(成绩>=0 AND 成绩<=150))
```

2. 数据查询

使用Select语句从指定表中选取满足条件的记录,命令格式如下。

Select 字段名1,字段名2,… From <表名>
　　［Where 查询条件］
　　［Group By 字段名1［,字段名2］,… Having 分组条件］
　　［Order By 字段名1［ASC|DESC］［,字段名2］［ASC|DESC］］

说明:

①其中Select和From必须存在,通过使用Select语句返回一个记录集。

②Where子句用于指明查询条件。条件表达式是由操作符将操作数组合在一起构成的表达式,结果为逻辑型数据,即True或False。操作数可以是字段名、常量、函数或子查询。常用操作符见第2章。

③Group By子句将查询结果按字段内容分组,Having子句给出分组需要满足的条件。

④Order By子句将查询结果按指定字段升序(ASC)或降序(DESC)排列。

查询是SQL语句最常用的操作之一,下面根据student1数据表,举一些常见的SQL语句的例子。

【例10-4】 查询student1表中所有学生信息,命令为:

　　Select * From student1

【例10-5】 查询student1表中的学号和成绩信息,命令为:

　　Select 学号,成绩 From student1

【例10-6】 查询student1表中所有学生信息,并按成绩从高到低排序,命令为:

Select * From student1 Order By 成绩 DESC

【例 10-7】 查询 student1 表中成绩大于 60 分的学生信息,命令为:

Select * From student1 Where 成绩＞60

【例 10-8】 查询 student1 表中成绩大于 85 分且小于 100 分的学生信息,命令为:

Select * From student1 Where 成绩 Between 85 And 100

或

Select * From student1 Where 成绩＞=85 And 成绩＜=100

【例 10-9】 查询 student1 表中所有姓"张"的学生信息,命令为:

Select * From student1 Where 姓名 Like "张％"

【例 10-10】 查询 student1 表中所有专业为"临床医学"或"药学"的学生信息,命令为:

Select * From student1 Where 专业 In ("临床医学","药学")

【例 10-11】 查询 student1 表中成绩最高的学生信息,命令为:

Select * From student1 Where 成绩=(Select Max(成绩) From student1)

3. 数据插入

使用 Insert Into 语句可以把新的记录插入指定的表中。语句格式为:

Insert Into 表名[(字段名 1[,字段名 2,…])] Values (表达式 1[,表达式 2,…])

【例 10-12】 向 student1 表中插入记录,命令为:

Insert Into student1 Values ("2020001000017","张小明","男","临床医学","大学语文","91")

4. 数据删除

使用 Delete 语句可以删除表中满足指定条件的一条或多条记录。语句格式为:

Delete From ＜表名＞ [Where ＜条件＞]

【例 10-13】 删除 student1 表中"学号"为 2020001000017 的记录,命令为:

Delete From student1 Where 学号＝"2020001000017"

5. 数据更新

使用 Update 语句对表中指定记录和字段的数据进行更新,语句格式为:

Update ＜表名＞ Set 字段名 1＝表达式 1,字段名 2＝表达式 2,… [Where ＜条件＞]

【例 10-14】 把 student1 表中专业为"临床医学"的学生成绩提高 10 分,命令为:

Update student1 Set 成绩＝成绩＋10 Where 专业＝"临床医学"

习题 10

一、选择题

1. 数据库管理系统支持不同的数据模型,常用的三种数据库是_____。
   A. 层次、环状和关系数据库　　　　　B. 网状、链状和环状数据库
   C. 层次、网状和关系数据库　　　　　D. 层次、链状和网状数据库
2. Visual Basic 6.0 创建的数据库与 Access 数据库文件的扩展名是_____。
   A. .db　　　　　B. .dbf　　　　　C. .mdb　　　　　D. .dcx
3. Visual Basic 中数据库的访问技术不包括_____。
   A. ADO　　　　　B. DAO　　　　　C. DBMS　　　　　D. RDO
4. Data 控件中哪个属性用于指定访问的数据库类型_____。
   A. Connect 属性　　　　　　　　　B. DatabaseName 属性
   C. RecordSource 属性　　　　　　　D. RecordSetType 属性
5. Data 控件 Recordset 对象中哪个属性用于保存当前记录的指针_____。
   A. RecordCount 属性　　　　　　　B. Nomatch 属性
   C. Bookmark 属性　　　　　　　　D. LastModified 属性
6. 在 Recordset 对象中移动到满足条件的上一条记录的方法是_____。
   A. MoveFirst　　　B. Update　　　C. MoveNext　　　D. MovePrevrious
7. 将新记录添加到记录集后,保存新记录的方法是_____。
   A. AddNew　　　B. Update　　　C. Refresh　　　D. Save
8. 将文本框和数据控件关联,需要设置的文本框属性是_____。
   A. RecordSource　　B. DataField　　C. DataSource　　D. RecordSetType
9. SQL 语句的核心功能是_____。
   A. 数据查询　　　B. 数据修改　　　C. 数据定义　　　D. 数据控制
10. SELECT 语句中实现查询条件的子句是_____。
    A. FOR　　　　　B. WHILE　　　　C. HAVING　　　　D. WHERE
11. SELECT 语句中实现分组查询条件的子句是_____。
    A. ORDER BY　　B. GROUP BY　　C. HAVING　　　　D. ASC
12. SELECT 语句中实现排序的子句是_____。
    A. ORDER BY　　B. GROUP BY　　C. COUNT　　　　D. DESC

附 录

附录A 常用字符与ASCII码对照表

字符	ASCII 码值			字符	ASCII 码值			字符	ASCII 码值			字符	ASCII 码值		
	十进制	八进制	十六进制		十进制	八进制	十六进制		十进制	八进制	十六进制		十进制	八进制	十六进制
(space)	32	40	20	8	56	70	38	P	80	120	50	h	104	150	68
!	33	41	21	9	57	71	39	Q	81	121	51	i	105	151	69
"	34	42	22	:	58	72	3a	R	82	122	52	j	106	152	6a
#	35	43	23	;	59	73	3b	S	83	123	53	k	107	153	6b
$	36	44	24	<	60	74	3c	T	84	124	54	l	108	154	6c
%	37	45	25	=	61	75	3d	U	85	125	55	m	109	155	6d
&	38	46	26	>	62	76	3e	V	86	126	56	n	110	156	6e
,	39	47	27	?	63	77	3f	W	87	127	57	o	111	157	6f
(	40	50	28	@	64	100	40	X	88	130	58	p	112	160	70
)	41	51	29	A	65	101	41	Y	89	131	59	q	113	161	71
*	42	52	2a	B	66	102	42	Z	90	132	5a	r	114	162	72
+	43	53	2b	C	67	103	43	[	91	133	5b	s	115	163	73
•	44	54	2c	D	68	104	44	\	92	134	5c	t	116	164	74
—	45	55	2d	E	69	105	45	]	93	135	5d	u	117	165	75
。	46	56	2e	F	70	106	46	^	94	136	5e	v	118	166	76
/	47	57	2f	G	71	107	47	_	95	137	5f	w	119	167	77
0	48	60	30	H	72	110	48	`	96	140	60	x	120	170	78
1	49	61	31	I	73	111	49	a	97	141	61	y	121	171	79
2	50	62	32	J	74	112	4a	b	98	142	62	z	122	172	7a
3	51	63	33	K	75	113	4b	c	99	143	63	{	123	173	7b
4	52	64	34	L	76	114	4c	d	100	144	64	|	124	174	7c
5	53	65	35	M	77	115	4d	e	101	145	65	}	125	175	7d
6	54	66	36	N	78	116	4e	f	102	146	66	~	126	176	7e
7	55	67	37	O	79	117	4f	g	103	147	67	DEL	127	177	7f

附录B 全国高等学校(安徽考区)计算机水平考试《Visual Basic 程序设计》考试设置、题型和样题

1. 考试设置

考试安排:每年两次考试,一般安排在期末

考试方式:机试

考试时间:90 分钟

考试总分:100 分

机试环境:Windows 10 + Visual Basic 6.0

2. 题型

表 F2-1 题型

题 型	题 数	每题分值	总分值	题目说明
单项选择题	20	1.5	30	
程序改错题	1	10	10	侧重程序结构、过程调用等
基本操作题	1	15	15	侧重界面设计
简单应用题	1	15	15	侧重对象事件
综合应用题	1	30	30	侧重程序综合设计与应用

3. 样题

一、单项选择题(每题 1.5 分,共 30 分)

1. Visual Basic 的标准化控件位于 IDE(集成开发环境)中的_____窗口内。
   A. 工具栏　　　　　B. 工具箱　　　　　C. 对象浏览器　　　D. 窗体设计器

2. Visual Basic 中标准模块文件的扩展名是_____。
   A. frm　　　　　　B. vbp　　　　　　C. cls　　　　　　D. bas

3. 下列符号中,可以用作 Visual Basic 变量名的是_____。
   A. x.y.z　　　　　B. 3xyz　　　　　　C. x_yz　　　　　　D. Integer

4. 已知 f="12345678",表达式 Val(Left(f,3)) + Val(Mid(f,4,2)) 的值是_____。
   A. 168　　　　　　B. 12345　　　　　　C. 123　　　　　　D. 45

5. 关系式 5≤y<10 写成 Visual Basic 表达式,正确的写法是_____。
   A. 5<=y<10　　　B. 5≤y And y<10　C. 5<=y And y<10　D. 5<=y Or y<10

6. 表达式 5+6*5 Mod 35\8 的值是_____。
   A. 5　　　　　　　B. 6　　　　　　　C. 7　　　　　　　D. 8

7. 表达式 Len("中文版 VB6.0")的值是_____。
   A. 6　　　　　　　B. 8　　　　　　　C. 10　　　　　　D. 11

8. 若 a=1,b=2,则语句 Print a = 1 And b > 2 的输出结果是_____。
   A. True　　　　　B. False　　　　　C. —1　　　　　D. 结果不确定

9. 用以下语句定义的数组 A 包含的元素个数是_____。
   Option Base 1
   Dim a(4,—1 To 1,5)
   A. 10　　　　　B. 20　　　　　C. 60　　　　　D. 90

10. 针对语句 If x = 1 Then y = 1,下列说法正确的是_____。
    A. x = 1 和 y = 1 均为赋值语句
    B. x = 1 和 y = 1 均为关系表达式
    C. x = 1 为赋值语句,y = 1 为关系表达式
    D. x = 1 为关系表达式,y = 1 为赋值语句

11. 下列关于模块级变量的说法,正确的是_____。
    A. 模块级变量可在过程中声明
    B. 模块级变量可被所声明的模块中的任何过程访问
    C. 模块级变量能被任何模块的任何过程访问
    D. 模块级变量只能用 Private 关键字声明

12. 窗体 Form1 执行了 Form1.Left = Form1.Left + 200 语句后,该窗体将_____。
    A. 上移　　　　　B. 下移　　　　　C. 左移　　　　　D. 右移

13. 水平滚动条 HScroll1 的 LargeChange 属性值为 10,表示_____为 10。
    A. 该滚动条的最小值
    B. 该滚动条的最大值
    C. 单击滚动条两端箭头时滚动条值的变化量
    D. 单击滚动条两端箭头和滑块之间空白处时滚动条值的变化量

14. 将命令按钮 C1 的标题赋值给文本框 Text1,正确的语句是_____。
    A. Text1.Text = C1　　　　　B. Text1.Caption = C1
    C. Text1.Text = C1.Caption　　　　　D. Text1.Caption = C1.Caption

15. 将数据项"安徽"添加到列表框 List1 中作为第一项,应使用的语句是_____。
    A. List1.AddItem 0,"安徽"　　　　　B. List1.AddItem "安徽",0
    C. List1.AddItem "安徽",1　　　　　D. List1.AddItem 1,"安徽"

16. 使图像框控件(Image)中的图像自动适应控件的大小,需要_____。
    A. 将控件的 AutoSize 属性设为 True
    B. 将控件的 AutoSize 属性设为 False
    C. 将控件的 Stretch 属性设为 True
    D. 将控件的 Stretch 属性设为 False

17. 将通用对话框类型设置为"打开文件",应使用的方法是_____。
    A. ShowOpen　　　　　B. ShowColor　　　　　C. ShowFont　　　　　D. ShowSave

18. 设菜单项名称为 MenuCut,为了在运行时使该菜单项失效(变灰),应使用的语句是_____。
    A. MenuCut.Enabled = False　　　　　B. MenuCut.Enabled = True

C. MenuCut. Visible = False D. MenuCut. Visible = True

19. 执行语句 Open "Example. dat" For Input As ♯1 后，对文件"Example. dat"能够进行的操作是_____。
    A. 只能读不能写 B. 只能写不能读
    C. 既可以写，也可以读 D. 既不能读，也不能写

20. Data 控件的_____属性用来设置和返回数据源的名称和位置。
    A. Connect B. DatabaseName C. RecordSource D. RecordsetType

二、程序改错题（共 10 分）

注意事项：以下程序有 2 处错误，错误均在"′＊ERROR＊"注释行，请直接在该行修改，不得增加或减少程序行数。

以下程序的功能是将 10 个整数从大到小排序。

```
Option Explicit
Private Sub Form_Click()
Dim t%, m%, n%, w%
Dim a(10) As Integer
For m = 1 To 10
    a(m) = Int(10 + Rnd() * 90)
    Print a(m); " ";
Next m
Print
For m = 1 To 9
t = m
For n = 2 To 10                          '＊ ERROR ＊
If a(t) < a(n) Then t = n
    Next n
If t = m Then                            '＊ ERROR ＊
    w = a(m)
    a(m) = a(t)
    a(t) = w
End If
Next m
For m = 1 To 10
    Print a(m)
    Next m
End Sub
```

三、基本操作题（共 15 分）

注意事项：请勿删除考生文件夹中的内容，否则将影响考生成绩。

在考生文件夹下\基本操作题\文件夹中，完成以下要求。

1. 启动工程文件 sjt1. vbp，将工程名称改为"spks"，将窗体文件 sjt1. frm 的窗体名称改为"vbcz"，将窗体的标题改为"格式设置"。

2. 在窗体上添加以下控件：

标签 Label1，标题为"基本操作题"，字体为"宋体"；

框架 Frame1、Frame2，标题分别为"字形""颜色"；

在 Frame1 中添加复选框 Check1、Check2，标题分别为"常规""粗体"，Check1 默认被选中；

在 Frame2 中添加单选按钮 Option1、Option2，标题分别为"黑色""红色"，Option1 默认被选中。

程序运行效果如图 F2-1 所示。

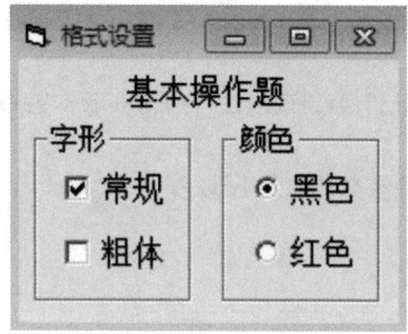

图 F2-1　基本操作题运行效果

四、简单应用题（共 15 分）

注意事项：请勿删除考生文件夹中的内容，否则将影响考生成绩。

在考生文件夹\简单应用题\文件夹中，完成以下要求。

1. 启动工程文件 sjt2.vbp，打开窗体文件 sjt2.frm；

2. 编写 Text1_Change()事件：在 Text1 中输入一个 1～3 的整数，同时产生一个 1～3 的随机整数（程序中要求使用 Randomize 语句）；

3. 编写 Command1_Click()事件：在 Label2 中显示该随机数，若输入的数与随机数相同，则在 Label3 中用蓝色字体显示"恭喜您，猜对了"，并在 Image1 中加载考生文件夹下的 face01.ico；否则，在 Label3 中用红色字体显示"很遗憾，您猜错了"，并在 Image1 中加载考生文件夹下的 face02.ico；

4. 调试、运行该程序，将工程、窗体保存并生成可执行文件 sjt2.exe。

程序运行效果如图 F2-2 所示。

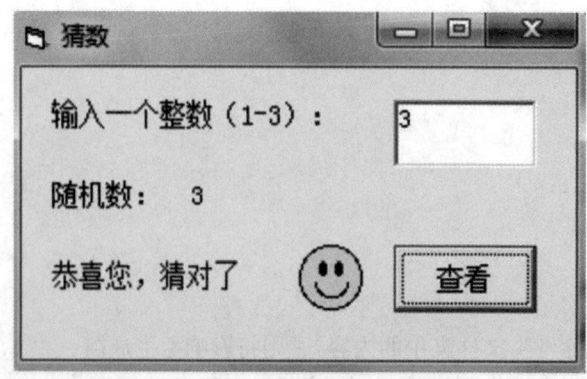

图 F2-2　简单应用题程序运行效果

注：窗体上已添加的控件包括：标签 Label1，标题为"输入一个整数（1-3）："；标签 Label2、

Label3 分别用于显示产生的随机数和运行结果；标签 Label4，标题为"随机数："；命令按钮 Command1，标题为"查看"；文本框 Text1；图像框 Image1。

五、综合应用题(共 30 分)

注意事项：请勿删除考生文件夹中的内容，否则将影响考生成绩。

在考生文件夹\综合应用题\文件夹中，完成以下要求。

1. 启动工程文件 yyt.vbp，在窗体 Form1 上添加菜单，格式与内容如图 F2-3 所示。

```
窗体              运行(R)
 打开              计算
─────────
 退出 Ctrl+Q
```

图 F2-3　综合应用题 1 格式与内容

其中，括号内的字符为热键；分隔条的名称为 fgt，其他菜单项的名称与标题相同，但不含热键；Ctrl+Q 为快捷键。

2. 编写代码实现功能：

(1)单击"计算"菜单项，求自然对数底 e 的近似值(使用公式　，要求累加到最后一项的值小于 0.000001)，并在窗体 Form1 中输出计算结果，程序运行效果如图 F2-4 所示。

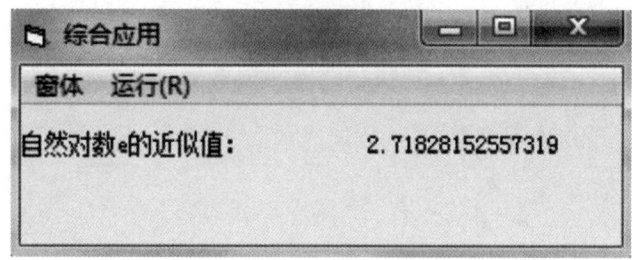

图 F2-4　综合应用题 2 运行效果

(2)单击"退出"菜单项结束程序运行，其他菜单和子菜单不执行任何操作。

3. 调试、运行该程序，将工程、窗体保存并生成可执行文件 yyt.exe。